서울대학교
생활과학총서 4

서울대학교 생활과학대학
교재개발위원회 편

생활과학의 이해

|개정판|

서울대학교출판문화원

간행사

생활과학은 가정학이 그러하였듯이 인간의 생활환경과 그 안에서 영위되는 인간의 삶에 중점을 둡니다. 그리고 이를 통해 개인과 가족의 삶의 질의 향상을 추구합니다. 그러나 가정학이 가정생활을 중심으로 이루어지는 인간의 삶의 문제에 초점을 두었다면 생활과학은 가정생활을 뛰어넘어 보다 넓은 생활의 문제에 초점을 둡니다.

현대에는 가정기능의 많은 부분이 사회로 이관됨으로써 우리의 생활은 가정과 사회와의 역동성 속에서 이루어지고 있습니다. 우리의 관심 영역은 지속적으로 가정 밖으로 확대되고 분화되어 가고 있으며, 이와같이 분화되고 전문화된 생활영역을 생활과학에서는 연구영역으로 삼고있습니다.

여기서 생활영역이라 함은 의생활, 식생활, 주생활, 자녀양육, 가족관계, 가정경제 및 소비자, 가정자원관리 등 종래 가정의 주요 기능이었던 것이 산업화와 후기 산업화과정을 거쳐 점차 산업사회의 여러 부분으로 이양되어 확대된 영역을 뜻합니다. 생활과학의 연구대상인 산업화된 생활영역은 앞으로 더욱 확대될 것이며, 이와 더불어 생활의 제반영역에 대한 전문적이고 실용적인 지식을 갖춘 전문인에 대한 사회적 요구가 증가될 것입니다.

생활과학의 궁극적인 목적은 개인과 가족의 생활의 질의 향상입니다. 세계사적으로 유례 없는 급속한 산업화와 경제성장은 우리에게 물질적 풍요를 가져다 주었지만, 우리의 생활의 질은 이에 비례하여 향상되지 못하였습니다. 어쩌면 일상생활에서 오히려 더 많은 위험에 노출되게 되었으며 신체적, 심리적 안전을 위협받게 되었다고 하겠습니다. 위해 식품이나 위해첨가물의 만연, 왜곡된 의생활양식과 의생활환경, 열악한 주거환경과 고가의 주택, 가족원의 발달소외와 청소년비행, 가족폭력과 가족해체, 무기력한 소비자와 소비자보호에 인색한 소비자정책, 외부에 의한 효과적 자원관리의 제약, 가정의 부양기능의 약화와 대안의 부재, 다양한 가족계층 간의 갈등 등을 경험하고 있습니다. 이러한 생활의 제반문제의 인식에서 출발해서 개인, 가족, 지역사회의 복지를 성취하고자 하는 것이 생활과학입니다. 여기에 바로 다른 어떤 학문보다도 중시되어야 할 생활과학의 존재가치가 있는 것입니다.

생활과학은 다루어야 할 연구대상이 광범위합니다. 생활과학의 연구대상은 인문, 사회, 자연과학, 예술의 전 영역에 걸쳐 있습니다. 생활과학의 학문적 정체를 확보하기 위해서는 우리가 추구하는 바람직한 생활이란 과연 무엇인가라는 생활철학적 연구도 필요합니다. 또힌 생활영역별로 전문화된 원리와 법칙성을 발견하고 이 이론을 실생활에 응용하는 방안에 대해 연구도 하여야 합니다. 그리고 이들 전문영역이 생활의 각측면과 관련됨과 동시에 생활이라는 총체를 구성하기 때문에 각 영역은 생활과학이라는 학문 속에 자리매김되어야 하며, 생활을 영위하는 주체자의 관점이 전 영역을 관통하여야 할 것입니다.

이러한 과제를 보다 효과적으로 수행하기 위해 생활의 제반 영역에 대한 다양한 관심사를 하나의 총서로 엮어 내고자 합니다. 생활과학을 연구하고 사랑하는 사람들의 결실이 한땀 한땀 모여질 때 생활과학이라는 가치 있는 학문이 완성될 것입니다. 총서발간이 밑받침이 되어 우리의 삶을 풍요하게 할 지식체계가 형성됨과 동시에 우리의 삶 자체가 향상될 것임을 확신하는 바입니다.

1997. 12.

서울대학교 생활과학대학 부설

생활과학연구소 소장

개정판 머리말

생활과학이 독립적인 학문으로서의 체계를 유지하기 위하여 통합적인 시각에서 교재집필이 시작되어 초판이 출간된 지 벌써 4년이 되었다. 그 동안 실제 생활과학 강의의 교재로 사용되면서 미흡한 부분도 발견되고, 또한 사회의 변화에 발맞추어 추가할 분야도 노정되어 뜻을 모아 개정판을 내기로 결정하였다.

이번 개정판에는 초판의 큰 틀을 유지한 채 생활과학과 관련있는 사회의 변화를 담고자 노력하였다. 1부 2장 '생활과학의 발달과정'에서는 생활과학계를 중심으로 추진되어 2005년 1월 1일부터 시행되는 '건강가정기본법'의 기본 취지를 소개하였다. 2부 4장 '생활주체로서의 인간'에서는 생활인으로서 주체적인 삶을 영위하고 양질의 삶을 이끄는 데 있어 전 생애에 걸친 발달 과정을 이해하는 것이 필요하므로 인간발달의 단계를 새로이 추가하였다. 또한 4부 '생활산업'이 크게 개정되었는데, 12장 '의생활산업'에는 과학기술의 발전과 사회문화의 변화에 따른 '의류/패션 산업의 성장'을 역사적으로 개괄한 부분이 글머리에 새로이 삽입되었으며, 문화 산업으로서의 의류/패션 산업의 발전방향도 제시되었다. 13장 '식생활산업'에서는 식생활관리를 통하여 건강 증진을 꾀하는 건강기능식품에 대한 소개와 건강기능식품에 대한 수요가 커짐에 따라 정비되어야 할 관리 체계의 필요성에 대해 설명하고 있다. 각 장마다설명을 돕기 위해 정확한 수치와 다양한 표를 제시하여 이해를 도왔다. 5부 16장 '복지사회와 생활과학'에서는 가족주의 가치가 큰 한국사회의 상황을 고려하여 가족복지의 필요성과 접근 방법에 대해 상세히 설명하고 있다.

초판에 이미 주옥같은 원고를 집필하셨던 교수님들과 이번 개정판에 참여한 박정희 부학장님, 이강이, 진미정, 이유리, 하지수, 윤지현 교수님들께 감사드리며 원고의 수집과 정리를 도와준 생활과학연구소의 김혜림 조교, 출판을 맡아주신 서울대학교출판부에 감사의 마음을 전한다.

2005년 1월

저자 일동

머리말

이 책은 생활과학이란 학문에 대한 이해를 돕기 위해 쓰여진 것이다. 생활과학은 인문사회과학, 자연과학, 예술 등 다양한 영역을 포함하는 종합학문인 만큼 생활과학을 구성하고 있는 각 세부전공분야는 다루는 범주가 넓고 내용이 상이하다. 학문의 전문화 경향에 따라 오늘날 전공분야별 전문성은 강화되었으며 졸업생들의 진로도 많이 다양화되고 전문화되고 있다. 그러나 생활과학의 발전을 위해서는 이러한 전문성과 더불어 중요한 것이 학문의 독자성의 확보이다.

생활과학이 하나의 독립적인 학문으로서의 체계를 유지하기 위해서는 생활과학을 구성하는 전공영역간의 상호 이해와 각 전공의 위상에 대한 자리매김이 요구된다. 이러한 과업의 일환으로 통합적인 교과목의 도입 및 교재집필이 이루어지게 된 것이다. 통합적인 성격의 교재를 개발하기 위해 1998년 여름에 생활과학대학의 몇 분 교수로 교재개발연구팀이 결성되었다. 연구팀은 책 명칭을『생활과학의 이해』로 하고, 개론이나 원론은 아니면서 생활과학의 본질을 이해하고 생활과학에 관한 관심과 흥미를 가질 수 있도록 책을 구성한다는 데 합의하였다.

그러나 그 틀을 만드는 작업은 결코 수월한 것은 아니었다. 연구팀은 생활과학의 기본개념을 중심으로 하면서 생활과학에서 다루는 내용을 아우를 수 있는 내용으로 구성하기로 하였다. 우선 생활과학이 인간과 환경과의 상호작용에 관한 학문이라는 데에 근거하여 중심축을 '인간', '환경', '양자 간의 상호작용'으로 하기로 하였다. '인간'에서는 생활주체로서의 기능에 주목하여 생활인을 강조하기로 하고, '환경'은 직업으로서의 전문성을 강조하여 생활산업을 내세우기로 하였으며, '인간과 환경 간의 상호작용'은 생활문화의 측면에서 보기로 하였다. 또한 여기에 생활과학의 전공별 대상인 의 · 식 · 주, 가족, 아동, 소비자, 관리 등을 적절하게 결합하여 내용을 구성하기로 하였다. 그리고 중심개념을 다루는 부분 외에 생활과학의 학문적 성격을 다루는 부분과 새로운 시대에 대비해 생활과학이 지향해야 할 방향을 교재에 첨부하기로 하였다. 이렇게 구성된 본 교재의 내용은 다음과 같다.

제1부에서는 생활과학의 학문적 성격을 다루었다. 여기서는 생활과학의 개념과 역할 및 교육목표를 다루고, 생활과학이 가정학에서 출발해서 사회변화에 따라 발전해 온 과정, 그리고 생활과학의 학문적 개념틀과 그에 따른 학문적 구성을 살펴보았다.

제2부에서는 생활인을 주요 주제로 하였다. 여기서는 생활주체로서의 인간을 생활문화의 창조자이며 향유자로서, 그리고 복지사회 구현의 이념을 추구하는 인간으로 파악하였으며, 발달하는 존재로서의 인간에 대해 살펴보았다. 또한 생활인이 추구하는 생활의 질을 개인, 가족, 사회의 차원에서 각각 생각해 보았다.

제3부에서는 인간과 환경과의 상호작용 중 문화적인 측면에 초점을 두어 생활문화의 다양한 모습을 다루었다. 생활과학적 측면에서 생활문화를 어떻게 보아야 하는가에 관해 생각해 보고, 우리 생활의 주요 영역인 의생활, 식생활, 주생활 영역의 문화를 다루었으며, 변화하는 사회에서의 생활문화를 가치와 생활양식의 측면에서 접근해 보았다.

제4부에서는 생활환경을 다루되, 생활과학의 중요한 과제가 전문성에 합당한 직업과의 연계라는 점에 착안하여 생활산업에 초점을 두었다. 가정생활이 사회화된 부분을 생활산업으로 명명하고 각 영역별 현상과 전망을 살펴보았다. 소비자이면서 생산자의 관점에서 생활산업에 접근해 보았으며, 가정생활이 사회화된 영역을 의생활, 식생활, 주생활로 나누어 각 영역과 관련된 산업의 현상과 진로를 살펴보았고, 사적인 가정의 기능 자체가 산업화된 형태인 공공가정과 관련하여 새로운 진로의 가능성을

모색해 보았다.

제5부에서는 생활과학의 새로운 지평을 조망해 보았다. 미래 사회의 전형인 복지사회에 있어서의 생활과학의 역할과 기여, 그리고 정보화, 세계화시대에 있어서 생활의 변화에 따른 생활과학의 적응 및 기여에 대해 고찰해 보았다.

이 책이 나오는 데는 2년여의 시간이 걸렸다. 그 동안 두 학기에 걸쳐 이 책의 내용을 가지고 강의를 하였다. 즉 1999년과 2000년 1학기에 생활과학대학 신입생을 대상으로 하여 「생활과학의 이해」 강의를 개설하면서 이 책의 초안을 가제본하여 교재로 사용하였다. 여러 교수님들이 집필에 참여함으로써 내용이 풍부하고 생활과학의 다양성을 보여 주었다는 점은 긍정적이었으나, 한편으로는 내용의 집중성이 약하고, 집필자에 따라 다루는 내용의 깊이에 차이가 있다는 등의 문제점도 지적되었다.

이 책이 나오기까지 많은 분들이 애를 써주셨다. 우선 책의 틀을 만들기 위해 고심한 교재개발연구팀의 이기영, 백희영, 박양자, 옥선화, 유효선, 여정성, 남윤자 교수님, (이 틀에 맞추어 집필을 해주신 생활과학대학의 여러 교수님들), 집필한 내용을 전체적으로 세밀하게 검토해 주신 김민자, 한경혜, 여정성, 권훈정 교수님, 원고의 수집과 정리를 도와준 대학원생인 허정원과 이경영, 책의 마무리작업을 해준 이현아, 출판을 맡아 주신 서울대학교 출판부에 감사의 마음을 전하는 바이다.

2001년 1월

저자 일동

차례

제 4 부 생활산업

제 5 부 생활과학의 새로운 지평

제 1 부

생활과학의 학문적 성격

제 1 장

생활과학의 개념과 교육목표

1. 과학기술의 발전과 생활의 변화

현대 과학기술의 발전은 인간의 생활환경을 변화시켰으며, 교통 · 통신의 발달로 다양한 문화에 접하게 되면서 개인과 가족은 삶에 대한 가치관의 변화를 경험하고 있다. 그뿐만 아니라 과학기술정보가 일반대중에게 전달, 보급되면서 일상생활양식과 생활규범에도 현저한 변화가 일어나게 되었다. 이러한 제반 변화는 기계화, 자동화된 생활기기 활용의 확대와 가정생활의 산업화 그리고 과학기술의 정보화 및 생활화로 대변될 수 있다.

과학기술정보의 활용과 생활기기의 보급으로 관습적이고 주관적인 기준에 의하여 수행되던 일상생활은 체계적이고 객관적인 처리과정으로 바뀌게 되었다. 한편 가정생활의 산업화로 과거에는 가정에서 수행되던 많은 일들을 사회기관에서 담당하게 되었다. 즉 개인과 가족의 삶에 필요한 의 · 식 · 주생활 중에서 상당 부분을 가정에서는 더 이상 수행하지 않게 된 것이다.

가정생활의 산업화는 단계적 발달과정을 보이고 있다. 초기 산업화 단계에서는 의생활과 주생활 부문의 산업화 현상이 두드러졌다. 즉 직물과 의류의 대량생산으로 과거에는 가정 내에서 수행되던 직조와 봉재 작업은 곧 의류구매 및 소비행동으로 변화하였으며, 과거에는 개별 가족이 수행하던 주택건설 및 주생활관리의 대부분이 사회로 이관되었다. 이와 같은 가정생활의 산업화는 식생활부문에도 변화를 일으켜 저장식품의 공장생산과 각종 부식의 대량생산으로 이어지고, 외식산업분야라는 새로운 분야가 등장하였다. 이와 같은 의 · 식 · 주생활의 산업화는 과거 자급자족적 가정 내 생산부문의 산업화를 의미하며, 이 부문의 산업화는 확대되어가고, 그 속도는 가속화되고 있다.

이와 같이 가정 내 생산부문의 초기 산업화가 의 · 식 · 주생활을 중심으로 발달하였다고 한다면, 후기 산업화는 인간발달과 인간관계부문에서의 변화를 일컫는다. 자녀양육과 가족 및 친척관계 등 가족 내의 사적(私的) 관계가 개별 가족만의 문제가 아니라 사회와 상호작용하는 공적(公的) 문제로 인식되었다. 즉 공교육의 확대로 자녀교육의 상당 부분은 가족단위의 기능으로부터 벗어나고 있으며, 기혼여성의 취업증가로 가정과 사회가 자녀양육을 분담하도록 기대되고 있으며, 개별 가정에 대한 정부의 양육 지원이 확대되고 있다. 더욱이 상호작용하는 가족규모의 축소로 개별 가족이 가지고 있는 정보는 제한되었고, 가족의 기능만으로는 가족구성원이 경험하는 다양한 인간관계 및 생활문제들을 해결하기 어렵게 되었다. 따라서 문제를 해결하기 위해서는 개별 가족에 의존하기보다는 전문가의 도움을 선택하는 것이 효율적인 문제해결방법으로 인식되기 시작하였다.

최근의 생활을 보면 대량생산된 상품과 서비스의 구매와 소비를 통하여 개인과 가족의 수요를 충족시키는 경우가 증가하였으며, 개인의 가정생활을 향상시키기 위해서 전문가의 지원이 필요하게 된 것이다. 이러한 변화로 가정생활을 위한 자급자족 생산단위였던 가족은 산업사회에서 대량생산되고 전문화된 상품을 선택하여 소비하는 소비단위가 되었다.

2. 생활과학의 개념

생활과학은 가정학에서 출발한 학문이다. 초기 가정학은 20세기 초의 급격한 사회변화에 대한 일반인들의 적응을 돕고, 새로운 상품과 기기 사용에 대한 정보를 보급하기 위한 방안으로 가정과 교육의 필요성이 대두되면서 대학에 학과가 설치되었다. 가정학 전공자는 각급 학교 학생에게 가정과 교육을 실시하고, 일반인에게는 생활개선교육을 통하여 일상생활에 직접 활용할 수 있는 가정학관련 정보를 제공하였다.

초기 가정학 교육은 여성들이 효율적, 과학적으로 가사를 수행할 수 있도록 수공예, 가사기술 등에 중점을 두면서, 주로 자연과학에 기초한 생활원리를 중심으로 교육하였다. 따라서 그 당시에는 생활개선이 교육의 기본목표였다. 즉 초기 가정학은 가정의 생활개선을 중심으로 하는 구체적인 지식과 기술의 전달기능을 담당했으며 여성교육의 기능도 수행하였다. 그뿐만 아니라 대량생산된 생활기기의 사용방법을 교육하여 가사용 기기 및 전기제품의 소비를 촉진하였다. 이러한 과정을 통하여 가정학은 환경과 상호작용하는 인간의 삶에 필요한 기본적인 정보를 제공하는 기초학문으로 자리잡았다.

학문의 발전추세와 사회적 수요에 따라서 가정학은 생활과학으로 개념이 변화하게 되었다. 가정생활영역뿐만 아니라 산업화된 영역에서 필요로 하는 전문인을 양성하기 위하여, 교육과 연구를 담당하는 생활과학이라는 새로운 학문이 등장하게 된 것이다.

생활과학이란 개인과 가족을 연구하는 이론적 접근과 더불어 개인과 가족의 생활에 직접 관련되는 산업사회의 제 부문에 대하여 연구하고, 연구결과의 실용화 방안을 개발하는 학문이다. 생활과학 학문영역에서는 인간발달과 가족에 관련된 인문사회과학적 연구와 의 · 식 · 주생활에 관련된 자연과학적 연구 및 개인과 가족의 소비생활에 직접 관련되는 실천적 영역에 대하여 연구하고, 연구결과의 실용화 방안을 개발한다.

생활과학의 연구대상은 생활과학의 구성요소[1)]인 생활인, 생활문화, 생활환경, 생활산업을 기본으로 한다. 이들을 대상으로 생활과학에서 연구된 결과를 산업사회의 기업 및 공공분야에 적용시킴으로써, 개인과 가족의 생활의 질을 향상시키고 궁극적으로 개인과 가족의 복지를 증진시킬 수 있다.

3. 사회변화와 생활과학의 역할

사회가 변화함에 따라서 학문의 내용은 변화하게 된다. 특히 실생활과 직접 관련되는 응용학문분야를 다루고 있는 생활과학은 사회의 변화에 더욱 즉각적인 영향을 받게 된다. 사회변화에 따라서 새로이 창출된 학문인 생활과학은 그 수요에 부응하여 사회적 기능을 수행하고 있다.

현대 산업화 및 공업화 사회에서는 점차로 사회적 존재로서의 인간과 인접환경과의 관계를 연구하는 학문의 실용적 특성이 강조되어 여러 분야의 학문이 인간과 환경과의 상호작용을 탐구하게 되었다. 가정학의 이론적 기초 위에 사회의 제 부문과의 연계를 강화한 생활과학의 각 영역은 최근 들어 전공별 전문화 과정을 더욱 심화시키게 되었다. 더 나아가 학문의 초점을 가족에 두고 사회적 존재로서의 인간과 환경과의 연구를 진행하면서 전공영역이 분화되었다. 각 전문영역에서 교육받은 인재들은 산업화 결과 창출된 가정생활관련 산업에 진출하게 되었다.

이와 같이 생활과학은 사회변화에 부응하여 인간의 실생활과 밀접한 관련을 가지는 제반 학문영역을 교육 및 연구대상으로 하며, 가정생활과 관련된 제 이론을 실생활에 응용하고 적용시키는 방안에 대한 교육, 연구 및 사회적 서비스를 담당하기 위한 프로그램을 개발하고 있다. 이와 같이 생활과학의 제 학문영역은 21세기 전문화 사회에서 실생활과 직접 관련되는 다양한 전문분야에 대하여 연구·교육하는 기능을 수행

1) '제3장 생활과학의 내용과 구성'에서 인용한 것임.

하며, 전문인력을 공급하는 사회적 역할을 갖는다.

4. 생활과학의 교육목표

생활과학의 교육목표는 다음과 같다.

1) 개인과 가족의 생활의 질 향상과 관련된 산업분야에 필요한 전문인 양성

2) 생활의 질 향상에 관한 이론적, 실천적 연구

3) 지역사회 발전에 실제적으로 기여할 수 있는 생활과학관련 교육프로그램의 개발 및 실시

4) 개인과 가족의 생활의 질을 향상시킴으로써 궁극적으로 개인과 가족의 복지증진 추구

이와 같은 교육목표를 가지고 가정생활관련 산학연 간의 연계를 강화함으로써 생활과학의 연구성과가 개인과 가족의 생활의 질 향상에 효율성 높은 기여를 할 수 있도록 한다.

참고문헌

서울대학교 생활과학대학(1998). 서울대학교 생활과학대학 교육이념 및 중장기 발전계획.

서울대학교 생활과학대학(1999). 서울대학교 생활과학대학 발전계획(안) 1999-2005.

제2장

생활과학의 발달과정

1. 가정학의 기원과 발달

1) 고대 그리스의 가정학

가정학에 관한 생각은 고대 그리스에서 시작된다. 고대 그리스에서 가정학을 뜻하는 oikonomik는 인간생활의 장(場)인 집(家)을 의미하는 oikos와 규정 또는 법규를 의미하는 nomos의 합성어이다. 따라서 가정학은 가정을 다스리는 것과 관련된 규정, 법규 또는 습관을 연구하는 학문으로 인식되었다. 당시 가정학은 철학, 특히 윤리학, 인간학, 사회철학, 교육철학, 종교철학 등과 깊게 관련되어 있었는데, 이는 인간의 일상생활의 장인 家를 연구의 기본주제로 하는 가정학이 인간존재를 기본적 주제로 하는 철학과 깊게 관련되었기 때문이다(今道友信, 1989).

그리스 학자들은 생활의 실제를 위해서 경영에 관한 지침 내지 철학적 사유를 기술하였는데, 가정경영기술에 관한 저술을 '가정학(Oikonomik)'이라고 불렀다. 현재 널리 사용되고 있는 economics(경제학)란 개념은 가정학을 뜻하는 그리스적 개념이 근래에 와서 의미변천을 겪은 것이다. 이 개념은 현대에 와서 거의 영리만을 목적으로 하는 경제행위에 관한 학문에 한정되어 사용되고 있는데, 그 어원인 "고대 유럽의 가정학(Oikonomik)"은 영리를 지향하지 않고 주어진 한도 내에서 가정을 잘 관리하는 것과 관련된 학문이었던 것이다(von Schweitzer, 1991).

Economics의 기본적 원리의 응용은 기원전 400년 고대 그리스 시대의 사학가인 Xenophon이 저술한 가정론(oeconomicus)에서 볼 수 있다. Xenophone은 당시 가정의 지배와 관리체계를 가정론의 견지에서 설명하였는데, 이것이 현재 가정철학의 기반이 되고 있으며 오늘날 '생태학적' 경영이라고 명명될 수 있는 모든 조건을 내포하고 있었다.

Aristoteles는 가정학을 소유물의 이용에 관한 내용을 다루는 학문으로 본 반면, 부의 조달과 증식을 목적으로 하는 학문은 영리학(Chrematistik)으로 지칭함으로써 가정학과 영리학을 분명하게 구분하였다. 당시의 영리학은 오늘날의 경제학(economics)과 유사한 성격을 가졌다고 볼 수 있는데, 영리학은 생활에 필요한 것 이상의 부를 추구한다는 점에서 도덕적으로 바람직하지 못한 것으로 인식되었다. 반면에 가정학은 부의 축적을 지향하지 않고 그 대신 좋은 삶을 사는 것을 목적으로 하여 적절한 한계 내에서 집을 관리하는 데 치중함으로써 도덕적으로 바람직한 것으로 인정받았다. Aristoteles의 가정학은 절제와 관대한 품성이 요구되는 부양경제 지향적인 가정학이었다(von Schweitzer, 1991).

2) 근대 가정학의 출발

근대 가정학은 이러한 그리스 학자들의 철학사상에 그 학문적 사상과 철학의 본질적 근원을 두고 19세기 말에서 20세기에 미국에서 탄생하였다. 이를 주도한 사람들은 인간 삶의 질적 향상에 특별한 관심을 표명한 학자들이었다. 19세기 중엽의 미국의 사회적, 정치적, 경제적 여건의 변화와 실천주의적 사상이 가정학이라는 학문의 탄생을 가능케 하였던 것이다.

미국에서는 19세기에 접어들면서 과학기술의 발달과 산업발전이 경제성장을 가져왔지만, 산업화의 부산물로 생활환경의 파괴와 신체적 정신적 불건강을 초래하였다. 이러한 사회정세 속에서 정부는 주민의 생활개선에 관심을 갖게 되었고, 이러한 관심하에서 미국의 주립대학에 가정생활과 관련된 교과목이 생기게 되었다.

1872년에는 아이오와 주립대학교에서 가정과 교육이라는 강의가 개설되었는데 그 후에 몇몇 주립대학을 중심으로 하여 가정학과가 신설되고 재봉이나 식품에 관한 강의가 시작되었다. 또한 주립대학에 실험연구소가 설립되어 식품가공이나 영양연구가 활발하게 이루어졌다. 따라서 이 당시에는 대학에서 주로 식품이나 의복과 같은 가정의 물질에 관한 것을 다루고 과학적 지식을 일상생활에 활용함으로써 생활의 과학화를 실천하고자 하였다.

1899년에 미국 최초의 여성 과학자인 Ellen Richards를 위시한 과학자들이 레이크플레시드에서 모여 제1차 회의를 가졌는데 여기서 가정학(home economics)이라는 명칭이 결정되었다. 그 후 10년간 매년 회의가 개최되었으며, 1909년에 미국가정학회가 발족되었고, 이것이 계기가 되어 가정학이라는 학문이 탄생하게 되었다.

1902년의 제4차 레이크플레시드 회의에서는 가정학이 다음과 같이 정의되었다(모수미 외, 1991). "가정학은 가장 포괄적인 의미에서, 한편으로는 인간과 직접 관계가 있는 물리적 환경에 관하여, 다른 한편에서는 사회적 존재로서의 인간 본성에 관하여 법칙, 제 조건, 원리 및 이상에 대해서 연구한다. 특히 이 두 가지 요인 사이의 관계를 규명하는 데 가정학의 사명이 있다." 여기서 물리적 환경이란 자연적 환경뿐만 아니라 사회, 문화, 경제 등 인간이 만들어 낸 모든 인위적인 환경이 포함되며, 인간개발을 주요 주제로 삼으면서 인간과 환경과의 관계를 규명하는 데 가정학의 사명이 있음을 강조하였다. 이 정의는 근대 사회에서도 변함없이 가정학의 학문적 성격을 잘 표현하고 있는 것으로 평가받고 있다.

3) 전문영역으로서의 가정학의 발달

미국가정학회 발족 이후 가정학은 인문, 사회, 자연과학의 지식과 이론을 바탕으로 하여 가정생활현상의 다양한 측면을 연구하는 응용과학으로 발달하였다. 즉 생활의 주체로서의 인간, 인간을 둘러싼 근접환경, 인간과 환경과의 상호작용을 연구하면서 여러 전문영역으로 세분화되기 시작하였다. 1920년대와 30년대에는 가정학의 전공영역 중 특히 자연과학이 강조되었다.

1950년대에 들어서면서 가정학이 지나치게 자연과학을 강조한 점, 이로 인해 가정학의 전문영역간에 장벽이 생기고 세분화되는 경향, 가정학의 이론과 실천의 비일관성 문제 등에 대한 자기비판의 소리가 높았다. 또한 가족문제에 대한 관심이 고조되면서 가정학 연구가 가족중심으로 전환되어야 한다는 의식이 확대되었다. 이에 따라 1959년 미국가정학회가 창립 50주년을 맞이해 가정학을 다음과 같이 새롭게 정의하였다(서정희 외, 1993). "가정학은 가족생활을 위해 개인을 교육하고, 가족에 의해 사용되고 있는 자원의 개선에 힘쓰며, 인간생활을 충족시켜줄 수 있는 자원의 연구와 개발에 주력하고 이를 변화하는 가치관에 부합하도록 하며, 개인과 가족의 다양한 정보를 가족생활에 이용하게 함으로써 인간가치의 실현에 목적을 두는 학문이다."

한편 1980년대에 들어와 가정학이 실증적인 연구에만 치중한 데 대한 반성으로 비판과학적 관점이 대두되었다. 이러한 논의는 Brown과 Paolucci가 미국가정학회의 의뢰를 받아 저술한 「가정학의 정의」(Home Economics: A Definition, 1979)로부터 출발하였다. 이들은 가정학을 사명지향적인 전문영역(mission-oriented profession)으로 규정하였으며, 이들의 저술을 계기로 하여 실천비판적 가정학 연구가 활발하게 진행되었다. 연구방법에 있어서도 실증적 연구 외에 현상학, 해석학, 철학, 인류학, 역사적 연구 등 다양한 연구방법의 중요성이 부각되었다(유태명, 1996).

1990년대에 들어오면서 비판과학적 관점과 관련하여 역량강화 모델(Empowerment model)과 사회운동 모델(Social movement model)이 가정학의 패러다임으로 제시되고 있다(Granovsky, 1997). 역량강화 모델은 전문영역으로서의 가정학의 발전을 유도하고, 사회에의 봉사를 정당화하며, 가정학자의 학문적 역량을 강화시키므로 가정학의 사명에 가장 잘 부합한다. 사회운동 모델은 가정학을 가족의 안녕과 가정학분야를 훼손하는 힘에 대항하는 사회운동으로 재개념화하고자 한다. 이러한 비판과학적 접근은 학문과 사회와의 관계, 이론과 실천과의 관계에 관한 관심을 환기시킴으로써 인간과 환경에 관한 가정학의 실천적 과제를 보다 구체적으로 제시해 주고 있다.

4) 가정학의 명칭변경

1960년대에 들어와서 가정학을 대신하는 새로운 명칭에 대한 논의가 미국의 몇몇 대학의 명칭변경을 둘러싸고 시작되었다. 사회경제적 환경조건의 발달에 따라 가정의 기능이 변화하면서 가정학의 내용에도 큰 변화가 요구되었다. 가정생활이 사회화됨에 따라 사회화된 대상, 즉 생활산업으로 가정학의 범주가 확대되었으며, 새롭게 확대된 영역에서의 연구와 전문인의 수요가 증대하면서 기존의 가정학이라는 명칭은 부적절하게 인식되었다.

가정학의 성격이나 내용을 개정해야 한다는 취지에서 1966년에 서부버지니아 대학은 종래의 'Home Economics'이란 명칭 대신 'Division of Family Resources'라는 이름을 채택하였고, 같은 해에 펜실베이니아 주립대학도 'College of Human Development'로 개칭하였다(서정희 외, 1993). 이는 가정학 재구성의 핵심을 인적 자원의 개발이나 인간개발에 둔다는 것을 의미한다.

코넬 대학교는 1969년에 가정대학의 명칭을 인간생태학대학(College of Human Ecology)으로 개칭하였는데, 이것이 계기가 되어 많은 대학이 명칭을 다양하게 바꾸었다. 새로운 명칭을 보면 'College of Human Ecology'가 가장 많고 그 밖에 'College of Family and Consumer Science', 'College of Human Resources', 'College of Human Development', 'College of Family Life', 'College of Human Environmental Science', 'College of Human

Science' 등으로 다양하다. 명칭의 다양성에 대해 가정학의 학문영역에 혼란을 야기한다는 점에서 비판적인 평가도 있지만, 한편으로는 각 단과대학이 그들을 구성하고 있는 학과의 특성을 기반으로 하여 적극적으로 발전방향을 모색하고 있는 것으로 긍정적인 평가를 할 수도 있다.

한편 미국가정학회는 1993년에 스코츠데일 회의에서 가정학의 명칭을 가족 및 소비자학(Family and Consumer Science)으로 바꿀 것을 공식적으로 표명하고, 미국가정학회의 명칭도 'American Home Economics Association(AHEA)' 에서 'American Association of Family and Consumer Science(AAFCS)' 로 바꾸었다.

2. 한국에서의 발달과정

1) 전문교육으로서 가정학의 발달

1929년에 이화여자전문대학에 가사과가 설치됨으로써 한국에 대학수준의 가정학 교육이 시작되었다. 가사과 전공과목으로 직물학, 의상학, 재봉, 세탁법, 요리법, 식품영양학, 가정관리, 가정경제, 육아법, 아동심리, 가정장식법, 건강교육 등 이론과 실습을 겸한 과목이 개설되었으며, 개별 가정의 생활개선을 위한 지식과 기술의 교육이 이루어졌다.

1945년 해방을 맞으면서 우리의 잃었던 생활문화를 다시 찾고 뒤떨어진 생활을 과학화하고 발전시키는 가정학 교육의 필요성이 증가했다. 1946년에 서울대학교 사범대학에 가정과가 생겨 중등 교육기관에서 가정과 교육을 담당할 교사를 양성하고 가정학의 학문적인 기틀을 마련하였다. 같은 해 이화여전은 이화여자대학으로 승격되면서 전문대학시절의 가사과를 가정학과로 개칭하고 가정관리학, 영양학, 의류직물학의 세 전공분야를 둠으로써 가정학 전문인의 양성을 본격적으로 시작하였다. 숙명여전도 1948년에 대학으로 승격되어 이학부에 가정학과를 설치하고 가정학 전문인 양성교육을 시작하였다.

이들 대학은 자연과학적 측면의 원리를 연구 · 적용하여 가정생활의 과학화와 생활개선을 시도하면서 다른 한편으로는 변천하는 가정윤리와 가족관계에 관심을 기울이고 한국생활문화 연구의 일환으로 고유문화의 사적 연구에도 착수하였다.

1947년에는 대한가정학회가 발족되었고, 1959년에 대학가정학회지 창간호를 발간하면서 가정학 연구의 상호 교류가 시작되었다. 창간호에서 "가정학은 우리의 고유한 문화와 전통을 전해야 할 의무와 사명도 있지만 그와 함께 변천하는 시대의 요구를 찾아서 새로운 이론과 방법을 과학적으로 연구하여 생활발전에 기여해야 한다"고 하여, 가정학 교육이 생활의 과학화에 힘씀으로써 가정생활의 질의 향상에 기여해야 함을 강조하였다(서정희 외, 1993).

대한가정학회는 1960년대에 들어와서 학회지의 발간, 월례회 개최 등의 활동을·하였고, 점차 연구활동의 비중을 높여 학술단체로서의 성격을 확고히 하였으며, 연구인력의 증가에 따라 학회지의 발간도 대폭 확대하여 1998년도부터는 학회지를 매월 발간하기에 이르렀다.

생활과학이 전문영역으로 세분화됨에 따라 각 전문영역과 관련된 학회가 생기게 되고 또 전문분야에 따라서는 인접 학문과 연계하여 전문학회를 만들기도 하여 오늘날에는 생활과학관련 전문학회가 수십 개에 달하고 있다. 이러한 전문학회는 각 전문영역의 학문적 발전에 기여한 바가 크나, 한편으로는 종합학문으로서의 생활과학의 위상에 문제점을 제기하기도 한다.

한편 급변하는 현대사회에서 제기되고 있는 다양한 가족문제를 예방 및 해결하고 건강한 가정을 구현하기 위하여 가정학계를 중심으로 추진되어 오던 건강가정기본법이 2003년 12월에 국회를 통과하여 2004년 2월에 법률로 공포되었으며 2005년 1월 1일부터 시행되게 되었다.

이 법은 지금까지의 가정문제에 대해 가정의 책임을 강조한 '선가족 · 후사회'의 접근에서 빗어나서 가정을 단위로 한 예방적 · 사전적 · 통합적인 복지서비스 체계를 확립할 수 있는 행정적 · 제도적 기틀을 마련하였다는 점, 다시 말해서 가정에 대한 정책과 제도의 틀을 다시 구성하여 보다 효과적인 방안을 마련하기 위한 패러다임의 변화를 이끌어 내었다는 점에서 그 의의가 크다고 할 것이다.

이 법에 따르면 국가 및 지방자치단체는 가정문제의 예방 · 상담 및 치료, 건강가정의 유지를 위한 프로그램의 개발 등을 위하여 중앙, 시도 및 시군구에 건강가정지원센터를 두고 센터에는 건강가정사업을 수행하기 위하여 관련분야에 대한 학식과 경험을 가진 전문가로서 건강가정사를 두어야 함을 명시하고 있다. 여기서 건강가정사는 대학 또는 이와 동등 이상의 학교에서 사회복지학 · 가정학 · 여성학 등 보건복지부령이 정하는 관련교과목을 이수하고 졸업한 자로 되어 있다.

건강가정기본법 제정은 실천학문으로서 생활과학은 무엇을 고민하고 연구할 것인가, 그리고 어떠한 전문가를 양성해야 할 것인가 등을 중심으로 생활과학의 정체성을 새롭게 조명하고 재정립하기 위한 뜻깊은 계기를 제공하며 동시에 생활과학 전문가들의 사회적 책임을 다시 한 번 재점검하는 기회를 마련해 준다고 할 수 있다.

2) 가정대학의 설립과 명칭변경

급격한 산업화 과정 속에서 가정생활에 일어나는 변화 중 가장 두드러진 것은 전통적으로 가정에서 이루어지던 일들이 점차 사회의 산업부문으로 위임된 것이다. 이에 따라 가정학의 연구대상이 가정 밖의 사회부문으로 확대되고 전문화되었으며, 산업화한 부문에서 전문인들에 대한 수요가 증가하게 되었다. 전문영역의 강화와 전문인 양성의 목적에서 가정대학이 생기게 되었다.

1964년에 연세대학교에 우리나라 최초의 가정대학이 설립되었는데 이를 계기로 하여 1965년에는 이화여자대학교에, 1969년에는 서울대학교에 가정대학이 설립되었다. 그리고 가정대학 내에 식품영양학과, 의류학과, 가정관리학과, 아동학과, 주생활학과 등이 생기면서 생활과학의 전공영역이 분화되었다.

1970년대에 서울대학교 등에 대학원과정이 설립되면서 가정학의 전문성이 강화되고 전공영역의 연구가 심화되었다. 또 자연과학적 측면에 치중되었던 연구에 인간발달과 인간관계를 중심으로 한 사회과학과의 연계성도 강화되었다. 가정학 전공자의 사회진출에 많은 관심을 갖게 되고 생활관련 산업부문과 관련된 분야의 연구가 양적, 질적으로 발전하였다.

1980년대 중반 이후 가정학의 연구대상이 확대되고 산업부문과 관련된 전문분야별 연구가 활성화되면서 가정대학이라는 명칭이 교육내용을 포괄하기에 적합치 못하다는 생각에서 대학의 명칭변경에 관한 논의가 시작되었다. 그러나 가정학이 가지고 있는 전통적인 이미지나 폐쇄적인 속성 등의 문제를 인식하면서도 독자적인 학문체계를 확보하지 못한 상태에서의 명칭변경이 가정학의 정체성을 약화시키는 등 자칫 가정학의 발전에 부정적인 결과를 초래할 수도 있다는 우려 때문에 신중을 기해야 한다는 견해도 만만치 않았다.

이런 상황하에서 1989년에 연세대학교가 가정대학의 명칭을 생활과학대학으로 변경하였다. 그 후 생활과학이 새로운 명칭으로 가장 적합한지에 대한 많은 검토가 있었으며, 명칭변경을 할 경우 동일한 것으로 해야 한다는 데 동의하여 대부분의 대학이 생활과학대학으로 명칭을 변경하였다. 그 결과 1999년 말 현재 생활과학대학으로 명칭을 변경한 대학이 총 30여 개의 가정학관련 단과대학 중 23개에 이르고 있다.

서울대학교 가정대학은 농업생명대학 농가정학과의 이관 · 통합을 계기로 하여 1997년에 생활과학대학으로 명칭을 변경하였다. 생활과학대학이라는 명칭은 인접한 생활환경을 보다 좋게 함으로써 삶의 질을 향상시킨다는 가정학의 기본적인 철학을 유지하면서 가정이라는 제한된 공간으로부터 가정을 포함한 생활 전반으로 확대된 연구대상을 잘 포괄할 수 있다고 볼 수 있다. 또 생활과학은 과학적이라는 느낌을 주어 종래의 가정학이 가진 비전문직인 이미지를 탈피할 수 있고 미래지향적인 이름으로서 전공자의 사회적 진출에 도움을 준다고 볼 수 있다.

명칭변경을 계기로 하여 미래 생활과학에는 학문의 정체성을 확보하면서 전공영역별 전문성을 강화하여야 하는 과제가 보다 강하게 부여된다고 할 것이다. 또한 이론적 체계수립을 위한 연구뿐 아니라 연구결과의 실용화 방안을 개발하고 정책과의 연계를 강구함으로써 실생활의 향상에 도움을 줄 수 있는 실천학문으로서의 위상을 정립하야야 할 것이다.

오늘날 생활과학은 우주화된 생활세계에서 인간의 삶을 대상으로 하는 학문이다. 그런데 생활세계의 시작이나 기초는 가정이므로 어제의 가정학이라는 학문적 뿌리로부터 오늘의 생활과학이 분리될 수는 없다. 그러므로 생활과학이 유용하고 가치 있는 학문이 되기 위해서는, 한편으로는 우리의 고유한 연구영역과 초점을 강화하면서 다른 한편으로 미래 사회의 급격한 변화에 대응하여 연구대상과 영역을 새로운 시각에서 확대해 나가야 할 것이다(이기춘, 1999).

참고문헌

대한가정학회 편(1998). 『인간과 생활환경』. 학지사.

모수미 외 3인(1991). 『가정학원론』. 한국방송대학출판부.

문수재 외 4인(1993). 『가정학의 새로운 접근-인간생활을 중심으로-』. 수학사.

서정희 외 7인(1993). 『가정학원론』. 하우.

유태명(1996). 「새로운 가정학 패러다임 모색을 위한 기존 패러다임의 비판적 검토」, 대한가정학회 제49차 총회 및 추계학술대회 자료집 『21세기를 향한 가정학의 새로운 패러다임』. 대한가정학회.

이기춘(1999). 「생활과학의 어제와 오늘 그리고 미래」, 서울대학교 생활과학대학 30주년 기념 국제학술 심포지엄 자료집 『생활과학의 변화와 미래』. 서울대학교 생활과학대학부속 생활과학연구소.

今道友信(1989). 「技術社會への創造的對應」, 日本家政學會(編). 『生活環境論』(pp. 148-164). 朝創書店.

Von Schweitzer, R.(1991). *Einfürung in die Wirtschaftslehre des Privaten Haushalts.* Ulmer Verlag.

제3장

생활과학의 내용과 구성

1. 생활과학의 학문적 개념

생활과학은 인간의 삶을 관심의 대상으로 한다. 인간의 삶은 매우 광범위하기 때문에 생활과학에서는 그 중 특히 개인과 가족의 일상적인 생활을 중심으로 한다.

1) 인간의 삶: 인간-환경-문화

생활과학의 틀을 이해하기 위해서는 우선 생활과학의 중심이 되는 '인간의 삶'이 어떻게 이루어지는지 살펴볼 필요가 있다. 인간의 삶은 인간을 둘러싼 환경조건, 환경으로부터 얻을 수 있는 자원, 그리고 인간의 신체적 · 심리적 속성과 기술발달수준에 따라 형성된다. 인간의 삶을 구성하는 부분은 다양하지만, 그 중에서 의생활을 예로 들어 설명하면, 인간은 그들이 처한 자연환경조건에 맞추어 환경으로부터 얻을 수 있는 자원을 활용하여 그들의 신체적 · 심리적 욕구를 충족시키는 의생활을 해 온 것을 볼 수 있다. 예컨대, 에스키모는 추운 기후에 맞도록 북극지방에 사는 동물의 가죽을 이용하여 신체를 추위로부터 보호하면서 그들의 미의식을 표현하는 파커를 발달시켰으며, 우리의 전통한복도 우리나

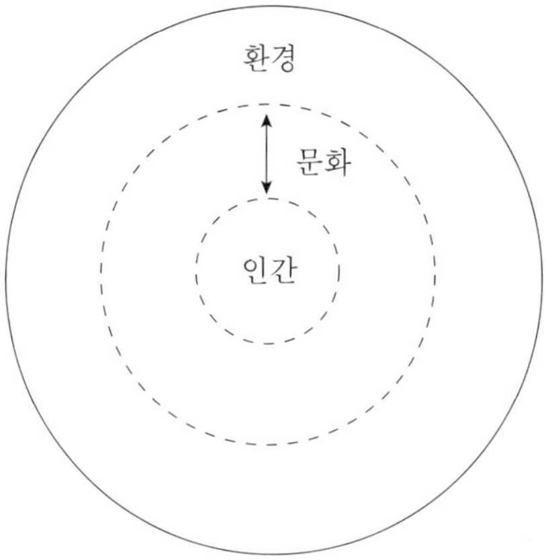

그림 3.1 인간의 삶을 구성하는 인간, 환경, 문화의 관계

라의 기후환경에 적합하도록 우리나라에서 얻을 수 있는 자원을 활용하여 우리의 미의식, 사고방식, 생활양식 등에 따라 발달된 것을 알 수 있다.

이와 같이 인간은 자연환경조건에 가장 적합하도록, 동시에 환경으로부터 얻을 수 있는 자원을 그들의 기술수준에 따라 활용하여 신체적 · 심리적 욕구를 충족시켜 왔는데, 이러한 과정에서 형성된 삶의 양식이 그들의 문화가 된다. 즉 에스키모의 파커는 그들의 의생활문화이며, 우리의 전통한복은 우리의 전통 의생활문화가 되는 것이다.

따라서 인간의 삶을 이해하기 위해서는 그림 3.1과 같이 욕구의 주체가 되는 인간, 욕구를 일으키는 환경조건, 그리고 이 둘 사이의 상호작용에 의하여 형성되는 문화에 대한 이해가 필요하다.

2) 생활과학의 구성과 목표

인간의 삶 중에서 개인과 가족의 일상적인 생활에 중심을 맞추었을 때, 생활과학의 틀은 그림 3.2와 같이 구성된다. 그림 3.1과 비교하였을 때, 생활과학은 인간의 측면 중 생활의 주체로서의 인간인 '생활인', 환경의 측면 중 삶이 이루어지는 인접환경인 '생활환경' 그리고 인간과

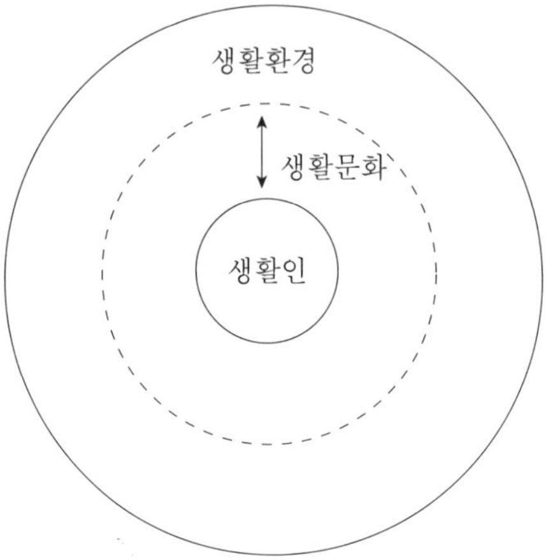

그림 3.2 생활과학의 개념적 틀

환경의 상호작용에 의하여 형성되는 문화의 측면 중 삶과 직접 관련된 '생활문화'를 중심으로 한다.

개인과 가족의 삶의 질은 개인과 가족의 생활인으로서의 특성, 개인과 가족이 처한 생활환경특성, 그리고 우리 사회의 생활문화에 따라 형성된다. 생활과학은 생활인, 생활환경, 생활문화에 대한 교육과 연구를 통하여 이들을 변화 · 발전시킴으로써 궁극적으로 생활과학이 추구하는 목표인 개인과 가족의 복지증진에 기여하고자 한다. 한편 현대 산업사회에서는 과거에 가정에서 이루어지던 많은 일들이 산업화되었으며, 생활과학의 교육과 연구는 생활산업의 발전을 통하여 개인과 가족의 복지증진에 기여하게 된다. 이를 도식화하면 그림 3.3과 같다.

생활산업을 발전시키기 위해서는 생활인, 생활환경, 생활문화에 대한 이해가 필수적이다. 예컨대 외식산업의 발전을 위해서는 음식을 섭취하는 인간의 신체적 특성에 대하여 이해하고, 소비자의 식생활문화를 이해함으로써 소비자에게 만족을 주고 있는 외식산업기술을 발전시킬 수 있다. 마찬가지로 패션산업에서는 피복재료에 대한 지식뿐 아니라 의복

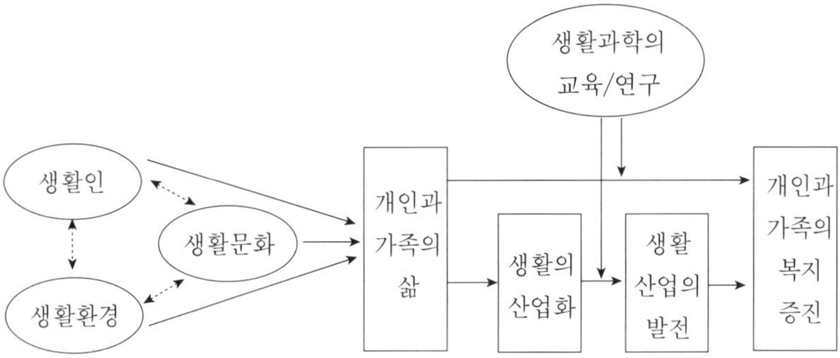

그림 3.3 생활과학의 발전을 통한 개인과 가족의 복지증진

을 착용할 소비자의 욕구를 이해하고, 의복에 대한 사회적 규범과 유행 현상 등 의생활문화를 이해함으로써 소비자에게 만족을 주는 의류상품을 개발할 수 있다. 이와 같이 소비자에게 제공되는 여러 가지 생활상품과 서비스가 발전할 때에 그 사회 안에서 생활하는 사람들의 삶의 질이 향상되며, 궁극적으로 개인과 가족의 복지증진을 이룰 수 있다.

2. 생활과학의 학문적 구성

생활과학 내에는 생활의 영역에 따라 다양한 전문분야가 있다. 그림 3.4에 제시된 바와 같이 생활의 대상에 따라 의생활, 식생활, 소비생활, 아동가족생활, 주생활 등 여러 전문분야가 있다. 생활과학의 각 전문영역은 영역의 특성에 따라 교육과 연구에서 다루어지는 내용은 다양하지만 개인과 가족의 복지증진이라는 궁극적 목적을 공통으로 다루고 있다. 또한 전문영역 사이의 학제적 연구가 활발해짐에 따라 각 전문영역들이 겹쳐진 부분에서는 2개 이상의 영역이 합쳐져 새로운 관심분야를 창출하기도 한다. 예를 들어, 식생활분야와 소비생활분야가 만나서 식품소비에 관한 영역을 창출하거나 시설경영분야와 주생활분야가 만나서

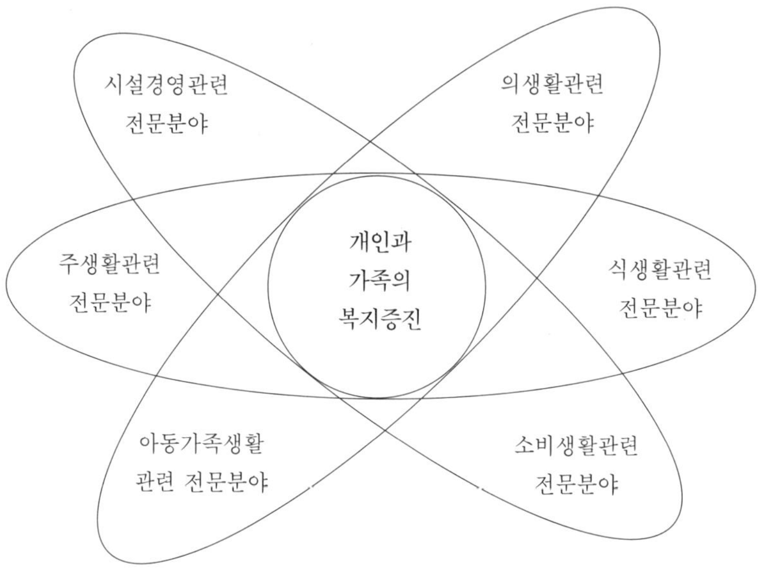

그림 3.4 생활과학 전문분야의 다양성과 공통성

공동주거시설의 공간에 관한 영역을 창출할 수 있다.

그림 3.2에서 제시한 생활과학의 개념적 틀을 각 전문영역에 투사하여 보면, 각 전문영역이 매우 다양한 내용을 포함하고 있음을 알 수 있다. 즉 각 전문영역과 관련한 인간행동, 환경, 문화뿐 아니라 이들 사이의 상호 관련으로 형성된 내용, 그리고 산업화된 내용 등도 폭넓게 포함된다. 의생활관련 전문분야를 예로 들어 설명하면 그림 3.5와 같이 생활환경, 생활문화를 중심으로 다루는 내용뿐 아니라 이들 사이의 상호 관련성을 중점적으로 다루는 내용도 많이 포함되어 있으며, 생활산업으로 발전한 분야도 중요한 부분을 차지한다.

생활과학이 추구하는 삶의 질 향상을 위해서 교육 · 연구되어야 하는 세부영역으로는 섬유과학, 피복환경학, 복식 디자인 및 의복구성, 패션 마케팅, 복식사 및 복식미학, 직물 디자인, 패션 리테일링, 식품과학, 식

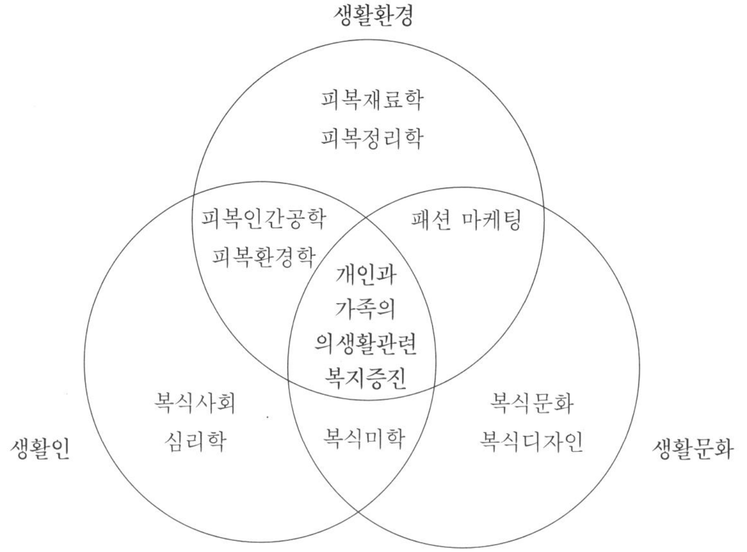

그림 3.5 생활과학 각 전문분야의 범위 — 의생활관련 전문분야의 예

품위생 및 안정성, 조리과학, 영양생화학, 인체영양학, 지역사회 영양학, 식품영양정책, 식생활문화, 급식경영, 소비자경제, 소비형태 및 소비문화, 가계재무, 소비자 교육 및 정책, 가정자원관리, 공공가정 경영, 아동청소년 발달과 상담, 유아교육, 영아보육 및 아동복지, 특수아교육, 한국가족, 가족관계 및 정책, 가족생활교육, 가족상담 및 치료, 주거계획, 주거환경, 주거문화, 주거 디자인 등이 있다(각 세부영역별 소개는 표 3.1 참조).

생활과학 전공자는 필요한 세부영역을 학습함으로써 각 전문영역의 전문인이 된다. 각 전문영역은 사회적 수요, 학생의 요구에 따라 다양하게 제공될 수 있으며, 필요한 전문영역의 성격에 따라 세부영역은 다양하게 조합될 수 있다.

표 3.1 생활과학의 학문적 구성

생활과학의 구성요소	삶의 질 향상을 위한 교육/연구내용	전문영역
생활인 생활문화 생활환경 생활산업	섬유과학, 피복환경학, 복식 디자인 및 의복구성, 패션 마케팅, 복식사 및 복식미학, 직물 디자인, 패션 리테일링	피복과학 복식학
	식품과학, 식품위생 및 안전성, 조리과학, 영양생화학, 인체영양학, 지역사회 영양학, 식품영양정책, 식생활문화, *급식경영*	식품학 영양학
		*급식 및 시설경영**
	소비자경제, 소비행태 및 소비문화, 가계재무, 소비자 교육 및 정책, 가정자원 관리, *공공가정 경영*	소비자학
	아동청소년 발달과 상담, 유아교육, 영아보육 및 아동복지, 특수아교육, 한국가족, 가족관계 및 정책, 가족생활교육, 가족상담 및 치료	아동학 가족학
	주거계획, 주거환경, 주거문화, 주거 디자인	주거학

* 급식경영, 공공가정 경영 등은 기존 세부영역의 조합으로 제공할 수 있는 새로운 전문영역임.

제 2 부
생활인

제 4 장 생활주체자로서의 인간
제 5 장 개인 · 가족 · 사회와 삶의 질

제4장

생활주체로서의 인간

인간은 의 · 식 · 주생활의 주체로서 가족을 이루어 살아가는 사회적 존재이다. 따라서 인간이 이룩한 가족사회 및 국가 또는 국제사회는 물론 인류사회를 인간생활에 이상적인 사회로 발전시키고자 한다. 이를 위해서 인간은 의 · 식 · 주 문제를 해결하려는 단순욕구 이상의 고차적 이상을 추구하여 끊임없이 발달하는 존재이기도 하다. 이러한 인간특성으로 가족과 사회는 인간의 고차적 욕구인 이상사회의 실현을 위해 계속 발전해 왔다. 이러한 이상추구의 인간욕구는 때로 실수나 좌절로 퇴행 반복되기도 했지만, 결국에는 보다 나은 이상사회를 지향하여 다양한 생활문화를 창조하고 그 문화의 향유자로 기여해 왔다. 이 장에서는 이러한 생활, 즉 삶의 주체로서 인간과 가족을 탐구한다.

1. 인간 : 생활의 주체

1) 생활인, 생활문화의 창조 및 향유자

(1) 생활인

본능적이든 아니든 인간은 자녀를 낳아 키우면서 가족을 이루고 개인과 사회생활을 영위한다. 이를 흔히 삶이라고 하고 협의의 개념 또는 편의상 생활이라고도 한다. 이때 생활이란 인간이 인간다운 삶을 위해 필요한 여러 욕구문제를 해결하는 다양한 활동을 의미하며, 그래서 흔히 인간을 생활의 주체라고도 한다.

생활인(生活人)이란 인간으로서 자기를 이해하고 이런 자기 이해를 기초로 타인과 집단을 이해하여 자기와 타인 및 집단의 생존에 필요한 의·식·주 문제를 해결하는 능력을 갖춘 인격적인 개인을 의미한다. 그러므로 인간으로서 자기 자신을 바로 아는 데 필요한 지식과 태도는 물론 기능까지도 고루 갖추는 동시에, 자기에 대한 이해를 근거로 자기와 비슷한 타인들을 이해하여 수많은 타인들, 즉 집단에게까지 자신을 확대하기도 하고, 수많은 타인들을 자기 자신으로 수렴할 줄도 아는 인격(人格)을 갖출 때 비로소 생활인이라 할 수 있다.

예컨대 자기 자신의 형성과 발달에 대한 신체적·심리적 지식을 갖추어, 자신에 대한 이런 지식을 근거로 모든 타인들의 형성과 발달에 대한 신체적·심리적 이해로 확대할 수도 있고, 무수한 타인들의 신체적·심리적 현상을 자신의 것으로 수렴·축소하여 공감할 수도 있을 때 비로소 생활인 또는 인간다운 인격자라 할 것이다. 또한 장시간의 시장기가 자기에게 신체적·심리적 고통이 된다면 타인에게도 그러할 것을 이해할 수 있고, 자기 자녀의 질병이 주변의 여러 타인의 자녀들의 질병이 된다는 확대의식을 가지거나, 남의 자녀의 고통에 대해 같은 부모나 가족으로서 고통을 느끼는 정감의 수렴적 공감(收斂的 共感) 등이 그러할 것이다. 나아가서 가축이나 짐승의 새끼에 대한 느낌은 물론 식물에게까지 이런 정감이 확대 또는 수렴된다면 인간답고 인격적인 개인, 즉 진정한 생활인이라 할 수 있을 것이다. 왜냐하면 인간은 개인 혼자만으로도, 인간들끼리만으로도 생존할 수 없으며, 동·식물이나 심지어는 무생물과도 더불어 함께 하지 않으면 생존이 불가능하기 때문이다. 이러한 자신과 타인 및 주변의 각종 사물들, 즉 환경과의 상호 의존관계를 이해할 때 생활인이라 할 수 있다.

다음으로 생활인이란 생존에 필요한 의·식·주 문제를 해결하는 능력을 갖춘 개인이다. 의 · 식 · 주와 관련된 자기 및 가족생활의 운영자 및 관리자로서 필요한 다양한 지식과 태도 및 기능을 갖춰야 할 뿐만 아니라 자기와 자기 가족보다 큰 소속집단, 즉 공동체의 공익생활에도 필요한 존재일 때 비로소 생활인이라고 할 수 있을 것이다. 예컨대, 자신과 자기 가족만을 위한 의 · 식 · 주생활에 필요한 소비나 생산활동에서 소비자나 생산자로서 필요한 정보는 말할 것도 없고, 생산자는 자기 생산품의 소비자인 동시에 다른 상품의 소비자가 되어야 하는 생활의 이치도 이해하고 판단하고 대처할 수 있어야 인간다운 개인이고 인격자이고 현명하고 유능한 생활인이다. 더러 자신과 가족이익만을 추구하기도 하여, 그가 소속된 보다 큰 사회에는 무익하거나 유해한 개인도 있다. 공동이익보다 개인이익 위주 등으로 이렇게 사회규범에 무지하거나 소홀하거나 무시하는 이기적 비도덕적 반윤리적인 개인은 진정한 생활인이라고 할 수 없다.

(2) 생활문화의 창조자 및 향유자

생활이란 단순히 생존에 그 목적을 한정시키지 않고, '인간답게 함께' 살려는 노력과 노력의 결과를 누리려는 소망까지도 포함한다. 다시 말해서 인간다움을 추구하는 생활, 즉 단순한 생존 이상의 심리적 심미적 만족감과 정신적인 행복감을 추구하고 누리려는 소망으로 노력하여 보다 풍요롭고 다채로운 문화를 창조하고 향유하고자 한다. 그래서 생활인은 다채로운 생활문화의 창조자인 동시에 창조한 문화를 혼자만이 아닌 '더불어 지속적' 으로 누리는 향유자이다.

생활문화란 개인이 인간다움을 실현하기 위해서 신체적 심리적 욕구실현을 추구하여 인간으로서 자기에 대한 깊은 이해와 신뢰를 발달시키면서 이를 타인에게까지 확대하며, 이러한 욕구실현에 필요한 의 · 식 · 주 등 물질문화를 다채롭고 풍요롭게 창조하여 인간다움을 보다 행복하게 하는 활동을 의미할 것이다. 다채롭고 풍요롭다는 것은 물질적인 풍요로움, 즉 낭비적인 의미가 아니라 질량에서는 물론 모든 면에서 서로 차이가 자유로이 인정되고, 적게 조금만 사용하면서도 심리적 심미적인 만족이 극대화된다는 의미이다.

생활인의 생활문화는 무엇보다도 먼저 전인적(全人的)인 개인이 되는 것이다. 지적 정서적 도덕적 신체적 사회적으로 균형 있게 발달하여, 의 · 식 · 주생활이 자기와 타인은 물론 집단에게 더욱 균형 잡힌 풍요와 다채로움이 되도록 선용하는 것을 의미할 것이다. 지적인 발달과 정서 및 도덕적 발달이 균형 잡힌 개인은 최소한의 비용으로 최대한의 만족을 느끼는 생산과 소비생활을 할 수 있으며, 타인의 평가나 비교, 사회의 유행보다는 자기와 가족을 동시에 만족시키는 생산과 소비를 전제로 의 · 식 · 주생활을 운영 관리할 수 있다. 예컨대 개인적 기호와 생활의 편리함, 건강한 활동은 재정적 한계와 지리 풍토적 여건을 최대한 활용한 주거공간의 창조, 자녀의 양육과 훈육에서 절약과 만족의 절충습관, 자기와 가족과 이웃을 고려하는 예절바른 말씨와 인사습관, 공공기물의 애용습관, 합리적인 식생활습관 등도 모두가 가족의 생활문화, 지역사회의 생활문화, 기독교 신자의 생활문화, 청소년의 생활문화, ○○대학교의 생활문화 등이며 이런 생활인은 소속된 집단의 생활문화를 창조하는 창조자이다. 동시에 이런 생활문화가 자신과 타인에게 피해 또는 이익이 되더라도 이를 창조한 자인 동시에 이에 영향받는 피해자 또는 향유자이기도 하다.

문화는 다채로움을 전제로 하기 때문에 인종, 종교, 국가마다, 더욱 구체적으로는 같은 나라에서도 지역차, 성차, 연령차, 계층차에 따라 다른 생활문화가 창조 · 향유되고 있다. 이런 서로 다름이란 차이는 존중되고 있고, 다름의 가치로서 문화의 특성은 다채로움에 있다. 따라서 두 가정의 생활문화는 서로 다르고, 한 가족에서도 어린 자녀의 생활문화와 젊은 부부와 조부모세대의 생활문화는 또한 다르다. 이런 서로 다름이 인종과 종교, 국가간에도 존중되고, 계층별 지역별 성별 연령별 차이가 되지만 역시 싱호 존중된다. 따라서 문화의 충돌보다는 문화의 다채로움으로 존중되지만, 동시에 최소한의 공통점이 존중됨으로써 수많은 차이에도 불구하고 다채롭게 창조된 생활문화를 더불어 함께 향유하는 것도 진정한 정신문화의 창조이자 향유이기도 하다. 이는 개인의 인간적 욕구실현이자 '모든 이의 모든 행복을 지향하는' 인류 전체의 이상추구이기도 하다.

2) 복지사회 구현의 이념

(1) 이상사회의 창조

진정한 생활인은 이상사회를 지향하는 생활문화의 창조자이다. 지금까지 인류가 창조해 낸 이상사회를 지향하는 생활문화는 민주주의 이념이라고 할 수 있다. 왜냐하면 '최대다수인이 최대로 행복한 생활을 하도록 보장하려는 최선의 노력'이 곧 민주주의가 지향하는 이상사회의 생활문화이며, 이런 민주시민의 자질이 곧 진정한 생활인의 자질이기 때문이다. 따라서 최대다수인의 최대한의 행복이 보장되는 생활문화를 창조·향유할 수 있는 이상사회는 바로 생활인이 추구하는 바 복지사회 창조의 이념이다. 즉 인간의 존엄성 인정, 독자성과 개인차의 인정, 기회균등의 원칙준수, 집단지(集團智)의 신념, 변화의 추구 등이다.

① 인간의 존엄성 존중: 먼저 민주주의는 인간을 존엄한 존재로 본다. 이 존엄성은 어떤 제도, 어떤 사회의 어떤 기구나 국가보다도 소중한 존재가 인간임을 의미한다. 인류가 오랜 역사를 거쳐오면서 목숨을 걸고 싸워서 쟁취한 것이 바로 이것이다. 인간의 존엄성은 자유와 평등과 박애를 전제로 할 때 비로소 보장된다. 인간은 인종, 신분연령, 계급, 지위나 재산에 의해서 어떤 억압과 차별대우도 받을 수 없다. 모든 인간은 태아이건 유아이건 노인이건 또는 어떤 신체적 정신적 장애를 지녔다 할지라도 인간으로서 가치로운 존재로서, 이 가치를 보장받는 마땅한 삶을 누려야 할 권리를 기본권으로서 보장받는다. 따라서 이 기본권이 보장된 인간은 자신의 행복을 추구할 목적 이외의 그 어떤 수단으로 사용될 수 없다. 전제군주사회에서는 노예는 인간이 아니며 왕이나 귀족의 재산으로서의 가치 외에 인간으로서의 가치는 인정받지 못했다. 그러나 현대 민주주의 이념은 인간의 존엄성 그 자체를 절대시하며 인

종, 성별, 신앙, 연령, 지위 등에 관계없이 잠재능력을 최대한 발달·신장시킬 수 있고, 그 결과로 자신의 행복을 추구하고 누릴 권리를 인정받는다. 이것이 모든 인간에게 잠재된 자아실현의 가능성을 믿는 신념이며, 이 가능성의 발견과 신장은 인간이 존엄한 존재일 때만 가능하기 때문이다. 모든 인간이 지닌 서로 다른 잠재가능성이 있는 그대로 발휘되도록 보장받는 것이 곧 인간의 존엄성 인정이다. 이러한 존엄성은 유아에게나 장애인에게나 동등하게 적용된다. 인간의 존엄성은 인격을 전제하기 때문에 아동은 미성년자가 아니고 곧 인격체로서 인간이라는 현대적 아동관이 탄생되었다.

② 독자성과 개인차 인정: 다음으로 인간의 독자성과 개인차를 인정한다. 민주주의는 이 세상에서 개인을 독자적 존재로 본다. 어느 누구도 한 개인으로서 그를 대신할 수 없다. 그 이유는 동일한 두 사람은 없다고 보기 때문이다. 모든 인간은 신체적 심리적 지적 사회적으로 서로 다르며, 이것이 곧 능력이나 개성으로 기대되고 존중되기 때문이다. 비록 일란성 쌍생아라도 서로 다른 점을 지녔고 다른 점이 인정되고 장려되기 때문에, 이들간에서도 서로를 대신할 수 없는 인간적 가치와 권리를 지녔다는 독자성이 인정된다.

개인은 각기 발달속도와 능력, 흥미, 성격, 호기심들에서 서로 다르고 이런 개인차를 충분히 고려하고 장려하는 교육이나 훈련 프로그램이 제공되는 것이 곧 기회균등으로 인정된다. 이런 서로 다른 개인차를 장점으로 인정할 뿐 아니라 나아가서 신장·촉진되도록 하는 것이 바로 민주사회가 지향하는 다양성이다. 저마다 서로 다른 소질, 특기, 능력을 최대한 발휘하도록 하여 서로 다른 능력이 모여 비로소 조화롭고 균형잡힌 사회가 이룩되며, 서로 다른 의견과 태도와 사상이 곧 진보와 발전의 힘이 된다는 신념이다.

③ 기회균등: 셋째로 민주이념은 모든 인간은 기회균등의 원칙을 보장받는 것이다. 모든 개인은 각자가 누릴 권리와 자유 그리고 의무를 인정받으며 이를 존중하고 수행하지 않으면 안 된다. 특정 인물에게 특권

이 인정되지 않으면 누구에게나 꼭 같은 자유와 권리를 행사할 기회, 능력을 발휘할 기회, 행복을 추구하기 위해 정당하게 노력할 기회를 균등하게 제공받는다. 이런 자유와 권리에는 의무가 수반되는데, 이 의무는 서로의 자유와 권리를 보장해 주기 위해서 자신의 행동에 책임지는 것이 된다. 따라서 개인에게는 자율적 통제가 기대되며 타율적 통제는 권리의 침해를 의미한다. 이러한 기회균등의 원칙은 연령, 성별, 신앙, 재산의 차이 없이 교육받을 기회에서도 균등하게 부여된다. 따라서 유아나 노인에게 꼭 같이 적용되는 기회균등으로서 평생교육의 개념이기도 하다. 정신박약아동에게는 그에게 맞는 교육 프로그램이 제공되어야 하고, 수재아동에게는 그에게 알맞은 교육이 제공되어야 한다는 원칙이 기회균등이다.

④ 집단지의 신념: 넷째의 민주이념은 집단지(集團智)에 대한 신념이다. 이상적인 사회는 한 사람의 영웅이나 천재가 움직이는 사회가 아니라, 다양한 개인차를 가진 독자적 존재로서의 다수인의 지혜를 더 신봉한다. 다양한 개인들에게서 나오는 다양한 의견과 사상, 신념과 능력 및 특성으로서 갈등적인 비판과 토의과정을 거쳐 하나의 합의된 결정이나 결론에 도달할 때 그것을 최고가치인 최고선(最高善)으로 인정한다. 즉 다수결의 원칙이고 대중의 지배이며 집단의 지혜로 본다. 그러므로 자유로운 발상을 허용하고 자기 의견과는 다른 타인의 의견을 존중하며 일단 합의에 이른 결정에 대해서는 협조적인 태도를 경험한다. 따라서 공동작업의 중요성, 자유로운 발상의 허용, 함께 더불어 결정하는 산만하고 소모적인 듯도 한 장시간의 토론과 비판의 과정 자체를 존중하여 가치롭게 인정한다.

⑤ 변화의 추구: 다섯째는 변화를 추구하는 이념이다. 민주주의는 끊임없는 변화와 개선을 지향한다. 언제나 개방적이며 비판과 검토를 거쳐 수정하고 개선하는 데 가치를 둔다. 현재보다 나은 미래, 즉 이상사회 창조를 전제하고 현재의 가치, 현재의 불편, 현재의 목적과 방법을 끊임없이 검토 · 비판하는 의견을 수용 · 존중하여 개선하려는 변화를 추

구한다. 그러므로 쉬지 않고 유동적이며 보다 나은 행복을 추구하기 위한 이상과 목적을 위해서 보다 나은 것을 찾고, 새롭고 효과적인 방법을 시도하기 때문에 시행착오도 할 수 있다. 그러나 이런 시행착오를 비난하지 않고 개척정신과 개척의 태도를 장려한다. 타인의 의견에 개방적이며 비판받지 않는 현재는 개선할 필요가 없고, 불평 불만이 없는 현재에 새로운 시행착오는 시도되지 않기 때문에, 불평과 불만을 이상사회 창조를 위한 변화의 계기와 창의성의 자극으로 인정한다.

이상의 5가지 민주주의의 이념은 모든 개인이 적극적으로 참여하여 모든 사람의 행복한 생활문화를 창조하고 향유할 수 있는 복지사회, 즉 보다 나은 이상사회를 창조하기 위한 이념이라고 볼 수 있다.

(2) 보편적 가치지향

인류의 이상은 개인은 물론 인류 전체가 보편적 가치를 지향하는 복지사회의 구현이다. 복지사회란 인간끼리의 관계는 물론 인간과 자연과의 관계에서도 박애, 즉 사랑, 정의, 평화, 생명존중, 협동, 공존 등의 절대가치를 존중하는 도덕적 존재를 지향해야 할 것이다.

개인은 독자적인 존엄성을 인정받는 인간으로서 자아를 시공을 초월한 모든 인류와 동식물 그리고 나아가서 흙이나 바위 같은 무생물과 보이지 않고 들리지 않고 만져질 수 없는 존재에까지 무한히 확대해야 한다. 인간이 인간답게 살 수 있는 이상적인 복지사회는 인간과 자연이 함께 더불어 행복할 수 있는 공존적 사회이다. 예컨대 생명존중이란 보편적 가치는 인간의 생명만이 아니라 동식물의 모든 생명을 인간 자신의 생명처럼 존중함을 의미한다.

몰지각한 낭비와 전쟁으로 인한 각종 살생무기의 경쟁적 개발과 남용으로 지구자원은 급속히 오염 · 고갈되고 있어, 지구촌 곳곳에서 기아와 질병으로 고통받는 사람들 특히 아동과 노인인구가 급증되고 있다. 이를 돕는 각종 단체나 휴머니즘 운동도 자아의 무한확대개념으로서 더불어 함께 잘사는 보편적 가치추구로서 복지사회를 구현하려는 노력이다. 그러나 보편적 가치지향이란 인간끼리만, 즉 인류만을 위한 노력으로 한정된다면 복지사회는 이룩될 수 없다.

인간은 인간만으로서 생존할 수 없고 자연과 상호 의존적 관계에서 생존이 가능하므로, 이상적인 복지사회의 구현에서 자연이라는 존재에까지 인간의 자아가 확대되지 않는 한 자연은 인간이 살기에는 부적합할 수밖에 없다. 자아의 무한확대는 한 포기의 풀의 생명도 인간 자신의 생명처럼 인식함을 의미한다. 우리가 살고 있는 땅과 지구는 우리가 쓰다가 자손에게 물려 주는 것이 아니라 미래의 자손들의 것으로서 그들에게서 빌려 쓰고 돌려 줘야 한다는 인식으로, 땅을 비롯한 물과 공기 등 모든 자원에까지 우리의 자아를 무한히 확대하는 도덕적 존재가 될 수 있다. 자연적인 사물에게도 인격적으로 대우 · 대접하는 겸손, 겸양, 겸허야말로 환경론자들만이 아닌 보이지 않는 신에 대한 인간이 취할 태도이다. 자연을 인간이 마음대로 사용한다는 생각은 지극히 이기적인 인간중심적 사고이다. 식물에게 물어 본다면 식물중심적인 사고로 인간이야말로 식물을 위해 존재한다고 할 것이다. 창조자가 세상을 다 창조하고 마지막날인 제6일에 인간을 창조했다는 창세기의 내용은 특정 종교의 경전이라는 점을 초월하여 인간이야말로 자연 중에서 가장 막둥이이므로 마땅히 모든 자연물에 대해 겸허해야 한다는 것을 가르치기 위함이라고도 할 수 있다.

각종 환경오염 방지노력, 곤충 · 동식물 애호단체의 노력은 환경보존을 위해 '네 이웃을 네 몸같이 사랑하라'는 예수와 물 속의 동식물의 평안을 위해 목어(木魚)를 치는 자비를 가르치는 불타 같은 성현의 도덕수준이라고 할 수 있다. 여기서 이웃이란 가족, 친지, 친구나 동족 인류의 범위를 초월하여 동식물 등 생명을 가진 모든 것과 무생물에게까지 확대한 개념으로서, 자아의 무한확대를 의미한다. 인(仁)의 덕목을 실천한 공자도 먹기 위한 목적이 아니면 낚시를 하지 않았고, 악기를 타면서 수많은 자연사물과의 교감을 즐겼다. 노자와 장자의 무위자연(無爲自然)이나 루소의 자연으로 돌아가라는 주장도 자아를 무한확대한 개념이며, 신채효가 강조한 진아(眞我) 대아(大我)의 개념이다. 각종 동식물 애호단체, 핵확산방지 등 반전운동 등도 지구 환경보호운동으로서 자아의 개념을 무한확대시킨 보편적 가치의 실천노력이다. 즉 동식물은 물론 인간에게 환경이 되는 자연 전체에까지 사랑과 정의, 평화 등의 보편적 가치적용대상이 인간에게 한정시키지 않고 무한확대시키는 도덕적 행위이다. 따라서 인간은 절대 필요한 정도의 소비만의 '작게 조금'을 도덕으로 인식하는 겸손한 태도를 지향해야 할 것이다.

독일의 프리스 슈마허가 "작은 것이 아름답다"고 한 말은 바로 인간 복지사회 구현을 위해 인간이 취할 보편적 가치지향의 태도를 표현한 절제, 절약, 검소의 의미라고 볼 수 있다. 인간은 자연에게까지 보편적 가치를 확대할 줄 아는 도덕적 존재가 되어야 인간을 위한 복지사회가 구현될 것이다.

2. 인간: 발달하는 존재

1) 인간발달에 대한 이해

인간은 일생을 통해 발달하는 존재로, 사람은 누구나 정자와 난자의 수정을 통해 하나의 생명체가 시작되는 순간부터 사망에 이르기까지 전 생애에 걸쳐 일련의 단계를 거친다. 생애발달 관점의 연속선상에서 볼 때 생활인으로서 '나'라는 존재는 인간발달 단계상 어느 특정한 단계에 속해 있기 마련이며, 따라서 전 생애에 걸친 발달과정을 정확히 이해하는 것은 생활인으로서 주체적인 삶을 영위하고 양질의 삶을 이끄는 데 있어 반드시 필요하다. 생명체의 시작에서부터 죽음에 이르기까지 전 생애를 포괄하는 구체적인 인간발달단계와 단계별 주요 발달내용은 표 2.1과 같다.

인간발달은 생물학적 변화에서부터 사회적·역사적 변화에 이르기까지 인간을 둘러싸고 있는 수많은 요인들로부터 영향을 받는다. 따라서 특정한 역사적 시점에서 어느 하나의 학문만으로 인간발달을 완벽하게 설명하는 것은 불가능하다. 구체적인 인간발달의 양태를 둘러싸고 제기

표 2.1 인간발달의 단계와 주요 발달내용

단계	주요 발달내용
태내기 (수태~출생)	기본적인 신체구조와 기관이 형성된다. 신체의 성장이 일생 중 가장 빠른 속도로 이루어진다. 태내환경으로부터 크게 영향을 받는다.
영아기 (0~2세)	신생아는 의존적이기는 하지만 나름대로 다양한 능력을 가지고 있다. 출생 시에 모든 감각기관이 작용한다. 신체의 성장과 발달의 속도가 매우 빠르다. 학습능력과 기억력이 신생아기에도 형성된다. 생후 2년째가 되면 자아에 눈뜨기 시작한다. 첫돌 무렵에 부모에 대한 애착이 형성된다. 다른 아동에 대한 관심이 증가한다.
유아기 (2~6세)	운동기능과 체력이 신장된다. 자기중심적이다. 인지적 미성숙으로 인해 세상을 보는 눈이 비논리적이다. 놀이, 창의력, 상상력이 풍부하다. 자율성, 자기 통제력이 증가한다. 친구의 중요성이 증가하지만 가족이 여전히 생활의 중심이 된다
아동기 (6~11세)	신체의 성장이 느려진다. 체력과 운동기능이 더욱더 신장된다. 유아기의 자기중심성이 사라진다. 기억력과 언어기능이 증가한다. 자아개념이 발달한다. 친구가 생활의 중심이 된다.
청년기 (11~20세)	신장과 체중이 급격히 성장하고 체형이 변화한다. 성적 성숙이 이루어진다. 추상적 사고가 가능하다.

표 2.1 계속

단계	주요 발달내용
	청년기의 자기중심성이 나타난다. 자아정체감의 확립이 심각한 문제로 대두된다. 또래집단이 형성되고 그 영향력이 커진다.
성년기 (20~40세)	신체적 건강이 최고조에 달하다가 서서히 감퇴하기 시작한다. 지적 능력이 더 복잡해진다. 친밀한 관계가 이루어진다. 대부분의 사람들이 결혼하여 부모가 된다. 직업을 갖게 된다. 자아정체감이 계속해서 발달한다.
중년기 (40~60세)	신체적 건강과 정력이 감퇴하기 시작한다. 여성들은 폐경을 경험한다. 지혜와 실제적 문제해결 능력은 증가하지만 새로운 것에 대한 문제해결 능력은 저하된다. 자녀를 돌보고 부모를 봉양하는 이중의 책임감으로 인해 스트레스가 발생한다. 자녀들이 집을 떠나고 빈 둥지 증후군이 나타난다. 삶의 의미를 찾는 것이 매우 중요한 일로 생각된다. 중년기의 위기가 닥쳐 올 수 있다.
노년기 (60세 이후)	신체적 능력이 다소 감퇴하지만 대부분의 노인들은 건강하고 여전히 활동적이다. 반응시간이 더디어져 여러 가지 기능에 영향을 미친다. 지적 능력과 기억력이 감퇴한다. 은퇴로 인해 수입은 감소하지만 여가시간은 많아진다. 다가오는 죽음에 대비하여 삶의 목적을 찾을 필요가 있다.

출처: Papalia, D.E. & Olds, S. W. (1998). *Human development* (7th ed.). McGraw-Hill.: 정옥분, 2004: 24~25에서 재인용.

되는 다양한 논쟁 속에서 공통적으로 지적되고 있는 쟁점은 다음과 같다. 첫째, 인간의 발달과정에 영향을 미치는 주요한 요인은 유전인가, 환경인가? 둘째, 인간발달을 유도하는 중요한 과정은 성숙인가, 학습인가? 셋째, 인간발달에는 결정적 시기가 존재하는가? 넷째, 인간발달은 점진적이고 계속적으로 진행되는가, 혹은 질적으로 상이한 비약적 단계로 이루어지는가? 다섯째, 인간발달에서 초기 경험과 후기 경험의 상대적 중요성은 어떠한가? 이처럼 다양한 쟁점을 가지고 있는 인간발달을 제대로 이해하기 위해서는 생물학, 사회학, 심리학, 생활과학, 역사학, 인류학, 교육학 등 각기 다른 시각을 가진 다양한 학문 분야간의 다학제적 접근과 함께 시대적 변화라든가 환경의 변화에 대한 세심한 접근이 요구된다.

인간발달의 쟁점을 둘러싼 논쟁과 연구는 지금도 다양한 관련 학문과 다양한 방법론적 접근을 통해 꾸준히 계속되고 있다. 이처럼 인간이 자신의 본질과 발달과정에 대해 끊임없이 의문을 제기하고 이해하고자 노력하는 것은, 인간이라는 존재가 한편으로는 전 생애를 통해 끊임없이 변화하며 발전하는 존재이지만 또 다른 한편으로는 개인이 처한 생물학적 연령의 한계를 뛰어넘을 수 없기 때문이기도 하다. 인간발달에 대한 이해를 통해 우리가 얻을 수 있는 지식은 구체적으로 다음과 같다. 첫째, 인간의 연령별, 영역별 발달의 구체적인 기술을 통해 인간 존재에 대한 이해를 높인다. 둘째, 인간의 발달이 이루어지는 과정에 대한 설명이 가능하다. 셋째, 인간발달의 과정과 원인에 대한 설명을 통해 발달의 사전 예측이 가능하다. 넷째, 사전 예측된 발달 결과에 따라 보다 나은 인간발달을 위한 통제를 시도할 수 있다.

지금까지 인간발달의 복잡하고 다양한 측면을 설명하기 위해 많은 인간발달 이론이 제시되었다. 이 중 어느 한 이론이 인간발달의 모든 측면을 설명할 수 있는 것은 아니지만, 개별 이론은 나름대로 특정한 영역의 인간발달과정의 이해에 기여하는 바가 크다. 예를 들어, 피아제의 이론은 인간의 사고와 관련된 인지발달의 단계에 초점을 맞추고 있다. 또한 인간의 평생에 걸친 사회 · 정서적 발달에 초점을 맞추고 있는 에릭슨의 이론에 의하면, 인간은 각 발달단계별로 고유한 특성과 다음 단계로 나아가기 위해 성취해야 하는 사회 · 정서적 발달과업이 존재하는 바, 단계별 발달과업에 대한 이해는 생활인으로서 보다 나은 삶을 추구하기 위해 어떤 부분에 대한 관심과 노력 및 투자가 필요한지에 대한 정보를 제공한다.

다음에서는 인간발달 단계 중 아동기 및 중 · 노년기에 대해 살펴보겠다. 아동기 발달에 대한 연구는 인간발달의 초기 연구 단계부터 지속적으로 강조되어 왔던 부분이며, 중 · 노년기 발달의 경우 최근 들어 인간의 수명이 점차 연장되면서 이에 대한 관심이 지속적으로 증가하고 있다.

2) 발달의 기본성격과 아동기의 중요성

주로 인간의 성격발달을 중심으로 한 몇몇 인간주의 학파의 주장에도 불구하고 인간의 모든 특성은 아동기에 집중적으로 급속히 발달된다. 발달의 이런 기본성격은 인간주의 학자들도 부정은커녕 인정하고 있다.

(1) 기초성과 아동기 경험

아동기는 성인기의 기초(foundation of whole life)가 형성되는 기간이다. 아동이 경험하는 모든 경험은 성인기 행동의 여러 특성을 결정하는 원인이 된다. 우리 속담에 '세살 버릇 여든까지'는 발달의 기초성을 가장 단적으로 표현하고 있다. 아동기의 신체적 지적 성격적 정서적 도덕성은 아동기의 경험여하에 따라 발달과정과 결과도 달라진다. 성격은 만 6세까지 기본골격이 형성되며, 지능도 만 4세까지 50%가, 만 8세까지 80%가 발달된다는 연구결과가 가장 대표적인 기초성의 증거가 된다. 이러한 초기 경험의 지속적 영향으로 유아기의 정신적 발달이 후일의 지각, 기억인지 등의 발달에 기초가 되며 이후에 이를 수정 · 보완하기란 경우에 따라서는 불가능하거나 가능하다고 해도 매우 어렵다는 것이 발달의 기초성은 아동기 경험의 중요성을 강조하는 근거가 되고, 유아기 투자의 중요성이 되고 있다.

(2) 적기성과 아동기 경험

출생 후 1년간 아기는 언어를 알아듣지도 하지도 못하고 아무것도 모르는 것처럼 보이나 이 기간은 평생 동안에 영향을 주는 언어의 질이 결정되는 시기이다. 이 시기에 언어자극이 부족하면 아기는 평생 언어와 관여된 모든 면에서 어떤 어려움을 겪게 된다는 학설이 적기성(critical period) 개념이다. 이렇게 어느 시기에 어떤 발달이 특별히 급속히 이루어지고 이후에는 서서히 이루어지는 특성이 있어서, 이 시기를 놓치지 않도록 하는 것이 아동양육과 교육에서 특히 강조된다. 발달심리학이 밝혀 낸 결과에 의하면 이러한 결정적 시기는 인간발달의 모든 측면에서 분포되어 있고 아직 밝혀지진 못했지만, 늑대인간의 예를 보더라도 쉽게 인정될 수 있다. 이 결정적 시기설 또는 최적기설은 이 시기를 놓치면 다음 시기에 보충 · 수정이 불가능하거나 거의 어렵기 때문에 좋은 경험의 제공이 곧 국가발전을 위한 투자로서 각국이 다투어 유아교육에 힘쓰는 이유이다.

(3) 누적성과 아동기 경험

인간의 성장발달에 있어 어떤 결손이 생기면 다음 시기의 발달에 좋지 못한 장애가 된다. 이 결손은 계속 누적되어 심각한 결손으로 나타날 수가 있다. 예컨대, 수유기에 기본적 신뢰감과 불신감이 형성되는데, 이 시기에 어머니와 아기 사이에 불신감이 형성되면 인생 후기의 모든 인간관계에도 누적되어 그 영향이 계속 파급된다는 것이다. 학동기에 학습결손이 생기면 학습동기가 약화되고 계속되는 학습결손이 눈덩이처럼 커지는 현상과 같다. 이런 발달상의 결손을 빨리 수정 · 보완하는 유아교육이 그래서 중요하며, 아동기의 모든 경험은 성인기에 비교할 수 없이 중요한 것도 바로 이 때문이다. 이를 누적성(cumultiveness)라고 한다.

(4) 불가역성과 아동기 경험

인간의 특성은 주로 인간 초기, 즉 아동기에 기초가 형성 · 발달될 뿐만 아니라 급속히 이루어져 이 최적기, 즉 결정적 시기를 놓치면 이후에 이를 보완 · 수정하기가 매우 힘들게 되는데, 이를 발달의 불가역성(irrevers Ability)이라 한다. 일단 장애아가 태어나면 다시는 그를 완전한 정상아로 다시 태어나게 할 수가 없다. 다만 최선의 노력을 다하여 이를 최대한 교정하려고 할 뿐이나, 이런 교정도 일찍 이루어질수록 효과가 크고 늦을수록 힘들다. 이 불가역성의 성격은 인간발달의 모든 측면과 모든 특성에서 동일하다는 데서, 임신 이전에 예비 부모교육과 부모됨에 필요한 부모교육 및 아동양육과 유아교육의 중요성이 아무리 강조되어도 부족하다는 근거가 된다.

3) 생애과정과 중/노년기 발달

(1) 중/노년기 발달의 중요성

아동기에 인간발달의 중요한 기초가 집중적으로 형성되지만, 발달은 인간의 전 생애기간에 걸쳐 계속되는 과정이다. 과거에는 주로 아동기 경험의 결정성에 대하여 학문적 관심이 집중되어 왔다면, 이제는 전체 생애과정의 맥락에서 인간발달을 이해하고자 하는 노력이 증가하고 있다. 이는 우선 평균수명이 연장되면서 인간의 삶에서 중/노년기가 차지하는 비중이 늘어났다는 실제적 측면에서 그 원인을 찾을 수 있다. 즉 아동기의 경험만 가지고 길어진 인간의 삶의 후반기 경험을 설명할 수 있을 것인가 하는 의문이 제기된 것이다. 두 번째 원인으로는 발달심리학, 노년학, 가족학의 학문적 발전으로 인하여 중/노년기 인간발달의 역동성에 대한 학문적 이해가 높아지게 되었다는 점을 지적할 수 있다. 즉 별다른 의미 있는 변화가 없을 것으로 가정되어 오던 생애단계인 중/노년기가 실제로는 다양한 발달과업(developmental tasks)의 수행과 적응을 요하는 활발한 변화의 시기라는 것이 밝혀지기 시작하였다. 한편, 의식적, 자발적 선택이 거의 불가능한 생애 초기 경험이 일생을 지배한다면 얼마나 불행한 일인가 하는 문제제기를 하면서, 성인으로서 인간의 의식적 노력 및 평생교육의 필요성을 강조하는 인간주의 심리학의 발달도 생애 후반기에 대한 연구의 활성화를 가져왔다. 이러한 학문적 관점의 다양화와 함께 인간발달을 전 생애과정으로 보게 되고 중/노년기 발달의 중요성에 대한 인식이 높아지게 된 것이다.

(2) 중/노년기 발달의 성격

연령단계에 따라 발달속도 및 내용이 비교적 동질적인 초기 아동기에 비하여, 개인차가 크게 증가하는 것이 중/노년기 발달의 특징이라고 할 수 있다. 예를 들어 1세 유아의 경우 관찰되는 운동능력이나 어휘력, 인지발달 등에 있어서의 개인차는 그 폭이 60세 노인집단에서 관찰되는 것만큼 크지 않다. 60세 노인집단의 경우 30~40대에 못지않는 체력, 인지능력을 갖춘 사람부터 만성질환에 걸려서 독립적 생활을 하지 못하는 노인, 그런가 하면 이미 사망한 사람까지도 발달에 있어서 매우 큰 개인차가 존재한다. 이러한 연령증가에 따른 개인차의 증가현상을 '인간발달에 있어서의 fan 현상'이라고 일컫는다. 이는 인간발달이 유전적, 생물학적 요인과 사회문화적 환경과의 상호작용과정이므로, 사람이 나이를 먹어가면서 보다 다양한 사회문화적 환경에 노출된다는 점과 이에 대한 반응에 있어서의 개인차가 있다는 점이 함께 작용하여 축적된 결과가 나타나기 때문이다. 따라서 어떻게 하면 중/노년기 발달을 최적화하고 삶의 질을 높일 것인가 하는 문제의식에서 인간과 환경과의 상호작용의 메커니즘을 이해하기 위한 다양한 학문적 노력이 이루어지고 있다. 인간, 인간을 둘러싼 환경 및 그 둘간의 관계를 규명하여 삶의 질을 향상하는 것을 목표로 하는 생활과학은 이러한 다학제적(inter-disciplinary) 노력에 중요한 자리를 차지하고 있는 학문이다.

(3) 중/노년기 발달, 가족, 사회

생명공학, 의학의 눈부신 발달과 생활여건의 향상으로 인간수명이 연장되면서 전체인구에서 노인이 차지하는 비중이 급격히 증가하게 되었다. 이에 따라 노령화 문제와 중/노년기의 삶의 질 문제는 21세기 인류사회가 직면하는 가장 중요한 몇 개의 테마 중 하나인 것으로 지적되고 있다. 중/노년기의 건강한 발달과 삶의 질을 결정하는 요인이 무엇일까에 대한 학문적, 정책적 관심이 급등한 것도 이러한 사회적 문제의식에서 출발한다.

앞에서도 지적하였듯이 중/노년기 발달은 생물학적, 심리적, 사회적 요인이 복합적으로 작용하는 과정이다. 예를 들어 중/노년기의 삶의 질의 결정적 측면의 하나인 '건강'의 경우, 개개인이 태어날 때 타고나는 생물학적 요소도 중요하지만 어떤 가족환경에서, 어떤 직업을 가지고, 어떤 사회적 관계망을 형성하며 생을 살아왔는가가 매우 큰 영향을 미치는 것으로 연구들은 밝혀 내고 있다. 예를 들어 남성의 삶에 있어 결혼은 질병에 걸리는 확률을 낮추고 수명을 연장하는 긍정적 효과가 있다는 점을 종단적 연구들이 보여 주고 있다. 식생활 등 건강관련 행동이 가족구성원에 의해 조정이 되고, 따라서 가족이 중/노년기 건강의 결정에 매우 중요하다는 연구도 마찬가지 맥락이다. 사회적 관계망의 크기나 이들로부터 제공되는 사회 심리적 지원의 양 및 종류가 직업역할로부터의 은퇴, 친구 및 배우자의 죽음 등 중/노년기에 누구나 경험하게 되는 생애사건(life events)들의 부정적 영향을 완화하고, 따라서 노년기 정신건강에 결정적 영향을 미친다는 연구결과들의 축적도 생애 중/후반기의 사회적 환경의 중요성을 보여 준다. 이러한 연구들은 생물학적 결정요인의 역할이 큰 것으로 일반적으로 여겨지던 건강조차도, 인간이 사회 심리적 환경을 어떻게 조성하는가에 따라 조정이 가능하다는 점을 보여 주었다. 특히 가족은 중/노년기 발달과 삶의 질을 결정하는 가장 중요한 1차적 생활환경인 것으로 지적된다.

한편, 신체적 기능의 저하와 만성질환 등으로 의존성이 증가하는 노년기가 길어지면서, 가족이 이들 노인들에게 제공하는 부양역할은 아동기에 제공하는 양육행동과 함께 인간사회의 유지 · 존속에 가장 중요한 두 가지 종류의 부양(caring)기능이 되었다. 그런데 사회의 변화와 함께 탁아소 등 양육기능의 사회화가 많이 이루어진 것과 마찬가지로, 노인인구의 급증과 함께 노인부양의 기능도 사회로의 이전이 불가피하게 되었다. 가족이 노인부양에 여전히 핵심적 역할을 하지만, 가족기능의 과부하로 가족단위의 삶의 질이 부정적 영향을 받게 되는 문제를 완화하기 위한 사회정책적 노력의 결과이다. 가족의 건강성 유지는 그 사회의 건강성 유지의 기초가 되기 때문이다. 이러한 움직임을 집약하는 것이 최근 부각되고 있는 '공공가정'의 개념으로, 생활과학의 중요한 대상영역을 이룬다. 중/노년기의 발달이 개인과 가족 및 사회가 함께 연관되는 과정임을 확인할 수 있고, 변화하는 인간발달의 사회적 환경 속에서 생활과학의 과제와 지평의 확대를 예시한다고 하겠다.

참고문헌

유안진(1999). 『아동발달의 이해』. 서울: 문음사.

정옥분(2004). 『발달심리학 - 전생애 인간발달 -』. 서울: 학지사.

제5장

개인 · 가족 · 사회와 삶의 질

1. 생활의 질

생활과학은 개인과 가족의 생활의 질 향상을 그 궁극적 목적으로 한다는 것을 앞에서 배웠다. 그렇다면 과연 생활의 질이란 구체적으로 무엇을 의미하는가.

21세기에 진입하면서, 어떻게 하면 질적으로 나은 삶을 확보하는가에 대한 사회적 관심이 고조되면서 생활의 질이라는 용어나 개념은 거의 일상용어화했다고 볼 수 있을 정도로 우리 주변에서 흔하게 쓰이고 있다. 대중매체에도 자주 등장하며 정책토론이나 학문적 연구의 주제로도 1980년대의 사회지표연구 이래로 다시 한번 그 중요성이 부각되고 있다.

그러나 대부분의 논의들이 과연 '생활의 질'이 무엇을 의미하는가에 대한 엄밀한 정의를 내리지 않은 채로 이 개념을 쓰고 있다. 따라서 이러한 다양한 논의들에서 생활의 질이라는 개념이 반드시 동일한 의미로 쓰이고 있다고 할 수 없겠다. 전문적 용어로 쓰일 때에도 환경분야, 의학분야 혹은 사회과학분야 등 각각 분야에 따라 그 구체적 내용이나 개념에 차이가 있다. 생활의 질을 어떻게 정의하고 측정하느냐, 그리고 생활의 질을 향상하기 위해 어떤 학문적 혹은 정책적 노력이 요구되는가에 대해서도 관점에 차이가 존재하게 된다.

생활의 질은 정의하기가 매우 어려운 개념으로 복지, 생활수준, 주관적 만족도 등 여러 차원의 개념을 내포한다. 즉 매우 포괄적, 함축적인 개념인데 이는 '삶/생활'이라는 개념 자체가 복합적이라는 점을 반영하는 것이라고 하겠다. 인간의 삶은 개인의 생물학적 삶뿐 아니라 사회적, 정치적, 정신적 삶 등 매우 다양한 측면들로 이루어진다. '질(quality)'이라는 개념도 절대적 개념으로 볼 수도 있고 상대적 개념으로 보고 접근할 수도 있다. 절대적 개념으로 접근하면 표준화하거나 측정하기 용이하다는 장점이 있겠지만 인간의 삶의 복합성, 욕구의 개인적, 문화적 다양성 등을 제대로 반영할 수 없다는 문제가 있다. 반면에 상대적 개념으로 접근하면 생활의 질이 높다/낮다, 좋다/나쁘다 등의 차원에서 개념상으로는 구분이 가능하지만 실제는 상대적 차이이므로 그 정도를 가늠하기가 어렵다는 문제에 부닥치게 된다.

생활의 질을 개념정의하고 평가하는 작업을 어렵게 하는 또다른 문제는 인간의 생활의 질을 계량화하여 측정하기 쉬운 객관적 특성으로 개념화하느냐 아니면 개인의 주관적 인식(perception)으로 개념화하여 접근하느냐 하는 점이다. 이 문제에 관하여 연구자나 정책입안자들간에 오랜 동안의 공방이 있어 왔다.

생활의 질 개념에 대한 논의 자체가 소득이나 GNP와 같은 객관적 경제지표가 생활의 질적 측면을 나타내는 충분한 지표가 아니라는 인식에서 출발하였다는 점은 많이 알려진 사실이다. 경제지표로 생활의 질을 측정하고자 하는 시도는 건강이나 교육과 같은 기본적 욕구는 경제성장이 되면 자연적으로 충족될 것이라는 가정에 기초했었다. 경제성장 위주의 국가정책도 경제적 조건의 향상이 생활의 질을 높여 줄 것이라는 논리에 근거를 두고 있다. 그러나 산업화나 경제성장이 생활의 질을 높이는 필요충분조건이 아니라는 인식이 확산되면서 이러한 질적 측면을 적극적으로 반영하는 개념과 측정도구를 개발하고자 하는 시도가 이루어지게 되었다. 생활의 질을 측정하고자 하는 사회지표(social indicator)

개발작업이 이러한 노력의 대표적 형태이다. 그 중 가장 널리 알려진 지표가 '물리적 생활의 질(physical quality of life: PQLI)' 지표이다. PQLI는 문자해독률, 영아사망률, 출생시 기대수명지표를 사용하여 각 국가나 지역사회의 생활의 질을 평가하는 지표이다. 이들 하위지표들은 대부분 서로 밀접히 관련되는 경향이 있고, 물리적 '삶의 질'을 하나의 일반지표(general)로 쉽게 나타낼 수 있다는 장점이 있다. 그래서 국제기관이나 각국 정부들이 이 지표를 국가/국민의 물리적 삶의 질을 나타내는 일반지표로 많이 사용하고 있다. 기본적인 인간의 욕구충족 정도를 나타내면서 국가나 지역간의 생활의 질 비교가 용이하기 때문이다.

그러나 엄밀히 말하자면 영아사망률이나 기대수명은 생활의 질적 수준의 결과물이라고 하는 편이 적절하며, 생활의 질을 구성하는 구성요소/영역들에 대한 논의나 평가가 부재한다는 제한점을 가진다. 이러한 문제점에 주목하여 생활의 질을 결정하는 다차원적 구성요소를 구체화하려는 작업이 이루어지게 된다. 즉 사람을 둘러싸고 있는 정치적, 경제적, 사회적 환경이 중요하다는 인식에서 이러한 다양한 영역들을 반영하는 지표들이 개발되었다. 그 구체적 영역에 있어서는 연구자마다 약간씩 차이가 나지만, 대개 생태학적 관점에 기초하여 인간의 근접환경을 구성하는 요소들을 생활의 질을 나타내는 하위영역으로 포함하고 있다.

그런데 이들 지표들도 생활의 질의 계량화와 국가/집단간 비교를 대부분 목표로 하고 있기 때문에 생활의 질의 객관적 측면에 치중하고 있고 주관적 측면을 포함하고 있지 않다. 그러나 점차 여러 국가에서 물리적 삶의 질의 향상이 어느 정도 이루어지게 되면서 삶의 주관적 측면의 중요성이 지적되기 시작하였으며, 생활의 질을 측정하는 사회지표의 이러한 제한점에 대한 인식이 높아지게 되었다. 그 결과 행복도, 심리적 정서적 만족도 등의 개념을 생활의 질 개념정의와 평가지표에 포함하는 시도가 이루어지게 되었다. 그런가 하면 인간의 삶의 질은 주관적 만족감의 총체 속에 내재되어 있으며, 생활의 질은 물리적 환경으로 평가되는 것이 아니라 개개인의 주관적 인식으로 평가되어야 한다는 극단적 입장까지도 등장하게 되면서 생활의 질의 주관성/객관성을 둘러싼 논쟁이 한동안 지속된 바 있다.

이제는 생활의 질이 객관적/주관적 측면을 모두 가지고 있다는 점에는 어느 정도 합의가 이루어진 상태이다. 사람의 생활의 질은 외부적/객관적 요인과 이러한 객관적 요인, 자기 자신 그리고 자신의 삶에 대한 개개인의 주관적 평가 양 측면에 의해 함께 결정되는 구성물이다. 이러한 인식하에 세계은행, 국제연합, 세계보건기구 등에서도 물질적, 물리적 생활조건뿐만 아니라 주관적 영역도 포괄하는 지표로 생활의 질을 측정하고 있다.

요약하면, 생활의 질의 객관적 측면의 측정지표로는 건강상태, 경제, 교육제도, 주거환경, 여가 등을 사용하고 있다. 주관적 측면의 측정은 이러한 객관적 영역에 대한 주관적 만족도를 측정하는 방법과, 생활만족도나 행복도와 같이 개개인이 전체적으로 삶에 대해 느끼는 복지감을 측정하는 방법이 병행되어 쓰이고 있다. 그리고 전체적인 생활의 질은 물리적, 경제적, 신체적 면과 함께 경제 외적, 심리적 면으로도 풍요로우며 건강한 생활을 영위하는 삶으로 접근되고 있다.

생활과학에서는 나아가서 생활의 질의 이러한 객관적 측면과 주관적 측면의 구성요소를 개인, 가족, 지역사회단위의 생태학적 단계에 따라 나누어 적용하고, 이들간의 역동적 연계성을 밝히고자 하는 연구를 수행한다.

2. 개인, 가족, 사회와 생활의 질

이상에서 살펴본 생활의 질에 대한 개념정의나 평가노력은 대부분 일정 지역이나 국가와 같은 집단을 그 단위로 하여 이루어졌다. 개인이나 가족과 같은 미시적 단위에서 생활의 질을 정의하고 평가하고자 하는 작업은 비교적 최근에서야 시작되었다. 생활의 질을 논의하는 데 있어 그 단위를 세분하여야 할 필요성에 대해 학자들이나 정책수립가들이 주목하기 시작한 것이다.

개인이나 가족단위의 삶의 질에 대한 관심의 고조는 생활의 질 관련 영역에서의 몇 가지 흐름에 기인하는 것으로 보인다. 우선 생활의 질의 개념정의에 있어 개개인의 주관적 지각의 중요성에 대한 인식의 확산을 한 원인으로 생각해 볼 수 있다. 삶의 질의 주관적 측면에 대한 강조는 사회지표상의 삶의 질이 그 사회를 이루는 구성원들 모두에게 동일한 정도 혹은 방향으로 적용되지 않는다는 인식에 기초하고 있기 때문이다. 그러나 개인을 조사대상으로 하여 자신의 삶이나 다른 사람의 삶의 질에 대한 주관적 인식에 관한 자료를 수집한 경우에도 이를 총합하여 거시지표로 환원하여 사용하는 경우가 대부분이었다. 예를 들어 한 사회의 삶의 질은 구성원들이 느끼는 욕구에 대한 개개인의 만족의 양이 크면 클수록 높아진다고 보고 개인의 만족도/삶의 질을 각 사회의 삶의 질을 평가하는 자료로서 접근하는 방법이다. 이런 경우 분석단위는 여전히 사회이며 개인이나 가족단위의 삶의 질에 대한 관심은 그러한 분석단위에 묻혀 버리게 된다.

개인과 가족단위의 생활의 질에 대한 관심을 가져오게 된 두 번째 요인으로는 거시지표들이 집단 내 분배(distribution)에 대한 정보를 가지고 있지 않다는 취약점에 대하여 학자들이 인식을 하게 되었다는 점을 들 수 있겠다. 기존의 거시지표로는 삶의 질을 구성하는 요소들의 집단 내 분포가 어떠한지 알 수 없는 문제가 있으며, 따라서 소수의 사람에게 편중되었을 가능성을 생각해 볼 수 있다. 이러한 지적은 결국 거시지표 내지는 국가단위의 삶의 질이 반드시 그 집단 내의 개인/가족의 삶의 질과 일치하지 않는다는 인식을 가져오게 하였다.

위에서 언급한 삶의 질의 분배측면에 대한 관심은 또다른 방향에서 생활의 질에 대한 논의의 중심에 '인간'을 가져오게 하는 요소로 작용하였다. 분배/분포의 측면을 살펴봄에 있어서 연구자들은 종래의 생활의 질 지표들이 하위영역으로 채택하는 요소들, 즉 자원이나 물자를 중심으로 분포를 볼 것인가 아니면 개인을 단위로 하여 개인의 특성(characteristics of people)분포로 볼 것인가 하는 문제를 제기하였다. 예를 들어 재화, 물자를 중심으로 보는 방법에 대한 대안으로 사람을 단위로 하여 이들의 건강, 영양상태, 사회적 관계 등을 보는 방법이 제시되고 있다. 개인을 단위로 접근하는 것이 그들이 부족해 하는 바, 원하는 바를 파악하는 보다 효율적인 방법이며, 물자나 자원은 이러한 부족함을 보충하고 원하는 바를 이루기 위해 필요한 수단일 뿐이라는 관점이다. 이러한 접근은 개개인이 자신의 생활의 질을 평가할 줄 알며, 가장 정확히 평가한다는 가정에 기초하고 있다.

이러한 일련의 논의는 또한 생활의 질을 '사적 생활의 질(private quality of life)'과 '공적 생활의 질(public quality of life)'로 나누어 개념화하는 흐름과 연결된다. 전자는 개인수준에서의 삶의 질을 의미하며, 개인의 삶이 얼마나 잘 진행되고 있는가 하는 측면으로 개인의 열망(desire)과 선호(preferences)를 강조하는 개념이고, 이 또한 개인이 자신의 삶의 질을 가장 잘 평가할 수 있다는 가정에 기초하고 있다. 반면에 후자는 조금 더 광의의 개념으로 각 사회의 사회문화적 환경과 같이 개인을 둘러싼 환경, 생활상태/조건을 묘사하는 개념이다.

생활의 질의 사적 측면과 공적 측면에 대한 개념적 구분은 또한 이 두 측면간의 관계에 대한 논의를 불러일으켰다. 개인의 행동, 예를 들어 자신의 생활의 질을 높이기 위한 행동은 타인의 삶의 질에 영향을 미치게 되며, 그런 면에서 사적 생활의 질은 공적 생활의 질과 연관되는 것으로 지적된다. 그런데 Sen은 생활의 질을 높이기 위하여 인간은 자신의 원하는 바를 충족하기 위한 방향으로 행동하겠지만 오히려 이와 반대되는 방향의 행동을 할 가능성에 주목하였다. 그는 이러한 가능성을 헌신(commitment)이나 선택(choice)과 같은 개념을 이용하여 구체적으로 논의하고 있는데, 예를 들어 타인에 대한 '헌신'이 개인으로 하여금 자신의 생활의 질을 낮추는 방향의 행동을 '선택'하게 할 수 있다는 것이다. Sen은 이러한 논의에서 '가족'을 특별히 염두에 두지 않았지만, 사적 영역과 공적 영역 간의 이러한 연계점에 가족이라는 '일차적 집단'이 있음을 주목할 필요가 있다.

생활의 질 관련 연구/정책영역에서 관찰된 이상과 같은 다양한 논의들은 '생활의 질'을 개인, 가족 혹은 사회라는 다양한 단위에서 접근해야 할 필요성에 대한 인식을 높이는 방향으로 작용하였다. 그래서 생활의 질에 대한 극히 최근의 논의들은 개인의 욕구와 희망이라는 측면에서 삶의 질을 논하기도 하고, 일상의 생활환경을 의미하는 것으로 접근하기도 하며, 어떤 일정 집단의 생활의 질을 논하기도 하고, 인류 전체의 생활의 질을 논의하기도 한다. 또한 Seed & Lloyd가 명확히 하였듯이 생활의 질은 이들 영역간의 연계를 의미하는 개념이기도 하다. 즉 단순히 한 개인의 삶의 질, 개인적 환경에 관한 개념이 아니고 개개인과 사회와의 연계를 함축하는 개념이다.

3. 미래사회와 생활의 질

'생활의 질'은 미래사회를 주도할 새로이 부상하는 가치 중의 하나로 개인, 가족, 사회의 삶의 모든 영역에 주된 영향을 미칠 것이다. 예를 들면 이제까지는 '수명연장'이 중요하였다면 이제는 얼마나 오래 사는가, 즉 수명연장을 목표로 하기보다는 점차 그 연장되는 기간 동안의 삶의 질에 관심을 가지게 되고 따라서 '건강수명'이라는 개념으로 인간의 수명문제에 접근하게 될 것이다. 주거나 식품섭취, 의복과 관련되어서도 보급량, 섭취량 등의 '양(quantity)'의 개념에서 나아가서 주거공간의 편이성이나 디자인, 건강식, 의복의 쾌적성 등 '질'에 대한 강조가 더욱 높아질 것이다. 또한 생활의 질에 대한 최근의 논의들을 보면 '선택'이나 '기회'와 같은 삶의 가치들이 미래사회의 생활의 질을 구성하는 중요한 가치로 지적되고 있음을 주목하게 된다. 모든 구성원들에게 평등하게 다양한 선택과 기회가 열려 있는 사회가 진실로 삶의 질이 높은 사회라는 관점이다. 한편, 물리적 측면의 삶의 질에 대한 강조에서 나아가서 사회심리적 측면의 삶의 질에 대한 관심이 증폭되면서 개개인의 사회적 '관계'의 질이 삶의 질에 핵심적 구성요소가 될 것이라는 지적도 있다.

미래의 삶의 질에 대한 관심과 영역이 이렇게 다양화하는 점을 고려해 볼 때, 생활인, 생활환경, 생활문화, 생활산업을 기본연구대상으로 하여 종합적으로 접근하는 생활과학은 미래사회의 삶의 질의 향상을 위한 학문적 실제적 노력에 매우 적합한 학문적 틀을 제공한다고 하겠다.

제 3 부

생활문화

제6장

생활과학적 측면에서 본 생활문화

제1부 '생활과학의 학문적 성격'에서 설명한 바와 같이 생활과학은 개인과 가족의 일상적인 생활을 중심으로 하는 학문이다. 생활과학은 이러한 학문적 특성을 바탕으로 인간의 생활에 대한 총체적인 이해를 추구해 왔으며, 최근에는 생활을 하나의 문화현상으로 접근하고자 하는 시도가 생활과학 내에서 중요하게 제기되고 있다. 특히 문화의 형성에 있어 인간의 생태적 적응(ecological adaptation)이 차지하는 비중이 크게 부각되고 있으므로, 인간생활의 밀착된 부분인 의 · 식 · 주 등을 인간과 환경과의 상호작용 속에서 파악하고자 하는 생활과학은 이런 학문적 변화에서 주도적인 역할을 담당할 수 있다. 그리고 이때 생활과학에서는 구체적인 삶의 모습에 관심을 갖고 표층적인 인간행동과 사고에서 나타나는 생활들을 문화로 규정하는 맥락론적(contextualism) 입장을 취하여 생활문화에 접근하게 된다.

1. 생활문화에 대한 정의

생활문화를 정의하기 위해 우선 문화에 대한 정의부터 알아보자. 문화에 대한 정의는 학자들간에 문화이론에 따라, 그리고 강조하고자 하는 관점의 차이에 따라 매우 다양하다. 그 중 인류학 발전의 초기에 제기된 Tylor의 정의에서부터 비교적 최근에 주요 쟁점으로 등장한 생태학적 접근까지 중요한 몇 가지를 언급해 보자.

- 기술적 정의: "문화 혹은 문명은 사회의 일원으로서, 인간이 습득한 지식 · 신념 · 예술 · 규범 · 도덕 · 습관 그리고 여타의 능력들을 포함한 복합적인 전체를 말한다." (Tylor, 1871)
- 역사적 정의: "문화는 사회적으로 물려받은 습관과 신념의 집합체로서, 인간생활을 어떻게 조직할 것인가를 결정한다." (Sapir, 1921)
- 규범적 정의: "일정 지역사회 주민 혹은 종족이 따르는 삶의 형식이 문화로 간주된다. … 모든 표준화된 사회적 절차 … 표준화된 신념 또는 절차의 집합체" (Wissler, 1929)
- 생태학적 정의: "하나의 문화는 공통된 삶의 양식이다. 즉, 인간이 자연적 환경과 경제적 욕구에 적응한 삶의 양식이다." (Dawson, 1928)
- 심리적-관념적 정의: "문화의 현상은 학습의 결과로 획득한 인간의 모든 활동을 포함하는 것이다." (Wissler, 1916)
- 구조적 정의: "문화는 전통적으로 전해 내려오면서 한 인간집단을 특징짓는 행동과 가공물에 나타나 있는 관습적 이해방식의 조직을 말한다." (Redfield, 1940)
- 생태학적 접근: "문화는 생태계에 대한 적응이다." (Rappaport, 1967)

이렇듯 문화에 대한 정의는 매우 다양하지만 모든 정의에서 중요하게 강조되는 부분을 종합하면, 인간의 사고방식과 이것이 표현되어 겉으로 나타내어지는 생활양식의 두 가지 차원에서 문화는 구성되어 있다고 할 수 있다. 이러한 입장을 가정생활과 연결하면, 생활문화란 가정생활을 중심으로 전개되는 사고방식과 생활양식으로서 사회구성원들에 의해 습득 · 공유 · 전달되며, 생활을 수행함에 있어 행동의 지침이 되는 것이라 할 수 있다.

2. 생활문화의 문화적 속성

위에서 소개된 바와 같이 문화의 정의에서는 학자별로 매우 다양한 의견이 제시되고 있는 반면, 문화가 갖는 공통된 속성에 관해서는 비교적 유사한 견해들이 제시되고 있다. 그 중 가장 일반적으로 언급되는 문화적 속성 다섯 가지를 중심으로 생활문화의 속성에 대해 정리해 보았다.

1) 생활문화는 공유된다

생활문화란 한 집단에 의해 공유된 특성을 말한다. 생활양식을 공유한다 함은 구체적 상황에서 상대방이 어떻게 행동할 것인지, 그리고 그가 우리에게 무엇을 기대할 것인지를 서로 알고 있음을 뜻하며, 바로 이 때문에 구성원간의 의사소통이 가능해지고 사회생활이 원활해진다.

이때 중요한 부분은 생활양식의 공유수준에 대한 합의이다. 과연 어느 정도까지 생활양식이 공유되어야 문화라고 부를 수 있을까? 어떤 것을 한국인의 생활문화라고 부를 수 있는가? 개인, 지역, 계층간에 차이가 내부적으로 나타날 수 있지만, 한국 사람들이 일반적으로 공유하고 있는 행동양식 또는 사고양식을 한국문화라고 부를 수 있다. 이때 한국인의 생활문화란 한국인 전체로서 다른 나라의 생활문화와 구분되어질 만한 특징을 가져야만 한다. 특별히 지역이나 계층별로 다른 집단과 구별될 만한 공동적인 성향이 있을 때, 이를 하위문화(subculture)라고 부른다.

2) 생활문화는 학습된다

인간이 공유하고 있는 모든 것이 문화는 아니며, 그 중 인간집단이 생활을 통하여 공유하게 된 것이 생활문화이다. 즉 인간이 자연환경에 적응하는 과정에서 창조되고 공유된 것이 문화이다. 특히 한 집단의 구성원이 그 집단의 문화를 배우면서 그 집단의 생활에 적응해 가는 과정을 사회화 또는 문화화(enculturation)라고 하는데, 바로 이 문화화에 의해서 문화는 대대로 전승되게 된다. 이때 일상생활을 영위하는 기초적인 단위인 가정은 그들의 구성원을 사회에 적합한 인간으로 훈련시키는 가장 중요한 단위가 된다.

3) 생활문화는 축적적이다

한 세대의 생활문화는 다음 세대로 전해져 내려가고, 시간이 지남에 따라 각 세대에서 이루어진 경험적인 지식은 전달매체를 통해서 축적된다. 문자가 없던 시기에는 사람들의 입을 통하여 문화가 전해져 왔으며, 문자 등 기타 전달매체의 등장으로 더 많은 내용의 문화가 보다 더 쉽게 축적되게 되었다.

4) 문화는 하나의 전체를 이루고 있다

Tylor(1871)의 정의에서 나타난 것처럼 문화는 지식, 신념, 예술, 법, 도덕, 관습 등의 수많은 구성요소들의 '복합적 전체'를 의미한다. '복합적 전체'란 문화를 구성하는 많은 요소들이 상호 무관하게 임의로 존재하는 것이 아니라 긴밀히 관련된 체계를 갖고 있다는 의미이다. 즉 문화는 여러 요소들로 구성되어 있지만 그러한 요소들의 단순한 총합은 아니다. 특히 문화유형론에 의하면 문화에는 문화요소들을 종합하는 원리가 문화의 기저에 존재하고, 이 종합원리에 따라 문화요소들은 일정한 유형을 형성하게 된다.

5) 생활문화는 항상 변한다

문화는 그 문화를 담당하는 세대들로부터 다음 세대로 전달되고 계승되어가는 과정에서 변동을 수반한다. 문화변동이 일어나는 원인은 사회내부적 요인과 사회 외부적인 요인으로 나눌 수 있다. 문화변동의 사회내부적인 요인으로 가장 흔히 언급되는 것은 발명에 의한 문화혁신이고, 사회 외부적인 요인으로는 다른 문화의 영향을 들 수 있다. 이때 외부의 영향을 한 문화가 다른 문화와 장기간 접촉하여 한 쪽 또는 양쪽의 문화가 변하는 현상을 문화접변(acculturation)이라고 한다.

3. 생활문화의 구성

1) 문화특질(cultural trait)

문화특질이란 한 문화의 가장 작고 가장 기본적인 구성단위로서, 그 사회의 구성원들에게 의미 있는 부분들로 더 이상 쪼개질 수 없는 요소들을 말한다. 그러나 특정의 문화요소가 어떤 상황에서는 더 이상 쪼개질 수 없는 것으로 간주되지만, 또다른 상황에서는 여러 부분들로 나누어질 수 있는 것으로 간주될 수도 있다. 예를 들어 가정의 행사 중 설날 차례는 차례 자체만으로도 문화특질이 될 수 있으나 차례 음식, 차례 옷, 차례 의식 등 모두 각기 다른 하나의 문화특질로 간주될 수 있다. 상호 관련된 많은 문화특질들이 모여 하나의 복합체를 형성할 때 이를 문화체계 또는 문화복합체라고 한다.

2) 표현된 문화와 내재된 문화

표현된 문화란 문화적 인공물, 문화재 또는 행동을 통해서 쉽게 관찰할 수 있는 영역의 문화인 반면, 내재된 문화란 그 문화재와 행동에 부여된 의미, 가치, 상징 등과 같이 직접적인 관찰이 불가능한 영역의 문화를 말한다. 이 두 가지는 별개의 것이 아니라 한 문화의 두 측면이라 할 수 있다.

한편, 관찰가능하지 않은 부분이 내재된 문화는 주로 규범(norms), 신념(beliefs), 가치관(values) 등을 의미하며, 관찰가능한 부분인 표현된 문화는 바로 개인의 행동, 사용하는 물건 등 규범, 신념, 가치관 등이 반영된 생활양식의 부분을 일컫는다.

4. 생활문화에 영향을 미치는 요소들

생활문화란 여러 차원의 생활환경에 의해 부과되는 많은 문제를 해결해 나가는 과정에서 형성된 생활양식이다. 즉 생활환경에 대한 적응과정으로서 생활문화가 형성된다. 그러므로 생활문화는 지리적 그리고 사회문화적 환경요인에 의해 영향을 받는다. 예를 들면 한 사회가 공유하고 있는 소위 '먹을 수 있는 음식'의 범위는 그 사회가 위치한 지리적 환경, 사회경제적 환경, 기술적인 요인 그리고 가치관에 의해 영향을 받아 결정된다.

이때 생활문화에 영향을 미치는 생활환경은 크게 기술적 요인, 사회조직 그리고 가치관의 세 가지 차원으로 나눌 수 있다. 기술적 요인(technology)이란 자연환경에 영향을 줄 수 있는 기술적인 발전의 부분을 말한다. 사회조직(social organization)이란 사회생활을 조절하기 위해 고안되어 공동의 목표를 달성하기 위해 사람들을 조직하는 방법을 말한다. 가치관(ideology)이란 초자연적, 초물리적 환경에 적응하도록 하는 공유된 신념과 가치로서, 초자연과의 관계를 규정하고 우리의 삶의 방식을 정당화하게 된다.

5. 생활문화의 내용

가족 또는 가정의 역할이 변하게 됨에 따라 생활의 내용 역시 변하게 되었으며, 이는 생활문화의 내용에도 같은 영향을 미치게 된다. 과거에는 생산의 기능까지도 주로 가족이 담당해 왔으나, 이제 가족은 경제체계 내의 다른 부문의 노동력을 제공하고 그 대가로 받은 소득을 그들이 가정 밖에서 생산해 낸 상품을 구매하는 데 사용한다.

그러므로 현대 사회의 생활문화에는 시간과 화폐 등 자원의 사용과 재화의 구매, 사용, 처분과 관련된 소비생활의 측면과 가족구성원으로서 관계형성과 소통에서 비롯되는 가족생활의 측면이 포함된다고 할 수 있다. 이때 소비생활의 측면을 '소비문화'라는 개념으로, 가족생활의 측면을 '가족문화'라는 개념으로 보다 구체적으로 명명하여 사용하기도 한다.

그 중 소비문화의 차원에서는 최근 상품의 도구적 기능에 비해 표현적 기능이 강조되면서, 새로운 의미의 상품소비가 강조되고 있다. 이제 특정한 상품을 구매하여 보유하거나 사용하는 행위는 상품 그 자체의 사용가치뿐만 아니라 자신의 가치관을 표현하는 과정으로 이용된다. 즉 의사소통하는 수단으로서 언어와 마찬가지의 기능을 상품이 수행하고 있으며, 이를 물질문화의 표현적 속성이라고 하고, 이런 과정을 근대적인 소비의 형성이라고 일컫는다. 이 중 근본적인 생활행위인 의 · 식 · 주생활에 대해 다음 장부터 각각 살펴본다.

제7장

의생활문화

본장에서는 생활문화의 하위체계를 이루는 복식문화를 이해하기 위하여, 복식의 기능과 패션을 정의 내리고, 사회 문화적 맥락에서의 20세기 세계 패션과 우리나라 패션의 특성을 고찰해 보며, 21세기 패션문화에 대한 전망을 살펴보고자 한다.

1. 복식의 기능

일반적으로 복식(dress)은 인체를 감싸는 옷의 모든 형태와 인체를 장식하기 위한 보석, 액세서리뿐 아니라 가발, 문신, 화장이나 향수와 같이 신체를 변형시키거나 신체에 더해지는 모든 품목을 지칭하는 집합적이며 포괄적인 용어이다. 또한 복식은 대상을 지칭할 뿐 아니라 이를 통한 인간의 행위와 태도, 가치, 신념, 의미, 규범 등 인간의 내재된 문화를 암시적으로 표출하고 있다. 따라서 의복, 장식, 외양, 의류, 의상, 패션은 이의 하위개념으로 그 암시하는 바가 약간씩 다르다. 그러나 현대생활에서 생활문화의 하위체계를 이루는 이 복식의 기능은 크게 실용적인 도구적 속성과 상징적인 표현적 속성으로 크게 대별할 수 있으며, 특히, 20세기 복식이 생활의 필수품으로서 간주되기보다는 소비상품으로서 전환되었고 이에 따라 패션의 기능이 더욱 중시되고 있다.

1) 도구적 기능

첫째, 목적 지향적인 행동에 있어서 합리적인 복식의 사용을 의미한다. 예로서 사회적 역할에 어울리게 의복을 착용하거나, 그 사회의 규범에 맞도록 의복을 착용함을 뜻한다.

둘째, 생리적, 심리적 안락감과 보상을 받기 위하여 복식을 착용한다. 예로서 활동하기 편한 옷이나 자연환경 조건 등으로부터 신체를 보호하기 위한 옷 등을 의미하거나 동료나 친구들과 비슷한 옷을 입음으로써 심리적 동조를 느끼는 것이 이에 속한다.

셋째, 효율적인 일의 능률을 증진시키기 위하여 복식을 착용한다. 회사 내에서 직무의 효율을 꾀하기 위하여 입는 유니폼이나 교복이 이에 속한다.

넷째, 신체의 능력을 확대시키기 위하여 복식을 착용한다. 운동선수의 운동복, 등산복, 수영복 등이 이에 속한다.

다섯째, T.P.O.에 어울리는 복식의 착용으로 심리적 안전감과 타인으로부터 인정받기 위하여 복식을 착용한다. 웨딩드레스, 졸업식 가운, 장례복 등이 이에 속한다.

2) 표현적 기능

비언어적 매체인 복식이란 표현문화를 빌어 인간의 감정적인 측면과 문화 범주에 대한 상징적 커뮤니케이션 측면을 의미한다. 요컨대, 인간이 창조한 복식이란 기호에 의미를 부여하며, 이 의미를 해석하도록 하는 기능이다.

첫째, 자아 정체성에 대한 커뮤니케이션 매체로서 개인의 신념, 가치, 취향, 선호 등의 미적 욕구 내지는 구매습관, 문화범주(성, 나이, 직업, 결혼, 인종 등)를 표출한다. 현대의 의생활에서 이 복식의 기능은 매우 중요하다. 특히 20세기 후기 산업사회 혹은 소비사회에서 복식은 자아 표현의 매체로 이미지에 따라 상품은 차별화되며 인간의 미적 취향의 표현으로 그 기능은 중시되고 있다. 보수적, 진취적, 아방가르드, 낭만적, 클래식한, 동양적, 서구적, 세련된, 우아한, 스포티한 … 등 그 미적 취향의 이미지는 매우 다양하다. 뿐만 아니라 최근 패션상품군은 문화 범주에 따라 분류되어 남성복, 여성복, 아동복, 주니어 웨어, 숙녀복, 노년복, 캐주얼웨어, 정장복, 민속복 … 등으로 매우 다양하게 인간의 문화범주를 전달하기도 한다.

둘째, 사회 구조의 정체성에 대한 커뮤니케이션 매체로서 사회적으로 확립된 행동의 양상, 규범 등을 암시하며, 친족관계, 성역할, 정치, 경제, 종교, 교육, 기술, 예술 등을 상징적으로 표현한다. 20세기에는 여성혁명이 그 어느 시기보다도 확고한 성역할의 구분에서 획기적인 변혁을 가져왔고, 남녀평등이란 사상의 고취는 복식에서 섹스리스(sexless) 룩이나 앤드로지너스(androgynous) 룩을 탄생시키기에 이른다. 이 사회구조의 정체성에 대한 커뮤니케이션 매체 기능은 다음의 사회문화적 맥락에서의 20세기 패션에서 더욱 상세히 논하고자 한다.

셋째, 큰 의미에서 복식은 문화의 전반적인 양상에 대한 커뮤니케이션 매체로서 시·공간에 따른 문화의 기술적, 도덕적, 의례적, 미적 양상 등을 상징적으로 표현한다.

복식의 이 두 가지 측면의 기능, 도구적 기능과 표현적 기능은 서로 분리된 개념이 아니라, 어떠한 복식에서는 이 두 가지 기능이 다함께 충족될 수도 있는 것이다.

2. 패션의 정의

복식은 다른 어떤 표현 문화보다도 가시적이며, 인간에게 가장 밀접한 문화영역으로서, 문화의 상반된 속성, 즉 지속적이며 습관적인 측면과 변화의 측면을 가장 쉽게 파악할 수 있다. 복식에서 이 변화하는 속성을 패션이라 지칭한다. 복식이란 고유한 본질성을 언급할 때 주로 사용하며 정적인 측면을, 패션은 동적인 측면으로서 긍정적이거나 부정적인 가치판단이 내재된 용어이다. 요컨대, 디자이너에 의해 창조되고, 대중에게 수용되며, 쇠퇴되는 패션 주기 내에서 상대적 위치에 따른 판단이 강요됨으로써 복식의 고유한 본질이 그릇되게 판단될 수 있기 때문이다. 예로서 1960년대 유행의 첨단인 미니스커트에 대하여 도덕적으로 부정적인 견해이었으나, 그것이 대중에 의하여 수용된 스타일이었을 경우에는 이미 이러한 도덕적 시비는 사라지는 것이다. 특히 가속화, 변화, 새로움, 창조적 사고를 중시하는 후기산업사회, 포스트모더니즘 문화에 있어서 이 패션은 이미 삶의 원동력을 제공하고 있다. 이러한 점에 대하여, McCraken(1996)은 18세기 산업 혁명 이후, 소비사회의 전개와 이에 따른 취향, 선호, 사회적인 프로젝트 등 문화적인 새로운 시도와 변화는 복식을 생활의 필수품으로 간주하기보다는 소비상품으로서 전환시켰고 그의 유용성보다는 유행성, 스타일이 중시되는 패션으로서 그 자리 매김을 하게 되었음을 지적하고 있다. 요컨대, 쓸모가 있는데도 불구하고, 유행하고 있거나 색다른 스타일을 구입함으로써 변화를 추구하고 있는 것이다.

원래 패션(fashion)이란 라틴어 'factio'에서 유래한다. 이는 동사로서 유행하다와 명사로서 유행을 뜻하며, 창조하다(to make)와 창조를 내포한다. 때문에 패션은 유행되며 파급되는 과정, 혹은 과정의 결과를 뜻하기도 하며, 유행하는 스타일 자체, 즉 대상을 지칭하기도 한다.

일찍이 이 패션에 대하여 사회학자, 심리학자, 복식학자들이 관심을 가져오며 이의 속성을 정의 내려왔다. 대체로 여러 학자들의 견해를 유추해 보면 다음과 같이 요약 할 수 있다.

첫째, 어떠한 시기에 있어서 대다수 인들에 의하여 수용된 지배적인 스타일이다. 이는 Nystrom(1928)이 정의 내린 것으로 패션을 스타일 즉 대상으로 인식하고 많은 사람에게 입혀진 혹은 그 시기의 유행하고 있는 획일적인 스타일을 지칭한다. 따라서 획일적인 스타일의 대량생산이 자연스럽게 이루어졌다. 그러나 1960년대 이후 다원적인 문화 확산시대에 있어, 어떤 특정한 지배적인 스타일이 패션으로 간주될 수 없다. 요컨대 포스트모더니즘 문화 시대에 있어서 다양한 스타일이 소수의 다양한 집단에 의해 받아들여지고 유행되는 것이다. 따라서 다품종 소량생산체제를 추구하게 된다.

둘째, 패션이란 우선 끊임없는 변화를 시도한다. 정지된 스타일이란 패션이 아닌 것이다. 20세기는 그 어떤 시기보다도 열정과 창의력으로 인류의 생활문화에서 급격한 변혁을 시도하며 진보와 발전을 꾀하였다고 할 수 있다. 때문에 20세기를 가장 민감하고 화려하게 장식하고 있는 단어는 패션인 것이다. 새로움을 위한 새로운 것에 대한 추구이며, 이는 고정관념에 대한 탈피이며, 창조에 대한 재창조를 의미한다.

셋째, 패션이란 삶의 원동력인 동시에 삶의 의미를 내포하는 문화적 상징이다. 패션은 개인으로 하여금 사고하는 방법을 알려주며, 일상생활을 편성하는 방법과 원리를 제공한다. 비록 패션이 시시한 것처럼 보일 수도 있으나, 현대적 의식의 형성에 있어서 패션은 매우 중요하다. 어떤 이들은 패션에 민감함으로써 그들이 얼마나 변화에 잘 반응하며 적응하는가를 스스로 타진하며 보여준다.

넷째, 패션은 삶의 의미를 내포하기 때문에 세속적이며, 유혹적이며, 과시적이다. 패션을 적극 수용하거나 거부하는 것은 자신의 미적, 사회적, 경제적 입장을 상징적으로 구체화시키는 것이다.

다섯째, 패션은 여성의 복식에만 적용되는 것이 아니라 시대의 사상, 행위 및 습관, 음식, 주거, 오락, 음악, 예술 등 모든 인간 생활영역에 있어서 사회적 가치평가이며 변화하는 대인관계, 가족관계뿐 아니라 인간과 인공품(표현문화) 사이의 변화를 반영하는 커뮤니케이션 체계로서의 언어활동이다.

3. 사회 문화적 맥락에서 본 20세기 패션

1) 20세기 패션에 영향을 미친 사회문화적 요인

20세기는 그 어느 세기보다도 창의적인 열정과 기후로서 기술과 산업에서 획기적인 진보와 발전을 가져왔다. 때문에 흔히 20세기를 과학의 시대라 일컬으며, 제조업과 산업을 중시한 노동집약의 시대였다. 일반적으로 20세기 패션에 영향을 끼친 사회문화적 요인을 크게 기술의 혁명, 사회계층의 혁명으로인 한 대중문화 확산, 청소년 혁명, 여성혁명으로 들고 있다.

(1) 기술적 측면

이미 18세기 산업혁명의 기수였던 방직, 방적의 기술은 더욱 20세기 과학의 시대에 들어와 전성기를 맞는다. 천연섬유의 보다 나은 물성 개발과 합성섬유, 합성염료, 신소재개발뿐 아니라, 직조기술의 개발, 그리고 수지가공, 방수가공, 방추가공, 방오가공, 엠보싱가공 등 가공기술도 계속 개발되어 보다 풍부한 직물을 공급하게 된다. 1846년 재봉틀의 발명 이후, 봉재기술의 개발과 컴퓨터 기술의 도입으로 더욱더 대량생산 체재를 가능하게 하였을 뿐 아니라 맞춤복체재에서 기성복체재로의 전환을 가져오고 있는 것을 볼 수 있다(그림 7.1). 따라서 패션도 하나의 소비상품으로서 그 자리매김 됨과 동시에 공공시장에서 구입 가능하게 되었는데, 특히 백화점의 출현으로 대중도 상류층의 취향을 선택할 수 있는 기회가 증대되었고 이는 패션에서의 민주화를 이루는 데 기여하게 되었다.

또한 교통통신, 대중매체 등 정보의 확산은 문화적 접촉 및 커뮤니케이션의 증대를 가능하게 하였고 이에 따라 패션의 변화에 있어 가속화 현상을 가져왔을 뿐 아니라 전 세계에서 동일하게 지구촌 스타일이 유행되는 것을 볼 수 있다.

기계 기술의 발달은 산업의 발달을 촉진시켰고 이는 노동집약적인 도

그림 7.1 1920년 기계생산이 가능한 플래퍼 스타일

시의 발전에 영향을 끼쳤다. 이에 따라 패션에서도 더욱 일의 효율성을 증진시키기 위하여 실용적이며 기능성이 강조된 스타일, 즉 테일러드 수트란 획일적인 스타일이 유행되기 시작하였다. 그러나 20세기 후반기에 접어들면서, 기계가 노동을 대치함에 따라 인간에게는 잉여시간과 여가가 증대되며, 이를 활용하기 위하여 다양한 스포츠와 여행 등의 취미생활문화에 관심을 갖게 되고, 다양한 라이프스타일에 따른 패션의 일상화와 다양함이 추구되기 시작하였다.

(2) 사회구조적 측면

20세기는 그 어느 시기보다도 민주사회의 형성이라 할 수 있다. 교육의 증대 및 부의 확산은 확고한 사회계층의 와해를 가져왔고, 이에 따라 사회계층의 이동이 심해지고 익명성이 증대되고 있는 것을 볼 수 있다. 20세기 초반기, 패션의 기능은 분명 Veblen이나 Simmel이 지적한 듯이, 사회계층에 대한 차별화의 도구였으나, 부의 확산과 개개인의 다양한 능력에 따른 사회적 위계 상징은 패션에서 자기표현 내지는 미적 취향에 따른 이미지 차별화에 대한 표현적 욕구를 더욱 상승시켰다.

1960년대 이후, 대중문화의 확산은 대중으로 하여금 사회의 상류층만 이 누릴 수 있었던 과시적 소비의 기회를 접할 수 있게 만들었을 뿐만 아니라 소비문화를 촉진시켰고 이에 따라 다양한 이미지의 패션이 범람하게 되었다.

대중문화의 시대에 있어서, 패션상품의 대량생산, 대량소비가 이루어짐에 따라 개개인은 의복을 선택함에 있어서 더욱 많은 문제의식을 느끼게 되었을 뿐 아니라 보관과 폐기의 문제가 야기되었고, 자원의 낭비나 고갈의 문제점과 더불어 환경친화적인 패션디자인의 중요성이 대두되었다.

(3) 이데올로기적 측면

20세기는 그 어느 시기보다도 평등사상의 고취와 개인주의 사상 그리고 자유의식의 성취라고 할 수 있다. 패션에서 이러한 이념적 측면은 강하게 나타나는데, 그 중에서도 청소년 문화의 등장과 여성 평등사상에 대한 고취와 뚜렷한 성역할의 해체, 대중문화와 하위문화의 확산, 그리고 주체와 타자문화에서의 뚜렷한 경계의 해체가 그 무엇보다도 패션의 변화와 가속화 그리고 다원화에 영향을 끼쳤다.

2차 대전 이후, 교육의 보급과 경제의 호황은 청소년층으로 하여금 일찍 부모세대로부터 자립 할 기회를 제공하게 되었고 독자적인 문화를 싹트게 되었다. 에드워디언 왕조의 복식을 모방하게 된 테드(teds), 1960년대 모즈(mods), 기성세대의 가치관이나, 물신주의에 대하여 저항적인 히피(hippies), 허무주의적이며 반사회적인 펑크(punks) 그리고 뉴웨이브(new waves), 사이버 펑크가 청소년 하위문화 스타일을 이루었다. 또한 주체와 타자와의 뚜렷한 경계가 해체됨에 따라 거리패션이 패션의 주체가 되기도 하며, 하이패션의 영감도 이 청소년 하위문화스타일에서 파급되기도 하였다. 이를 패션의 하향전파설이라고 한다.

이미 19세기 말부터 전통적 여성의 역할이나 지위에 대하여 저항하여 온 페미니즘운동으로부터 사회적, 경제적, 정치적으로 여성은 평등권을 얻게 되었고 사회활동에 적극 참여하게 되었다. 따라서 20세기 초반기,

그림 7.2 1960년대 이브생로랑의 테일러드 수트

여성의 패션에서 장식적인 요소는 감소되고 실용적이며 기능적인 디자인이 강조되었으며, 1960년대는 여성해방운동과 더불어 유니섹스 모드가 창조되었고, 브라(bra) 태우기 운동도 전개되었으며, 남성용 테일러드 수트를 차용하기 시작하였다(그림 7.2). 또한 성의 경계허물기와 더불어 양성이 같이 입을 수 있는 앤드로지너스(androgynous) 룩이나 섹스리스(sexless)룩이 창조되기도 한다.

2) 모더니즘 패션과 포스트모더니즘 패션

모더니즘이란 19세기 말에서 20세기 전반기에 나타난 미학적 현대성의 일종으로 새로운 것, 혁신적인 것, 새로운 조형질서의 모색을 의미한다. 이는 바로 그 이전의 인간의 감성을 중시한 낭만주의에 대한 반동의 예술활동을 의미하기도 한다. 반면 1960년대 이후, 대중문화의 확산과 더불어 나타난 또 다른 미학적 현대성으로 특히 건축, 미술, 디자인, 패션 등의 예술분야에서는 포스트모더니즘 문화현상이 뚜렷이 나타나기 시작하였다. 그러나 사회적 측면에서는 아직 모더니티가 계속 진행되고 있음을 Harbermas는 지적하고 있다. 포스트모더니즘에 대하여 기존의 모더니즘에 대한 반동으로서 보는 시각과 연장으로서 보는 시각, 그리고 모더니즘을 초월한 또 다른 미학적 현대성으로 보는 시각이 있으나 다음과 같이 모더니즘 패션과 포스트모더니즘 패션의 특성을 설명할 수 있다.

첫째, 이성에 기초하여 인간 주체가 자기 바깥 세계를 합리적으로 파악하며, 역사를 진보 발전시킨다는 객관성의 논리가 모더니즘의 핵심이다. 따라서 일의 효율성을 증진시키기 위하여, 합리적, 실용적, 기능적인 복식미가 지배적이다. 이 기능성을 강조하기 위한 대표적인 복식을 남성들의 테일러드 수트이다. 또한 확고한 문화범주(성, 연령, T.P.O., 인종, 사회계층, 민족 등)에 따른 복식미가 지배적이다. 따라서 과학과 기술의 도움으로 가장 진보된 형태의 새로운 디자인으로, 기계생산에 적합하게 직선적이며, 장식성이 배제된 기하학적 형태로 기능주의 복식미가 지배적이다. 1910년대의 Paul Poiret 스타일, 1920년대의 Chanel의 카디건 수트, 남성들의 테일러드 수트와 1960년대의 미니멀리즘 복식을 들을 수 있다. 최소한의 형태로 최대의 효율성을 추구하는 디자인이라 하겠다.

반면 종래의 이성이 감성보다 우월하다는 사고에서 벗어나, 일상적인 지식의 감각적인 영사막 뒤에 무엇인가 활력이 있다고 생각한다. 따라서 이제까지의 확고한 우리들의 생각, 고정관념으로부터 탈피하여 새롭고 창조적인 사고, 가치, 행위, 신념 등을 포스트모더니즘에서는 중시한다. 따라서 패션에서는 확고한 문화범주에 따라 입는 의복에 대한 고정관념도 탈피되며, 복식은 기능적이며 실용적인 생활의 필수품이라는 사고에서 벗어나 인간의 내적 가치, 정서, 취향 등에 대한 상징적인 표현체로서의 소비상품으로 자리 매김이 되어간다.

둘째, 일상 삶에서 학습되는 다양한 경험이 집단적인 제어를 통해서 단일하고 보편적이며 획일적인 삶의 형태로 취해질 수 있다는 신념이 지배적이었다. 따라서 10년 주기로 획일적인 스타일이 유행되었으며, 단순한 스커트 길이로 유행을 예측하였다. 그러나 포스트모더니즘에서는 다양한 삶의 의미를 반영하는 작은 이야기 혹은 사회적 상황을 반영하는 디자인을 추구하게 된다. 심오한 철학이나 원리 원칙에서 벗어나 유머, 공상, 상상 등 일상성을 통한 인간의 자유에 대한 표현으로서 일시성과 변화를 추구하게 된다. 따라서 패션에서는 유희적인 측면이나 종래의 엄격한 형식주의에서 벗어난 저속한 취향의 키치나 패러디 기법 등이 사용된다.

셋째, 모더니즘은 고도의 기계기술에 의한 대량생산이 그 주된 목적이었다. 그러나 이에 따른 자연의 황폐화와 인간성의 상실은 다시 인간으로 하여금 인간의 손길로 만들어진 수공예적 요소나 그린 디자인(green design)에 관심을 갖게 하였다. 따라서 패션에서는 하이테크와 하이터치의 융합적 요소의 디자인에 중점을 두며, 비즈나 자수 등의 장식적 요소의 부활이거나 환경오염이나 폐기의 문제를 해결하기 위하여 다시 천연섬유를 선호하며, 환경 친화적인 모티브에서 영감을 얻은 디자인, 즉 에콜로지(ecology) 룩에 관심을 갖게 된다.

넷째, 모더니즘에서는 단일하고 획일적인 세계적 보편주의를 추구하였으며, 서구를 중심으로 중앙집권적 중심화 현상이 뚜렷하였다. 각 나라마다 민족복식이 있음에도 불구하고 서양패션이 전세계에 확산되었으며, 파리를 중심으로 전세계에 패션이 확산되었다. 그러나 포스트모더니즘에서는 탈중심화 현상으로서 다원적 토착문화에 관심을 갖게 된다. 서구 중심 사고에서 벗어나 각 나라마다 전통문화의 개발에 중점을 두게 된다. 따라서 패션에서는 각 나라마다 현대적 감각이 가미된 전통상

그림 7.3 한국적 패션디자인의 실례

품의 개발이 활발하며, 우리나라에서는 한국적 패션디자인이나 생활한복이 유행되고 있다(그림 7.3). 또한 패션의 중심은 주변문화로부터 확산되는 현상을 자아내기도 한다. 그 예로, 아프리카나 동양의 에스닉(ethnic) 룩이 유행되며, 거리패션, 하위문화 스타일이 유행되기도 한다.

4. 20세기 우리나라 패션문화의 변천과 현황

우리나라는 갑오경장(1894) 이후, 개화사상의 고취와 외래문화의 전파로서 전통복식문화가 있음에도 불구하고 서양화와 근대화의 상징으로

서양패션이 파급되었고 일상화되었다. 요컨대, 지난 1세기 동안 5000여 년 역사의 전통 복식문화에서 문화접변 현상은 두드러지게 나타난 것이다. 문화접변이란 서로 다른 문화를 가진 집단이 상호 접촉을 통하여 어느 한쪽, 혹은 양쪽 집단의 종래의 전통문화 내용에 변화를 일으키는 현상이다. 그 양상을 대분하여 보면, 첫째는 전통복식인 한복이 일상복에서 의례복으로 정착되었으며, 둘째, 전통복식인 한복 스타일의 변형으로서 생활한복이 창조되었으며, 셋째, 서양 패션의 수용과 복제디자인에 의해 서양패션이 일상화하였고, 넷째, 전통복식인 한복의 미와 서양복식미와의 접목으로 주체적이며 창의적인 한국 패션디자인의 효시로서 다양한 복식문화를 이루고 있다는 점이다.

1) 서양패션의 수용과 전개과정에 있어 영향을 미친 요인

지난 1세기 우리나라 패션의 변화를 살펴보면, 서양과 마찬가지로 크게 사회의 제도적 측면이나 개화사상의 고취 등이 패션의 변화에 큰 영향을 미치며, 주체적이며 창의적인 기술이나 디자인의 개발이라기보다는 서양 패션의 형태 원형 그대로 수용하고 도입하거나, 일부 서양 패션의 요소가 차용되었던 것을 볼 수 있다. 그러나 1980년대 이후부터 복제에 의한 서양 패션의 수용에서 서서히 주체적인 패션디자인뿐 아니라 패션산업으로 정착되고 있는 것을 볼 수 있다.

(1) 사회 구조적 측면

정부의 차원에서 복제에 관한 제도적 개혁이나 교육의 보급, 그리고 외교사절단과 선교사 등에 의한 문화교류가 서양패션의 수용을 촉진시킨 계기라 할 수 있다.

복제는 고종 21년(1884) 5월 갑신 의복 개혁을 기점으로 조복, 사복, 일반국민들의 복장에 이르기까지 보다 간소화되었고, 단발령과 함께 양복을 제도적으로 허용(1895)하여 궁중과 정부요인, 그리고 상류층 남녀가 양복을 수용하기 시작하였다. 그림 7.4에서는 영친왕의 생모인 순헌황귀비가 1890년대 서양에서 유행하였던 아르 누보스타일인 깁슨 걸

그림 7.4 순헌황귀비의 아르 누보 스타일 드레스

(Gibson girl)드레스를 입고 있는 것을 볼 수 있다.

그 후 구군복이 완전히 자취를 감추고 구미식 군복으로 되었으며, 문관 복장의 개혁도 반포되었다. 1898년 만민공동회 개최와 더불어 구관습의 폐지와 자유를 부르짖는 시민들의 시위운동이 발생하였는데, 이때 이미 부녀자들이 가담할 정도로 우리나라에서도 여권운동이 진행되었다. 이에 따라 여성에게도 교육의 기회가 부여되었고, 장옷이나 쓰개치마의 폐기가 이루어졌으며, 짧은 흰색 치마를 착용하기도 하였고, 신분에 따른 복식의 차이도 점차 사라지게 되었다.

1899년에는 외교관의 복식이 서양화되었고, 1900년에는 문관 복장 규칙을 정하고 모든 형식을 구미식으로 바꿈으로써 서양패션 수용의 제도적 개혁에 더욱 박차를 가하게 되었다. 이때 문관의 대례복은 영국식 예복차림으로서 실크 해트와 프록코트 차림이었다. 특히 순종이 즉위 후, 70여 명의 서양패션을 착용한 일행을 거느린 지방사찰은 관리들로 하여금 서양패션을 더욱 빨리 수용하게 하는 계기가 되었다.

1907년 중추원 회의에서 남녀의복 제도 개선안 가결된 이듬해 설립된 여자 예복의정회(이옥경, 황혜, 윤고려가 중심)에서는 여성의 양장예복에 대한 공모가 시도되기도 하였다. 그러나 이러한 정부의 제도적 개혁은 소수관리나 상류층에게 국한되었고 일반인이나 부녀자들의 복식은 훨씬 이후에 서양화되었다.

우리나라 서양패션의 수용에 있어 빼놓을 수 없는 것이 교육의 보급이다. 1885년 배재학당, 1886년 이화학당 등 서양교육의 보급은 개화사상을 고취시켰으며, 여성 교육의 증대 및 여성의 사회참여를 가져왔다.

19세기 말, 양력 사용이나 단발령, 양복착용 등에 저항하는 것이 민족적 의분으로 생각되었으나, 배재학당의 학생들은 머리를 깎고 서양식 교복을 수용하였으며, 개화파들과 함께 개화의 필연성과 지속성을 주장하였다.

숙명여학교는 자줏빛의 영국 귀족식 교복을 학교에서 무료로 보급하였는데, 이는 순헌황귀비가 입었던 깁슨 걸 스타일과 흡사하다. 이화여학교 체육교사인 Walter는 치마를 어깨허리치마로 고쳐 만들고 저고리를 길게 하여 활동성을 도모하여 한복에서의 서양복식의 형태미를 접목시키는 변화를 최초로 시도하기도 하였다. 이후 한복은 짧은 통치마로 되었고 속옷으로는 속셔츠, 블루머즈(사루마다), 속치마를 입었는데, 이는 작금의 생활한복의 효시라 하겠다.

1906년 만세보에서 의제개정법 제정을 제시하고 장의 착용 폐지를 위해 모자 착용을 제시한 바 있는데, 1910년 전후에는 장의 대신 서양에서 유행하는 양산을 크게 보급하기도 하였다.

이러한 교육의 보급과 더불어 개화사상의 보급은 1920년대 신여성, 즉 모던 걸을 탄생시키기에 이른다. 이 당시 서양에서 유행하였던 짧은 단발머리 스타일과 플래퍼(flapper)스타일은 이 신여성에게 유행되었던 스타일로서 그림 7.5는 보스턴 대학에서 유학을 마친 후 귀국한 김활란 총장의 사진이다. 특히 이 당시 해외 유학생 김활란, 이활란 등 신여성의 차림새는 서양패션을 보급하는 계기가 되기도 하였다.

서양복식의 수용과 전파에 기여한 요인으로서 조선시대의 외국인들을 빼놓을 수 없다. 1873년 대원군의 실각으로 통상거부의 막을 내리고, 1876년 일본의 강압에 의한 한일 수호조약 체결이 계기가 되어 조선의 정책이 개방으로 전환되자 세계열강의 공사관이 속속 인천과 서울에 설치되었다. 뿐만 아니라 이미 조선에 들어와 선교 활동을 펴고 있던 선교

그림 7.5 1920년대 김활란 총장의 플래퍼 스타일

사 외에도 전기 전차, 전화, 철도 등 근대화의 시설을 위한 기술자들이 내한함으로써 국내에는 많은 외국인들이 거주하게 되었다. 특히 외교사절단들은 궁중에 그들의 문물을 소개하는 계기를 만들었고, 선교사들이나 일반 기술자들은 일반인들에게 서양문화를 전파시키는데 많은 기여를 하였다.

한말에는 남북한 인구 1천 3백만 명에 외국인은 13만 명이나 되었는데, 그 중 일본인이 12만 6천여 명, 중국인이 9천 9백여 명, 미국인이 397명, 영국인이 163명, 프랑스인이 90명 순이었다. 1993년 현재 우리나라에 주재하는 외국인 수가 6만 6천여 명인 것을 감안하면 상당한 숫자라 하겠다.

반면 우리나라 외교관도 서양복식 문화의 전파에 한몫을 하였는데, 1920년경 고종대의 마지막 미국 공관장 김윤정의 딸이며 윤치호의 부인인 윤고려가 미국에서 양장을 하고 돌아와 서양패션의 보급과 고유한복의 근대화가 촉진된 계기가 되었다.

(2) 기술적 측면

초기 서양복식을 도입하고 수용하는 과정에서 요구되었던 양복지, 즉 소재는 1895년을 전후하여 외국 물품을 수입하는 회사에 의하여 충당되었다. 1896년 독립신문에는 주식 회사(Jusik Company)의 광고가 게재된 바, 이것은 한국인에 의한 유일한 양복 주문의 영문 광고였다. 이 회사에서는 양복의 제조뿐 아니라, 외국 의류, 구두, 가죽제품 등을 주문 받는 것도 광고하였다. 주로 수입복지는 영국제품이나 일본제품이었다.

이와 같이 서양복식 수용 초기의 양복지는 주로 수입품에 의존한 것이었으나, 1923년 경성방직이 면직물을 처음으로 내놓을 정도로 방직기술이 도입되었고 여학교에서는 직조기술과 수예, 재봉틀이 보급되어 양재기술이 전수되기 시작하였다. 양복점은 1889년 '하마다' 양복점이 개설된 이래, 1902년에는 '한흥' 양복점이 최초로 한국인에 의해 개설되었고, 김덕창이 염직공장을 설립하였다. 그리고 1937년 서울 명동에는 '은좌옥'과 '최경자' 양장점이 최초로 개점되었고, 한성양복회사가 백

완혁에 의해 개설되기도 하였다.

(3) 이데올로기적 측면

서양패션을 수용하는 데 있어 무엇보다도 개화사상과 신문화운동이다. 구한말 개혁정치의 상징으로서 '개화파' 소장 정치인들, 김옥균, 홍영식, 서광범, 박영효, 유길준 등에 의하여 이 당시 영국에서 유행하였던 일자형의 서너 개의 앞단추가 달린 색코트가 소개되었다. 또한 1920년대 신문화 운동 선도자의 상징으로서 짧은 머리, 플래퍼 스타일, 흰 저고리에 짧은 통치마 등은 '신여성', '이화학당 학생', '전도사 부인'의 차림이었다.

그러나 무엇보다도 서양패션에 대한 감각이나 고유복식 문화의 계승

그림 7.6 몸빼 스타일

발전에 저해가 되었던 요인은 1910년 일본의 한일 합방조약에 의한 식민지 정책이라 하겠다. 고유한 전통 한복이나 근대화된 서양패션이 있음에도 불구하고 일본식 원피스 드레스인 '간단복'이나 일본식 교복의 착용, 일본의 작업복인 그림 7.6의 몸빼 등 획일적인 스타일의 강요는 우리의 복식문화사에 있어 수치스러운 일면으로 순수한 우리의 전통적인 한복 미도 아니며 그렇다고 서양패션도 아닌 저질적인 감각의 예로 남 는다. 한마디로 우리 문화 정체서의 혼절이라 할 수 있다.

2) 해방 이후 서양 패션의 수용

본격적인 서양패션의 수용은 1945년 해방 이후로서 네 기간으로 나누어 볼 수 있다.

(1) 초창기(1945~1965): 미군 주둔에 의한 서구 디자인의 영향 확대

광복 직후의 궁핍한 경제기와 정치적 혼란기를 거쳐 경제개발이 촉진되면서 본격적으로 디자인에 관심을 갖기 시작했던 시기다.

해방과 함께 애국심은 고취되었고, 이에 따라 일본식 몸빼를 벗고 다시 전통복식인 한복착용이 유행되었다. 미군의 진주와 군정, 해외동포의 대거 귀국으로 복식의 서양화, 근대화를 촉진시키는 계기가 되었으나, 1950년 6·25 전쟁으로 복식문화의 기본마저 상실하는 상황을 맞게 되었다. 전쟁기간 동안은 2차 대전 중 서양에서 유행하였던 밀리터리(military)룩의 의류가 구호품으로 들어와 젊은 여성 사이에 퍼져 나갔고 일본에서 처음 수입된 나일론이나 낙하산을 재생한 블라우스 착용으로 여성노출이 시작된 시기이기도 하다.

6·25 전쟁 수복시기부터 1963년 제3공화국 시기엔 산업의 복구, 정치의 정상궤도로 한국에서 새로운 복식문화가 싹트기 시작한 시기다. 이 시기 유럽에서는 Dior의 라인(line)시대로 선풍적인 인기를 끌었고 우리나라에서도 서양패션의 복제디자인에 의한 시기다. 그러나 이시기 전통 지향적인 여성이나 중년층, 노년층 그리고 농촌에서는 여전히 전통

개량한복의 착용으로 복식의 이중구조가 공존하였던 때다.

(2) 육성기(1966~1975) 경제발전의 동반자로서 의류산업 개념 확산

산업생산이 본궤도에 오르면서 산업생산 구조가 소비재 중심으로 전환되었고 대량생산된 제품들이 널리 보급되기 시작하였으며, 이에 따라 의류제품 디자인의 필요성과 질적 향상이 강조되기 시작하였다. 1972년 '레나운'이란 브랜드의 기성복이 화신백화점에서 선을 보였고, 1974년 명동 코스모스백화점 앞에서 '반도 숙녀복'이 선을 보임으로써, 우리나라에서 맞춤복 체재에서 기성복 산업체재로 그 전환점을 가져온 것을 볼 수 있다.

경부고속도로의 완공으로 전국이 일일 생활권에 들면서 유통물의 증

그림 7.7 복식의 이중구조 핫팬츠와 한복차림

대와 산업구조의 변화, 유통질서의 체계화문제 등이 대두되었고, TV와 냉장고, 라디오, 전축 등 가전제품이 가정마다 널리 보급되었다. 국민차 1호인 현대의 '포니'가 생산되기 시작하였고 서울지하철 1호선이 개통되었고, 아파트 건축 붐이 일면서 디자인의 새로운 분야들이 확대되었다.

특히, 1960년대 여성해방 운동에 따른 여성평등 의식은 우리나라에도 확산되었고, 교육의 보급과 여성 사회참여가 증가됨에 따라, 서양 패션이 일상복으로 정착되었으며, 한복은 결혼이나 환갑, 명절 등 특별한 의례 행사용으로 물러나게 되었다. 이 시기 구미에서 유행되었던 미니스커트, 히피 룩이나 맥시(maxi)룩, 핫 팬츠 룩이 선풍적인 인기를 끌었으나 여전히 획일적인 스타일이 지배적이었다(그림 7.7).

(3) 발전기(1976~1988): 각종 국제 행사를 통한 국제적인 안목 확장

1970년대 중반 이후 고도성장을 계속한 우리 사회는 점차 기술혁신과 과학문명의 발달로 물질적인 풍요를 누리게 되었다. 삶의 질이 향상되고 정보화시대로 접어들면서 외국패션의 보급은 가속화되었다. 따라서 전문화된 디자인, 세분화된 디자인에 대한 욕구가 증대되었고 국내 패션산업에 대한 체계적인 정보수집과 확산에 대한 필요성이 제기되었다. 한국섬유산업연합회, 한국패션협회 등이 결성되고 각 대학마다 의류학 및 의상학에 대한 교육이 증가되고, 패션산업의 증대로 패션 디자인의 고급화와 대중화에 앞장서 나갔다.

특히 우리 패션상품의 국제화를 위하여 주체적이며 창의적인 패션디자인 개발에 대한 문제점이 환기되고 파리나 뉴욕, 일본 등의 패션 컬렉션에 참가하는 디자이너 수가 늘기 시작하였으며, 반면 외국상표의 도입으로 더욱 국제적인 감각을 흡수하기 위하여 노력한 시기라 할 수 있다. 더욱 다양한 라이프스타일에 따른 다양한 패션스타일의 추구와 유행주기가 훨씬 단축되었던 시기다.

(4) 안정기와 도약기(1989~현재): 주체적이고 국적 있는 패션문화의 추구

88올림픽을 계기로 이제 우리나라는 본격적으로 국제적인 흐름에 발맞추기 시작했다. 정보화시대의 도래로 사무자동화에 대한 수요가 증가되고, 정보매체를 통한 패션정보의 전달 또한 양적, 질적으로 크게 증대되었다. 또한 환경에 대한 국제적인 관심의 고조와 규제 분위기로 그린디자인(green design)의 필요성이 더욱 강조되고 있다. 수입완전개방에 따른 유통시장의 국제적인 무한경쟁에 대비한 자구책으로 우리의 생활과 정서에 어울리는 한국적 패션상품과 생활용품 개발이 더욱 강조되고 나아가 국제적인 감각과 취향에 맞는 고부가가치의 패션상품 개발에 주력하고 있다.

더구나 사이버 스페이스(cyber space)가 새로운 인간과 인간의 커뮤니케이션 공간으로 자리 잡고 있는 상황 속에서 자국의 고유한 문화적 속성은 보편적인 상품의 가치로 변환시키고 21세기의 문화전쟁에서 기득권을 획득하는 데 있어서 중요한 지침이 되고 있다. 최근 생활한복의 개발이 그 한 일면이나, 더욱 한국적 패션디자인 개발로서 주체적이며 창의적인 한국의 패션문화를 정착시키는 것이 중요한 것이다.

5. 전망

후기 자본주의 시대며, 포스트모더니즘 시대인 21세기는 다양한 가치체계가 공존하는 다국적 · 다문명 체제로서 지식과 정보 집약의 문화의 시대이다. 이제는 만들기만 하면 팔리는 시대, 좋은 물건을 만들면 팔리는 시대는 지나간 것이다. 소비자와 사회적 욕구를 정확히 파고들지 않으면 팔리지 않는 시대로 지나간 것이다. 이는 더욱 패션문화의 학문적 전문성과 특수성으로 연구되어야 함을 의미하기도 하는 것이다.

첫째, 소득의 증가에 복식은 더욱 필수품의 개념에서 벗어나 소비상품화 될 것이다. 요컨대, 유용성이나 실용적 가치보다는 미와 스타일이 중시되는 표현적 가치가 더욱 강조될 것이다.

둘째, 따라서 의복을 선택함에 있어서 신분상징이나 가격에 따른 계급차별화의 욕구보다는 자기표현을 위한 미적 취향의 차별화가 더욱 두드러진다. 따라서 패션상품 개발에 있어 이미지에 따른 디자인과 시장 세분화와 브랜드 포지셔닝이 중요한 것이다. 그러나 인간의 기본 욕망인 계급차별화는 물신주의(fetishism)로 교묘히 감추어져 표현된다. 이는 더욱 오리지널한 상품에 대하여 선호함을 의미한다.

셋째, 또한 다양한 라이프스타일과 이에 따른 패션상품의 세분화와 다양화를 위하여 다품종 소량 생산체제와 이미지 차별화를 위하여 장식적이며 수공예적 기법이 부활된다. 이를 하이테크와 하이터치와의 융합이라 한다.

넷째, 고령화에 따른 실버패션 시장이 인기를 끌 것이다.

다섯째, 정보화 사회 속에서 패션은 더욱 가속화, 다양화, 고급화를 추구하며, 이에 따라 패션상품구매 소비자를 위한 스페셜리스트(이미지 컨설팅) 등의 새로운 직업이 나올 것이며, 새로운 유통이 확산될 것이다.

여섯째, 산업시대를 지나 문화를 중시하는 시대에 있어, 환경과 인간의 관계를 생각하며, 환경 친화적인 그린 디자인과 패션디자인뿐 아니라, 생산과 폐기에 관심을 갖고, 의복의 보관과 폐기의 문제를 생각할 것이며 이에 대한 규제가 나올 것이다.

일곱째, 우리의 사회환경은 통제에서 자율, 보호에서 경쟁, 폐쇄에서 개방으로 급속히 전환되었고 제품을 파는 시대에서 상품을 파는 시대를 거쳐 고유 가치를 파는 시대에 살고 있다. 따라서 범지구적 가치추구내의 자국의 복식 문화의 건강한 생존의식이 중시되고 있다. 국제적 감각 훈련을 바탕으로 우리 패션상품의 세계화를 이루기 위하여 주체적이며 창의적인 패션상품 개발이 중요한 것이다.

참고문헌

김민수(1997). 『21세기 디자인 문화 탐사』. 솔.

김민자(1997). 『패션에서의 섬유기술과 디자인의 만남』. 섬유기술과 산업 1(4).

김민자(1998). 「20세기 패션에 나타난 모더니즘과 포스트모더니즘에 관한 연구」(I), (II). 『한국복식학회지』 37(38).

김민자(1999). 21 패션디자인 교육 어떻게 할 것인가. Proceedings of International Conference '99. The Korean Society of Costume, pp. 147-156.

김민자, 임원자, 이은영, 구미지, 김윤희(1993). 「한국복식과 사회변천 양상에 대한 연구 — 갑오경장 이후 서양패션의 수용과 변화를 중심으로」. 『한국의류학회지』 17(2).

엘빈 토플러(1985). 『한국인과 제3의 물결』. 한국경제신문사.

이기영, 이은영, 옥선화, 백희영, 홍형옥(1996). 『광복 후 가정생활의 변천』. 서울대학교출판부.

이은영(1997). 『패션 마케팅』. 교문사.

자크 아탈리(1999). 『21세기 사전』. 정혜원 · 편혜원 역, 중앙 M&B.

Baudrillard, Jean(1991). 『소비의 사회』. 이상률 역, 문예출판사.

Finkelstein, J.(1996). *After a Fashion.* Melbourne University Press.

Huntington, Samuel P.(1997). 『문명의 충돌』. 이희재 역, 김영사.

McCraken, Grant(1996). 『문화와 소비』. 이상률 역, 문예출판사.

Premiere Vision. *Social Trends Fashion Trends*: 1998/1999.

Simmel, G.(1904). "Fashion", *International Quarterly.* 10(October), pp. 130-155.

Veblen, T.(1899). *The Theory of Leisure Class.* New York: New American Library.

제8장

식생활문화

1. 식생활의 문화적 의의

1) 식생활문화란?

인간생활에서 의 · 식 · 주가 모두 기본적으로 필요한 요소이지만, 그 중에서도 '먹는 것'이 인간의 생명과 건강을 유지하는 데 가장 직접적이고 필수적인 요건임을 의심하는 사람은 없을 것이다. 그렇지만 오늘 아침에, 어제 저녁에 식탁에 놓여 있던 음식들, 우리가 왜 바로 '그' 음식들을 먹는가에 대해서는 생각해 보았던가?

'먹는다'는 것은 살기 위해 꼭 필요한 생리적 의미가 큰 행동이지만 다른 한편으로는 지극히 문화적인 행동으로, 어떤 사회에서는 진미(delicacy)로 여겨지는 식품이 또다른 사회에서는 반감(disgust)을 일으키기도 한다(Bryant et. al., 1985). 예를 들면, 우유는 단백질과 칼슘의 급원으로 영양적으로 우수한 식품이지만, 브라질 인디언(Brazilian Indian)들에게는 배설물과 같은 것으로 인식되는 혐오식품이다. 그러나 동물은 본능적으로 먹을 수 있는 것은 모두 먹는다. 식생활을 문화로서 이해하고 동물들의 그것과 구분짓게 하는 인간 식생활의 특징은 조리와 공식(公食)에 있다(石毛値道, 1973). 그리고 동물과 달리 인간에게는 먹을 수 있는 것과 없는 것은 무엇이며, 어떤 경우에 어떻게 먹는가 하는 문제들이 그 사회가 갖는 문화내용에 의해 결정된다(Bryant et. al., 1985).

식생활문화는 사회구성원들에 의해 습득, 공유, 전달된 식생활의 내용과 방법을 말한다. 식생활문화 역시 일반적인 문화의 특징과 마찬가지로 한 세대의 사람들에 의해 습득, 정착되어 다음 세대에 전승된다. 식생활문화는 또한 안정과 동시에 변화하는 특징을 가진다. 바꾸어 말하면 사회교류를 통해 유입된 이질적인 문화규범이나 가치에 적응하는 문화변용을 거치며, 동시에 변화에 저항하는 특징을 가진다는 것이다. 그리고 사회기능이나 문화요소에 영향받은 가치관에 의해 식품금기, 선호도, 식품의 이용방식 등이 형성된다. 그러나 이러한 과정들은 일상적이고 무의식적으로 일어난다(김기숙, 1997).

우리나라의 식생활문화는 산, 바다, 평야를 모두 가지고 사계절이 변화하는 다양한 풍토환경 속에서 형성되었다. 자연환경에 적응하며 형성된 식생활문화는 시대의 흐름에 따라 사회, 경제, 문화적인 요인들의 영향과 이들의 밀접한 관련 속에서 변화하여 왔다. 식량생산기술과 경제의 발달로 식생활의 풍요를 이루기도 하였으며, 외래식품과 가공기술의 전래로 식생활의 신기원을 이루기도 하였고, 사회의 제도 및 이념과 종교의 영향을 받기도 하였다. 오늘날 우리가 별 생각 없이 먹고 행하는 식생활 습관들은 바로 우리 조상들이 그들이 처한 환경을 이용하고 극복하여 발전시켜 온 지혜의 산물이다. 사회의 성장과 활발한 문화교류 속에서 변화하는 경제적, 사회적, 문화적 여건은 식생활의 역동적 변화를 수반한다. 생산과 저장기술이 발달하고 국제교류가 증가하고 있는 현대에는 식품소비와 조리방법이 더욱 다양화되었고, 여성의 사회진출과 핵가족화 등으로 간편한 식생활을 추구하게 되어 가공식품과 외식산업이 발달하였다. 이러한 변화 속에서 달라지고 있는 현대인의 식생활과 그 변화의 의미를 바르게 파악하고 그것이 가지는 문제점을 알아내어 건강하고 풍요로운 식탁을 이루며 현재의 생활양식 속에서 자리잡을 수 있도록 하는 것이 바로 이 시대의 식생활문화를 책임진 우리들에게 요구되는 지혜이다.

2) 식생활문화의 형성요인

세계의 여러 나라들은 다양한 식생활문화를 가지고 있으며, 이는 그 사회가 처해 있는 상황에 적응하여 역사적으로 축적되어 온 나름대로의 의미와 가치를 가진 것이다. 그 식생활문화의 다양성은 식품의 선택에서부터 조리에 대한 생각 및 방법, 맛에 대한 선호도, 식사시간, 예절에 이르기까지 그 특징을 달리한다. 먼저, 식사를 준비하기 위해 식품을 선택할 때 구할 수 있는 식품의 범위 내에서 제한을 받게 되며, 그 중에서 선택되는 것은 그 선택의 주체가 가지는 식품의 선호도에 의한다. 식사는 무엇보다도 인간의 생물학적 요구를 만족시켜야 한다(Bryant et. al., 1985). 즉 충분한 영양을 공급해야 하고, 소화를 못 시키거나 독이 되는 것이어서는 안 되며, 알레르기나 불내응성을 일으켜서도 안 된다. 그러나 생물학적이고 환경적인 요인이 인간의 식품선택에 미치는 영향은 극히 일부에 지나지 않는다. 과거의 식품선택은 그 사회의 자연환경 내에서 생산되는 것들의 이용에 그쳤지만, 운송, 저장, 가공기술이 발달한 현대에서 자연환경은 그리 큰 문제가 되지 않는다. 오히려 그 사회의 기술적, 경제적, 정치적 요인에 의해 복합적인 영향을 받게 된다.

우리가 식사하는 내용을 살펴보면 우리가 어떤 것을 식품으로 받아들였는지를 알 수 있다. 같은 환경에 사는 여러 집단은 동일한 영양소를 공급받을 수 있다고 해도 그들의 식사를 구성하는 식품에는 현격한 차이를 나타낸다. 비록 척박한 환경에서 채집에 의존하는 경우라도 환경에서 얻을 수 있고 생리적으로 섭취가 가능한 모든 것을 먹지는 않는다. 이는 그 집단들이 어떤 식품을 어떻게 얻어서 조리해서 먹는지에 관해 서로 다른 전통과 습관을 가지기 때문이다. 이렇게 사회가 여러 대를 거쳐 익히고 공유해 온 지식, 신념, 가치와 습관을 일컫는 문화는 인간의 식사에 막대한 영향을 끼친다. 문화를 통해 식품을 규정하여, 생물학적으로 소화할 수 있고 그 환경 내에서 얻을 수 있는 것을 먹게 됨으로써 식사를 구성하는 식품의 선택을 결정짓게 되는 것이다(Bryant et. al.,

1985).

인간생활에서 문화가 가지는 의미는 생존을 위해 환경에 적응하는 방식을 제공한다는 것에 있다. 이러한 적응방식은 기술(technology), 사회조직(social organization), 이념(ideology)으로 나눌 수 있다(Bryant et. al., 1985). 현대에는 과학기술이 크게 발달하여 식품의 가공 및 생산에 이용되는 다양한 기술들이 개발되었다. 이에 따라 식품을 구하는 데 있어 단순히 자연환경에 의존하지 않고 능동적으로 대처함으로써 식품의 이용성(food availability)이 크게 증가하였다. 인류는 사회생활을 조절하기 위해 여러 사회조직(social organization)들을 고안하였고, 결혼, 출산, 가족관계, 친구, 정치적 동맹, 법과 질서의 유지방법들을 통하여 공동의 목표를 달성하고자 하였다. 이러한 사회환경 내에서 식품과 음식은 '먹는 것' 이상으로서의 의미를 가지게 된다. 즉, 식품은 사회적인 연결고리로 작용하며 성별, 사회적 지위, 생애주기, 인종, 종교 등에 따라 식품이 가지는 의미에는 차이가 있다. 또한 구성원들의 식사행동에는 그 사회가 가진 이념들이 배어 있으며, 특히 세계관, 종교, 건강에 대한 믿음과 같은 것들은 사람들의 식사행동과 관련을 가진다.

3)과 4)에서는 음식이 갖는 문화적 의미와 사회조직 및 이념이 식생활문화의 형성과 변화에 어떠한 영향을 미쳐 왔는지 주로 Bryant 등의 이론에 따라 설명하고자 한다(Bryant et. al., 1985).

3) 음식과 식품의 사회적 의미

(1) 사회적 관계형성

음식과 식품은 사회적 관계를 공고히 하는 데 기여한다(그림 8.1). 가족끼리 모여 식사를 함께 함으로써 가족의 유대관계와 일체성을 높이게 되는데, 특히 바쁘게 살아가는 현대에서는 식사시간이 함께 앉아 이야기하며 보내는 유일한 시간일 수 있기 때문에 더욱 그러하다. 그러나 현대에는 가족구성원간의 이질적인 생활방식으로 인해 한 가족 내에서도 식습관의 동질성이 사라지고 있다.

그림 8.1 음식은 사회적 관계를 공고히 하는 데 기여한다. 가족끼리 모여 식사를 함께 함으로써 가족의 유대관계와 일체성을 높이게 된다.

또한 식품이나 음식은 선물로서의 역할도 수행한다. 누군가에게 특별히 부탁할 일이 생기거나 어려운 말을 해야 할 때 같이 식사를 하거나 차 한잔, 술 한잔을 권하며 자리를 마련하기도 한다. 이렇게 음식을 함께 나눔으로써 친구나 이웃과의 관계를 증진시키는데, 함께 나누는 음식의 종류는 이미 성취된 혹은 도달하고자 하는 관계의 정도를 반영하기도 한다.

(2) 성별

연령이나 성별에 따라 사회에서 차지하는 위치, 즉 그 권리와 의무가 다르기 마련인데, 식품은 이러한 개인의 사회적 위치를 반영한다. 성별은 식품과 여러 측면에서 서로 연관되어 있다. 첫째로 식품의 생산은 성별에 따라 분담되어, 채집과 사냥에 의존하던 시대의 여성은 과일과 채소의 채집을, 남성은 사냥을 담당하였고, 소규모의 초기 경작시대의 여성은 작물을 심고 가꾸는 일을, 남성은 밭을 갈고 울타리를 치는 일을 담당하였다. 그러나 현대에 와서 성별에 따른 이러한 일의 구분은 많이 사라지고 있다.

둘째로 남녀 사이에 식품이 불균등하게 배분되는 것을 종종 살펴볼 수 있다. 음식을 먹는 순서를 통해 이러한 것이 반영되기도 하는데, 대부분의 사회에서 집안의 어른으로 상징되는 아버지(남자)에게 먼저 제공되고 어머니(여자)는 어린아이를 먹이고 그 다음에 남은 것을 먹는 경우가 많다. 아마도 이것은 식량공급이 충분하지 않던 시대에 가족을 부양하기 위해 노동을 해야 하는 남자에게 충분한 열량을 공급하기 위한 것이었는지도 모르겠다.

셋째로 남녀에게 적합한 음식이 따로 있는 것으로 생각하는데, 고기는 남성의 음식, 채소는 여성의 음식으로 받아들여진다. 한 쌍의 남녀가 식당에 들어가 스테이크와 샐러드를 시킨다면, 웨이터는 의심도 없이 남성에게 스테이크를 여성에게 샐러드를 제공할 것이다. 마지막으로 식품금기는 남녀에게 서로 다르게 적용되는데, 역사적으로 볼 때 주로 여자에게 이러한 식품금기가 많았으나 현대에 와서 여성의 권위가 높아짐에 따라 점차 사라지고 있다.

(3) 사회적 계층과 위신

식품은 계층을 나타내기도 한다. 권력과 부에 의해 구분되는 이러한 계층은 경제적인 문제가 결부되어 있는 식사나 영양적 차원에서의 복지에 강력한 영향을 미칠 수밖에 없다. 가난한 사람들은 비싼 식품을 사기가 쉽지 않고 대체로 적은 비용이 드는 식품을 먹어야 하기 때문에 특정 식품들은 부유함 혹은 빈곤함과 관계를 가지게 되며, 희소성과 가격에 따라 이러한 계층지표(class marker)로 분류된다.

바닷가재요리의 경우, 17세기에는 너무나 흔한 식품이었기 때문에 빈민들에게 적합한 식품쯤으로 여겨졌지만, 현재 미국에서는 부를 나타내는 식품으로 인식된다. 닭고기는 그 반대의 경우이다. 예전에는 귀한 음식으로 손님을 대접할 때나 사용하였지만, 지금은 대량생산되어 흔하고 값싼 식품으로 전락하여 요리책이나 잡지에 식비를 절약할 수 있는 식품으로 권장된다. 이러한 계층과 식사행동의 관계가 식품의 금기를 만들지는 않지만 편견이나 선입견을 만들기는 한다. 인도의 카스트 제도는 부분적으로 식품의 이용을 통제함으로써 유지되기도 한다.

위신(prestige)을 사회적 위치(social position)로부터 나오는 사회적 가치(social worth)라 한다면, 값비싼 식품을 과시함으로써 자신의 이러한 사회적 중요성을 전달하기도 한다. 흔히 미국의 농촌사회에서는 가게에서 사는 음식이 물건을 사는 경제능력의 상징으로 인식되었고, 신선한 과일, 사탕, 햄버거, 굴 등은 도시의 엘리트를 상징하는 것으로 인식되기도 하였다. 사람들이 위신의 상징으로서 식품을 선택할 때에는 영양적 문제가 수반될 수도 있는데, 비교적 최근에 와서 식생활에 도입되어 선호되는 하얗게 표백된 밀가루, 백미, 사탕, 통조림, 분유, 탄산음료 등이 가지는 영양적 문제는 잘 알려져 있다. 사회가 산업화되고 풍족해지면서 일어나는 식생활변화는 바로 이러한 위신을 상징하는 식품의 이용이 증가하는 것으로부터 시작된다.

(4) 음식과 민족특성 유지

민족이란 같은 지역과 문화적 기원을 가지며 공통적인 가치기준과 인식을 갖는다. 한 민족이 그 지역을 옮겨 다른 민족과 함께 거주할 때 고유의 문화는 변화하기 쉽다. 한 국가 내에 다수의 민족이 거주하는 다민족사회에서 어느 한 민족집단은 주로 그 사회 안에서 특정 지역에 정착하여 공통된 문화적 특징, 특히 식사습관을 공유하고 그 집단 내에서만 교류하며 자신들의 민족 고유성을 유지한다. 같은 민족이지만 이러한 민족집단에 거주하지 않는 구성원은 주류사회(larger society)의 문화적 특징(의복, 언어 등)을 보다 쉽게 받아들이며 다른 종족과의 결혼도 허용하기 쉬우며, 결과적으로는 상위집단의 문화적 특징에 동화되어 민족적 특징을 잃어버리게 된다. 민족의 정체성을 확고히 하기 위해서(boundary maintenance) 전통적 민족의상(boundary marker)과 함께 전통적인 식사습관이 이용된다(그림 8.2).

한 국가 내에 다수의 민족이 거주할 때 모든 민족집단들은 상위집단의 문화와 생활방식에 노출되어 있다. 전통적인 식품구입의 제한, 식품가공기술, 여성의 사회진출, 대중매체의 영향, 타인과의 식사, 이 모든

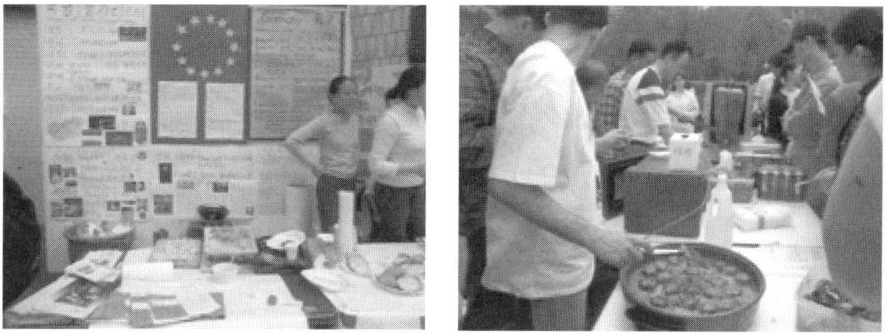

그림 8.2 민족의 정체성을 나타내기 위해서 전통적인 민족의상이나 음식이 많이 이용된다(서울대학교 국제교류센터와 어학연구소가 주최한 '2000 SNU International Festival' 중에서).

것들이 변화를 자극한다. 이탈리아계 미국인들의 식사패턴 연구는 전통적인 식습관이 어떻게 변해 가는지 잘 보여 주고 있다. 이들의 식습관은 식품 및 음식의 종류, 조리법, 식사의 제공방법이나 식사순서, 하루나 주중의 식사주기의 모든 항목에서 변화를 보였다. 그러나 두드러진 특징은 패스트푸드나 샌드위치 같은 간편한 식사형태가 새롭게 등장했다는 것이고, 식품이나 음식의 종류는 변해도 조리방법은 대체로 유지되었다는 것이다.

4) 식사습관을 형성하는 이념적 기반

(1) 세계관

만일 채식주의자들에게 왜 고기를 먹지 않는지에 대해 묻는다면 그들의 대답이 간단하지만은 않을 것이다. 인도의 힌두교 신자는 비폭력적 이상에 도달하기 위해 육식을 금하는 그들의 계율을 들어 이를 설명할 것이다. 만일 심장병의 기족력을 가진 사람이라면 저지방, 저골레스테롤 식이를 위한 식이요법으로서의 채식을 말할 것이며, 또 동물을 사랑하는 어떤 사람은 도살의 잔인성과 이에 대한 거부감을 이유로 들 수도 있다. 식량이 부족하여 곤란을 겪고 있는 이 지구상의 다른 사람들을 생각하여 가축의 사육에 곡식이 낭비되는 것을 막기 위해 육식을 하지 말아야 한다고 말하는 사람도 있을 것이다. 이러한 모든 반응들은 그들의 이념(ideology)을 반영한다.

세계관은 사회의 이념을 구성하는 주요 요소이며 물리적인 사물과 생물체를 정의하고 분류하고 설명하는 방법으로서 이 세상을 움직이게 하는 것들을 의미한다. 미국인들의 생활방식을 지배하는 대표적인 세계관으로 개인주의를 들 수 있다. 가족이나 사회보다는 개인을 중심으로 생각하고 판단하며, 성공과 실패는 개인에게 달려 있다고 생각한다. 이러한 개인주의는 미국인의 세계관에서 중심적인 가치인 보상, 향수, 온기, 안정, 성취 등을 상징하는 식품을 자율적으로 선택하고 소비하는 것으로서 식습관에 표현된다. 간식은 흔히 보상과 안정을 상징하는 식품이며, 스프와 우유, 아이스크림은 향수를, 스테이크와 캐비아는 성공과 힘을 상징한다.

삼국시대 이후 우리나라에 뿌리 깊게 자리잡은 불교는 한국인의 심성과 내세관에 크게 영향을 미쳤으나, 우리 문화에 보다 심원한 영향을 미친 것은 유교이다(이광규, 1996). 우리 조상들은 모든 사물이 음양과 오행으로 구분되어 서로 조화된다는 생각을 가지고 있었고, 개인을 중심으로 정복과 성취를 말하는 서양의 가치관과는 달리 우리 문화 곳곳에서는 관계와 조화의 가치와 윤리를 발견할 수 있다. 식생활문화도 이러한 점에서 설명할 수 있다. 개별적인 음식의 맛을 중시하는 서양의 상차림과는 달리 준비한 모든 음식을 한 상에 차리고 밥과 여러 가지 반찬의 조화를 추구하였으며, 우리의 음식에 국물이 많은 것은 필요한 것과 불필요한 것을 구분하여 배제하지 않는 포용과 조화의 정신으로 설명할 수 있다(이어령, 1999).

(2) 종교

종교적인 행위가 식습관에 미치는 영향은 첫째로 식품의 선택 및 금기와 관련된 것을 들 수 있다. 임산부와 수유부에 대한 식품금기는 어느 사회에나 존재하기 마련인데, 이러한 금기를 통해 임산부나 수유부는 그들의 아기가 위험으로부터 안전하게 보호되고 있다는 생각을 가지게 되는 것이다. 물론 이러한 금기가 영양적으로 바람직하지 못한 것도 있다. 대부분의 식품금기가 동물성 식품을 중심으로 이루어지며, 이러한 금기에서 해로운 것으로 분류되는 것들 중에는 실제로는 영양적으로 훌륭한 것들도 있다. 그러나 이러한 영양적 손실은 보호받는다는 감정을 통해 정서적으로 보상된다. 식품금기를 통한 종교행위는 또한 적절한 식품공급에의 갈망을 완화하는 데 이용되기도 한다. 즉, 더 많은 수확을 위해서 그만큼의 노력이 필요하다는 것을 알지만 불확실한 자연환경 때문에 발생하는 문제들은 종교적으로 해결한다.

둘째로 사회의 일체감과 단결력을 높이는 역할을 한다. 즉, 어떤 동물을 토템으로 숭배하여 죽이거나 먹는 것을 금하고 그들이 공동으로 지켜내야 하는 것으로 규정하여 그들만의 공동체의식을 가지게 된다.

셋째로 문화적 가치와 행동의 표준을 강화한다는 점이다. 종교적 계율에는 행동에 대한 공통의 목표와 규칙이 담겨 있는데, 이들 중 많은 부분이 식생활과 관련을 가진다. 육식을 금하는 힌두교가 그러하고, 유대교의 율법은 식품과 조리법에 대한 정교한 규칙들을 가지고 어떤 채소와 고기가 사람이 먹기에 적합한 것인지, 어떤 식품들이 함께 먹기에 어울릴 수 있는지를 정한다. 제7안식교는 고기, 담배, 알코올의 섭취를 금시하고 곡식과 신선한 채소의 섭취를 강조한다.

마지막으로 환경에 적응하는 데 중요한 영향을 미치는데, 전통적으로 내려오는 어떤 종교적 습관들은 그 사회의 생태계 균형을 이루는 데 기여한다. 종교적인 식품금기는 멸종의 위기에 처하여 보호해야 할 필요가 있거나 잡기 힘든 동물의 사냥을 금하여 생태계 유지에 중요한 환경적응의 가치를 발휘하기도 한다. 한 사회의 식생활에 변화를 도모할 때는 반드시 그 사회가 가지는 문화적 특수성을 이해할 필요가 있다.

(3) 건강과 관련된 믿음

어떤 증상이나 질병에 대해 어떻게 인지하며, 건강을 유지하거나 회복하기 위해 어떠한 방법을 이용하며, 아플 때 찾는 사람이 무당인지,

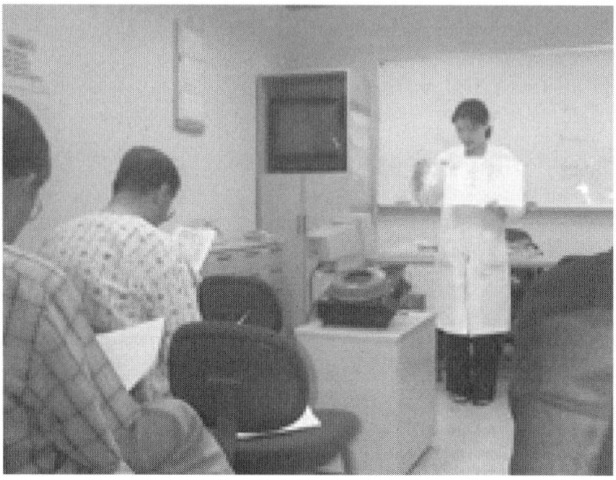

그림 8.3 많은 현대인의 질병에서 식사관리가 중요하므로 환자들은 영양사로부터 자신에게 필요한 영양지식과 식사관리에 대한 교육을 받아야 한다.

의사인지, 아니면 그 밖의 누구인지에 따라 그 사람이 혹은 그 사회가 가지는 건강에 관한 믿음체계를 짐작할 수 있다. 몸이 어떻게 작용하며, 이를 건강하게 유지하게 하거나 아프게 하는 것이 무엇인지에 관한 믿음에 따라서 몸이 아플 때에 그 원인과 대처방법을 찾는 것에는 큰 차이를 나타낼 것이다. 식사를 통해 질병을 치료하거나 예방하고자 하는 것은 일반적으로 시도되는 방법이다(그림 8.3). 북미에서는 질병예방을 위한 영양관리가 대중적인 관심을 얻고 있는데, 심장병과 혈관질환의 예방을 위해 포화지방과 콜레스테롤의 섭취를 자제하고 있다. 또한 영양제의 섭취와 건강식품에 대한 높아진 관심을 통해 예방적 차원에서의 영양에 대한 관심을 살펴볼 수 있다.

2. 우리나라의 식생활문화

1) 일상식

전통적인 한국인의 식사에서 두드러진 특징 중 하나는 주식과 부식의 구분이 명확하다는 것이다. 한반도는 기후가 온화하여 일찍부터 농경문화가 형성되어 곡물이 주식이 되었다. 주식작물이 되기 위해서는 그것이 충분한 영양을 공급할 수 있어야 하며, 병충해와 기상재해에 강하고 재배가 용이해야 한다(김기숙, 1997). 특히 벼농사에 적절한 일조량과 강우량을 가지고 있던 우리나라는 벼농사가 중심이 되었으며, 쌀은 탄수화물 함량이 75~80%로 좋은 열량급원이 되며 옥수수나 밀에 비해 단백질의 양은 적지만 질이 높아 우리 민족이 벼농사를 짓기 시작한 이래 중요한 주식으로 자리잡게 되었다. 그 외에도 지역의 특성에 따라 보리, 조, 콩 등의 잡곡을 재배하여 이용하였다.

우리의 상차림은 전통적으로 하루 세 끼 밥을 주식으로 국, 찌개와 몇 가지 반찬으로 구성되는 것이 기본이었다. 이러한 우리의 식생활에서 열량 필요량의 50%와 단백질 필요량의 30%를 밥으로부터 섭취한다. 주식이 되는 음식으로는 밥 외에도 죽, 국수, 만두, 떡국, 수제비 등이 있으며, 반찬은 식품, 색, 냉온의 조화 및 영양상의 균형과 맛을 고려하여 재료와 조리법을 달리하였고, 반찬의 종류와 가짓수에 따라 3·5·7·9·12첩의 일정한 형식을 갖추었다(김기숙, 1997).

주변국 중에서도 유독 우리나라만이 아직까지도 숟가락을 많이 사용하고 있는데, 이는 죽이나 국물 등의 마시는 음식이 발달하였기 때문이다. 우리나라에서는 밥과 국이 하나의 음식으로 취급되어 아무리 반찬이 많더라도 이 중 하나가 빠지면 제대로 차려진 상으로 보지 않았다. 이는 그릇을 장만할 때 밥그릇과 국그릇을 한 벌로 구입하는 것으로도 알 수 있으며, 국과는 별도로 1~2개 올려 놓았던 찌개는 반찬의 가짓수에서 제외되는 기본 찬이었다. 조리방법에 식품을 잘게 썰거나 다지는 방법이 많은 것은 모양이 덜 나더라도 먹기 쉽게 하려는 친절과 정성이었고, 모양보다는 맛을 중요하게 생각하였으며 음식은 푸짐하게 담았다(황혜성 등, 1998).

2) 의례음식과 향토음식

유교의 영향을 받아 우리 민족은 의례를 매우 중하게 생각하였고, 의례의 절차를 정하는 의례법을 따랐다. 특히 유교적 효도정신이 가족을 중시하는 우리나라에 전래되어 더욱 발달된 것은 조상숭배이며, 사후봉사를 중요하게 생각하여 제사음식이 발달하였다.

기후의 영향이 큰 농사가 중요한 생활의 기반이었으므로 뚜렷한 계절변화는 절기에 따른 농사일의 구분과 함께 명절과 명절음식의 발달을 가져왔고, 계절의 변화에 따라 생산되는 새로운 식품들을 이용한 계절음식이 발달하였다. 또한 긴 겨울을 나기 위해 1년내 각 계절에 맞추어 발효 및 건조의 방법으로 저장식품을 마련하는 것이 가정에서는 중요한 행사였다. 이렇게 다달이 있는 절기와 명절에는 특별한 음식을 해먹었는데 이를 절식이라고 하며, 계절에 따라 생산되는 식품으로 만든 음식을 시식이라고 한다. 이러한 시·절식의 풍속은 궁중이나 민가, 서울이나 지방이 모두 한가지로 같았다(황혜성 등, 1998).

우리 민족의 가족생활을 볼 때 또 하나의 특징은 부부간의 역할분담과 이에 따른 남녀의 조화이다. 남자는 가부장권을 행사하여 가족을 대표하고 감독하며 가산을 주관하였고, 여자는 주부권을 행사하여 가정의 실질적인 운영을 담당하였다. 가부장제의 조선시대에는 남자들의 주된 생활공간인 사랑방의 상차림을 중시하였고 남자들은 사랑방에서 독상을 받았다. 이로써 남녀의 식생활에도 차이가 있었음은 물론이다. 반상은 집안의 가장이나 남자 어른들의 몫이었으며 식사를 끝낸 가장의 상은 아랫사람에게 물려지는데, 이를 '대궁'이라 했다. 그래서 먼저 상을 받은 사람이 찬을 다 먹으면 아랫사람이 먹을 것이 없으므로 덕이 아니라고 생각하기도 하였다(강인희, 1990; 유애령, 1997; 이광규, 1996).

우리 민족은 단일 민족으로 음식에 대한 기호를 비롯한 전반적인 생활양식은 공통된 부분이 많지만, 좁은 국토 내에서도 지방마다 지세와 기후 및 그에 따른 지역 산물이 달라, 지역마다 독특한 재료를 사용하고 다양한 맛을 내는 향토음식이 발달하였다. 현대에는 사람과 물자의 교류가 활발해지면서 지방마다의 이러한 특색이 점차 사라지고 있다. 그러나 아직도 가정 내에서는 어머니에게서 딸이나 며느리에게 전수되어 내려오는 고유한 음식들을 종종 찾아볼 수 있다.

3) 시대변화에 따른 식생활

오늘날과 같은 식생활문화를 가지게 된 유래와 사회 · 경제 · 문화와 같은 요인들과의 상호작용 속에서 어떻게 변화되고 정착되어 왔는지를 살펴보면서 우리 시대를 대표할 수 있는 건전한 식생활문화의 실마리를 찾게 될 수 있다. 다음은 강인희(1990)의 시대구분에 따른 식생활변화의 개관을 설명한 것이다.

한반도에 인류가 정착하기 시작한 구석기시대 이래 자연식품을 채취하는 것에 그치던 선사시대의 식생활은 부족국가를 형성하면서 벼의 재배를 중심으로 하는 농경문화가 확립되었고, 유목계의 영향으로 가축생산도 활발하였다. 농경문화와 함께 발달한 제천의식에서는 밤새 먹고 마시고 춤을 추는 풍습이 있었으며, 이 즈음에는 곡물을 쪄서 밥을 짓고, 떡을 만들고, 술을 빚는 기술이 뛰어나 중국에까지 알려졌다. 이미 곡물을 주식으로 하는 주식과 부식의 분리가 이 때에 이루어졌다.

삼국시대에 이르러서는 철기문화의 영향으로 농경혁신이 일어났고 벼농사가 정착되어 식생활의 안정을 이루었으며 배 만드는 기술이 향상되어 어로가 발달하였다. 곡류중심의 주식과 채소와 어육류를 중심으로 하는 부식의 식생활구조는 이때 정착되었다. 국가형성에 따른 신분제도는 식생활을 귀족식과 서민식으로 분리시키는 식생활의 계층화 현상을 가져왔다. 이 때부터 식생활은 여성이 담당하게 되었고 쌀밥이 귀족들의 주식이 되었으며 식생활 계층화에 의한 영향으로 가공, 저장, 조리법이 발달하였다. 또한 제천의식에서 비롯한 명절행사가 식생활을 다양하게 하였고 불교 전래 등의 종교생활이 식생활에 영향을 미쳤다. 지배계급에서는 불교와 함께 전파된 음차문화가 성행하였고 살생과 육식을 금하는 불교계율이 식생활에도 영향을 끼쳤다.

통일신라와 고려를 거치면서 식생활은 국내외의 교류를 통해 더욱 다양화되었다. 고려시대에는 불교가 융성하여 육식이 쇠퇴하고 차를 마시는 습관이 성행하였으나, 중기 이후 무신들의 득세로 사회풍조가 변화하여 육식습관이 다시 대두되었으며, 몽고의 지배를 받으며 도살법과 육식 조리법이 전해져 식생활양식에 변화를 가져왔다. 고려시대에는 양곡이 증산되면서 쌀밥이 보급되고 떡과 한과류가 발달하였으며 저장식품과 가공식품도 많이 만들어지고 식품이 더욱 다양해져 우리 음식의 조리법은 고려시대에 와서 완성단계에 이르게 되었다.

조선시대에 이르러 현재와 비슷한 형태의 한식이 완성되었다. 유교를 국교로 하면서 이제까지의 식생활에 큰 변화가 있었다. 차 마시는 습관은 쇠하여 스님과 학자들 사이에서만 남게 되었고, 대신 화채와 한약재를 달이는 탕차류와 주류가 발달하였다. 유학자들은 의례를 중시하여 주자의 가례를 모범으로 한 관혼상제, 특히 조상에 대한 봉제사와 가족제도에 따른 식생활이 크게 중요시되었다. 조선 전기에는 양반과 서민이 엄격히 구분되는 계급사회의 빈부격차로 식생활에도 차별이 있었으나, 후기에는 중인계층을 통한 상·하층의 식생활 교류와 임진왜란 이후의 평민의식으로 양반과 평민 사이의 간격이 좁혀져 계층화되었던 식생활관습이 하나로 통일되었다. 임진왜란을 전후로 전래된 고추는 식생활에 또 하나의 기원을 이루며 오늘날과 같은 형태의 김치가 완성되었다.

조선시대 말부터 서양과의 교류가 많아지고 서양의 문물들이 물밀듯이 밀려오면서 우리의 식생활은 또 한 차례 다양화의 기회를 맞게 된다. 즉, 서양의 식품, 요리법, 식생활풍습들이 전래되었고, 서구적 의식이 식생활에도 스며들게 된 것이다. 그러나 이와 더불어 진행된 일본의 수탈로 서민의 식생활은 곤궁하게 되었으며, 일제 말기에 이르러서는 전쟁으로 인한 식량부족이 극심하여 생존을 위한 최소한의 식량도 얻기 어려운 형편이었다.

광복 후에도 사회적 혼란과 한국전쟁 등으로 식량사정이 어려웠다.

미국으로부터의 잉여농산물 도입 등 외국의 원조에 따라 식량사정이 나아졌으나 밀가루, 우유가루 등의 공급은 우리의 식생활에 많은 변화를 가져오게 되었다. 1970년대 이후부터는 식량자급에 힘을 쏟아 차츰 쌀의 자급이 가능해지고 가공식품 개발이 활발해졌으며 외국 식품과 음식의 도입, 외식산업의 발달 등으로 식생활내용이 매우 다양해지고 있다. 이러한 환경의 변화는 국민영양 및 건강문제의 변화를 수반하고 있다.

3. 오늘날의 식생활문화

1) 생활양식과 사회여건의 변화

1980년대 이후 우리나라 사회는 사회 · 경제수준이 지속적으로 향상되고, 사회 전반에 걸친 국제교류가 증가하여 국민생활의 여러 측면에서 서구 문화의 영향을 크게 받게 되었다. 옥선화(1996)는 포괄적이고 추상적인 사회의 변화는 가정생활에 구체적으로 투영되어 가족구조, 가족가치관, 생활양식의 변화를 수반하게 되었다고 하였다. 가족구조에 나

그림 8.4 국제교역이 증가하면서 국내에서 생산되지 않는 식품들도 많이 수입되어 소비자들의 식품선택의 폭은 더욱 넓어지게 되었다.

타난 외형적인 변화는 가구수의 증가와 가구원 수의 감소이며, 가족 가치관은 평등주의로 변화하고 있다. 변화된 가족 가치관은 기혼여성의 취업증가와 함께 가족 내의 역할과 기대에 변화를 가져왔으며, 소득증가와 기혼여성의 취업은 가사와 자녀양육이라는 가정생활의 사회화를 촉진시켰다. 이러한 사회여건과 생활양식의 변화는 식생활의 변화를 수반하였다. 외래 작물의 도입으로 식품소비의 다양화를 이루었으며(그림 8.4), 간편한 식생활을 추구하여 외식과 가공식품의 이용이 크게 증가되었고, 대가족제도에서 어른들 위주로 이루어지던 식단은 아이들 중심으로 바뀌어 새로운 식품, 음식의 도입이 더욱 역동적으로 진행되고 있다.

2) 일상식의 양식

현대에 들어 전통 일상식의 형식은 많이 쇠퇴하였지만 그 형태는 유지되고 있으며, 의례 상차림에서나 볼 수 있던 음식들이 일상음식화되고 있다. 전통적으로 우리나라에서는 아침이 하루 식사 중 가장 중요시되어 온 가족이 함께 식사하였으며, 이 때가 찬의 종류도 많고 조리하는 시간도 길었다. 그러나 현대사회에서의 생활방식의 변화로 저녁이 주된 식사가 되었으며, 아침은 간소하게 먹고 국수와 빵으로 밥을 대신하기도 하는 등 주식의 유형에도 변화가 있다. 이는 곡물의 소비변화에서도 살펴볼 수 있는데, 보리의 소비는 계속 감소하고 밀의 소비는 증가하여 전통적인 주식유형인 쌀과 보리에서 쌀과 밀로 바뀌어 가고 있음을 알 수 있다(한경선, 1995).

현대 한국 가정의 일상식 구조를 연구하기 위해 전국의 주부를 대상으로 설문조사한 한경선과 윤서석의 연구(1987)에 의하면, 하루 세 끼를 모두 반상차림으로 하는 경우는 72%로 가족수가 적고, 학력이 높고, 연령이 낮고, 대도시에 거주하며, 수입이 높을수록 반상차림의 식사를 적게 하는 양상을 나타내었다. 이 연구에서 주식이 밥이 아닐 때 주부의 연령이 낮고 학력과 소득이 높으며 직업을 가지고 대도시에 거주할수록 국수보다 빵을 먹는 경향이 많았다. 반찬의 가짓수에 있어서는 3~4가지 정도를 먹는다는 답이 가장 많았으며, 전체의 80%가 2~4가지 정도의 반찬을 먹는다고 답하여 상차림이 간소화되고 있음을 관찰할 수 있다. 상차림과 주식 등 일상식의 양식은 많이 간소화되고 변화하였으나 밥과 반찬을 기본으로 하여 세 끼니를 먹는 일상식의 전통은 대체로 유지되고 있는 것으로 보인다.

3) 식품소비의 다양화와 영양소 섭취의 변화

농업기술의 향상과 저장기술의 발달로 이전보다 많은 종류의 식품들이 다량 생산되고 있으며, 국제교역의 증가는 국내에서 생산되지 않는 식품들도 다량 유통될 수 있는 기회를 증가시켜 식품선택의 폭은 더욱 넓어지게 되었다. 그러나 이로 인해 국내의 농업기반이 약화되고 식량자급률이 저하되어 국제 식량환경에 취약한 구조를 가지게 되었고, 생산량을 증가시키기 위한 과다한 비료와 농약의 사용과 수입식품들에 사용되는 살충제와 보존제 등이 인체에 유해한 영향을 미칠 것으로 우려되고 있다(백희영, 1996).

또한 식품가공기술의 발달에 따른 다양한 가공식품들은 계절에 관계없이 연중 이용이 가능하며, 보존기간 연장, 조리시간 단축 및 간편함 등의 이유로 즐겨 이용되고 있다(그림 8.5)(김혜영 등, 1998). 최근 우리

그림 8.5 도시지역에서는 조리과정을 쉽게 하고 조리시간을 단축할 수 있는 반조리식품이나 완전조리식품의 이용이 증가하고 있다.

나라 식생활을 말할 때 빠지지 않고 언급되는 것은 바로 식생활의 서구화로, 가정의 식단에 외국의 음식이나 외국 음식의 조리법을 이용한 음식들이 많이 등장하고 있다(이종미 · 오세영, 1996; 정혜경 · 이정혜, 1996). 또한 개인주의, 자본주의, 산업주의, 여가즐기기와 같은 서구적 가치관이 식생활에도 반영되어 편리함이 식생활에서도 큰 비중을 차지하고 있으며, 식품가공기술의 발달이나 외식산업의 성장을 통한 다양한 음식의 공급이 이러한 변화를 더욱 가속화시키고 있다(오세영, 1993).

식량의 수급 면에서 살펴볼 때 식품소비구조에 큰 변화가 있었음을 알 수 있는데, 전체적인 식량공급은 증가하고 동물성 식품의 비율도 증가하고 있으나 식물성 식품은 감소하고 있다. 위와 같은 식품공급 및 섭취의 변화는 영양소 섭취의 변화를 수반하고 있다. 국민영양조사 결과를 보면 지난 20여 년간 에너지 섭취량은 약간 감소하였고 탄수화물의 섭취량도 감소하였으나 단백질 섭취량은 증가하였으며, 특히 지방의 섭취는 급격히 증가하고 있다(보건복지부, 1997). 1980년 이후 지속적으로 국민 1인 1일당 섭취량이 대상자들의 영양권장량에 미치지 못하는 영양소는 에너지 이외에 칼슘, 리보플라빈 등이 있다.

4) 외식산업의 발달

현대에는 독신가구 및 소가족 중심의 가족형태가 많아지고 여성들의 사회적 활동이 많아짐에 따라 가정 내 가사노동력의 감소로 시간과 노력을 필요로 하는 음식들을 만들기가 어려워졌다. 또한 간편한 식생활을 추구하는 경향은 소득의 증가와 더불어 외식의 증가를 가져왔으며, 이에 따라 외식산업이 급속히 발달하였다. 1968년과 1990년을 비교하면 업소의 수는 3.6배, 판매액은 188배로 증가하였다. 이는 그간의 물가상승률을 감안하더라도 값이 비싼 고급 외식업소가 상대적으로 많이 증가하였음을 보여 주고 있다(최희진, 1994). 근래의 외식산업의 발달경향을 보면 양적으로 증가할 뿐만 아니라 그 내용과 종류에서도 많은 변화를 보이고 있다. 1980년대 초반만 하여도 외식업체는 주로 한식과 중식

그림 8.6 1980년대 초반까지도 한식과 중식 위주였던 외식업은 1990년대에 와서 일식, 양식, 패스트푸드의 이용이 크게 증가하는 등 다양화되고 있다.

위주였으나 1990년대에 와서는 일식, 양식, 패스트푸드의 이용이 크게 증가하고 세계 각국의 전통음식을 전문적으로 판매하는 외식업체들도 등장하고 있어 매우 다양해지고 있다(그림 8.6).

그 밖에도 학교나 직장 등에서의 단체급식의 증가는 식생활에서 새로운 변화를 예고한다. 즉, 영양사의 관리를 받는 단체급식의 증가가 국민 식생활 개선의 기회가 되어 건강을 증진시키는 바람직한 변화를 수반할 수도 있다. 한편, 단체급식소에서 과다하게 발생할 수 있는 음식물 쓰레기는 악취와 침출수로 전염병의 원인이 될 수도 있고, 토양 및 지하수의 오염원이 되며, 소각시 발생하는 대기오염물질의 간접 발생원이 되어 환경보존에 미치는 부정적인 영향이 우려된다. 따라서 최근에는 음식물 쓰레기의 처리문제에 대해 쓰레기 양의 감소뿐 아니라 이를 재활용하는 다각적인 방안들이 모색되고 있다(경기개발연구원, 1998).

5) 국민건강과 영양문제

우리 사회의 전반적인 영양상태가 향상되었음은 과거 10여 년간의 현격한 체위변화가 대변해 준다. 또한 한 사회의 영양문제는 유병률과 사망률을 통해 간접적으로 알 수 있는데, 경제 · 위생사정이 나쁘고 영양부족이 만연한 사회에서는 감염성 질환이 주요 사망원인이 되지만 반대의 경우는 만성질환으로 인한 사망이 높아지며, 현대인의 건강문제는 주로 만성질환과 관련을 가진다. 우리나라도 1970년대 중반 이후부터는 암, 뇌혈관 질환, 심장병 등의 만성질환이 주요 사망원인이 되고 있다(이홍규, 1996). 특히, 에너지의 과잉섭취로 인한 비만은 심장병, 고혈압, 당뇨병 등 대부분의 만성질환과 높은 관련성을 보이는데, 최근 초등학교 학생들 중 비만이 크게 증가하고 있으며 혈청 지질과 혈압도 증가하는 경향을 보이고 있어 우려가 높다(강윤주 등, 1997; 김은경 등, 1998; 이윤나 등, 1992; 임경숙 등, 1993). 이러한 만성질환은 식생활, 신체활동 등 생활요인과 관련이 깊은 것으로 알려져 있다. 식생활요인 중 고지방식이, 특히 cholesterol과 포화지방의 섭취가 높은 식이와 식이섬유 섭취의 부족은 만성질환의 발생에 기여하는 위험요인으로 보고되고 있는데(National Research Council, 1989), 이는 최근 우리나라의 식생활 변화양상과 일치하는 면이 많아 국민건강에서 차지하는 식생활의 중요성을 말해 주고 있다.

국민의 전체적인 식생활 변화양상은 대체로 다양한 식품과 영양소의 섭취를 보이고 있으며, 질병양상의 변화도 과잉영양을 우려하는 방향으로 변화하고 있으나, 연령별 · 성별 · 지역별 · 소득계층별로는 많은 차이가 있을 것으로 생각된다. 저소득층 및 농촌의 소외집단과 평균수명의 증가로 최근 증가하고 있는 노인집단이 영양취약집단으로 중요한 비중을 차지하는 등 우리 사회는 영양과잉과 부족이 공존하는 다원화된 영양문제를 안게 되었다.

4. 전 망

최근 50여 년간 한국인의 식생활은 경제적인 성장, 생산 · 가공 · 저장기술의 향상 및 국제적인 교류의 증가를 통해 식품의 소비가 다양화되었다. 또한 여성의 교육수준 및 사회활동의 증가는 가사노동력을 감소시키고 가정기능의 사회화를 촉진하였으며, 간편한 생활을 추구하는 가치관의 변화는 소득수준의 향상이 뒷받침되어 각종 편의식품의 소비와 외식의 증가를 가져왔다.

만성질환이 중요한 건강문제로 대두되고 있는 미국 등 서구사회에서는 건강한 생활을 영위하기 위해 저지방 식이와 충분한 곡물섭취 등의 식생활지침을 제안하고 있으며(U.S. Department of Health and Human Services, 1992), 이는 우리나라의 전통적인 식사양식과 부합되는 면이 많다. 그러나 사회 · 문화여건이 크게 달라지지 않는 한 간편한 식생활의 추구는 변하지 않을 것이다. 가정 내에서도 준비가 번거로운 음식의 장만을 피하게 될 것이고, 장담그기, 김장 등은 도시인구의 증가와 아파트와 같은 주택환경의 변화로 더욱 어려워져 식습관의 변화를 가속시킬 것이다. 가공식품과 편의식품의 소비증가와 외식의 증가는 지속될 것이고, 급식의 확대 등으로 가정의 몫이었던 식생활이 점차 사회로 이행하고 있으며, 가정, 지역의 특성이 사라진 일반화된 식생활을 가지게 될 것이다.

국제교류 증가로 여러 나라의 식생활문화가 도입되어 식품, 조리법, 식사양식은 더욱 다양화되겠지만, 변화에 보수적인 식생활은 완전한 서양화보다는 한국식과 서양식의 절충적인 형태로 될 것이다. 그러나 이러한 변화 속에서 우리가 특히 주목해야 할 점은 젊은 주부나 대학생 등 앞으로 우리의 식생활을 담당하게 될 주체들에게 우리 전통음식의 우수성이 제대로 인식되지 못하고 있으며 연령이 낮아질수록 전통음식의 섭취와 지식정도가 낮다는 것이다(구난숙, 1995; 장은주 등, 1996). 아직까지는 상차림에서나 음식의 선호도에 있어 전통식을 고집하는 양상이 남아 있지만, 젊은 층의 이러한 추세를 그대로 방치한다면 세대가 바뀌면서 자랑스런 우리의 전통음식이 사장되어 버릴 수도 있다(남궁석, 1995; 한경선 · 윤서석, 1987).

식생활의 변화는 사회의 전반적인 변화추세와 함께 일어나는 필수적인 현상이라고 하겠다. 그러나 건강문제가 심각한 현대인의 식생활에 있어서 생활패턴의 범주 내에서 쉽게 적용될 수 있는 개선방안이 모색되어야 하겠다. 그리고 이러한 점에서 만성질병의 위험이 적은 전통적 식생활을 보다 간편하고 영양적인 것으로 더욱 충실하도록 보완하는 것이, 문화의 한 영역으로서 한국인의 자긍심을 살리고 건강한 식생활을 영위하기 위한 가정의 식생활 및 전통적 식생활의 발전적 계승방안이 될 것이다. 이를 위해서는 일상생활에서 간편하게 이용할 수 있는 전통음식의 산업화도 필요하다. 이러한 노력을 통해 우수한 우리의 전통음식들을 편의를 추구하는 현대의 생활양식에 접목시켜 보존할 수 있을 것이며, 세계적인 문화상품으로도 발전시킬 수 있을 것이다.

식량공급이 증가하고 만성질병이 중요한 건강문제가 된 현재에도 여전히 우리 사회의 일부에 존재하는 영양취약집단의 관리 또한 간과할 수 없는 일이다. 현재의 우리 식생활은 심각한 영양부족의 우려는 적지만, 아직도 지역별 · 소득계층별 영양부족의 우려가 큰 집단들이 있다. 특히, 최근 노령화사회로 접어들고 있어 노인이 영양취약집단의 중요한 비중을 차지하고 있으며, 이들의 영양관리뿐 아니라 만성질병의 예방과 관리를 위한 전반적인 식생활관리가 요구된다.

양적 질적으로 풍요롭고 다양해진 오늘날의 식생활환경에서 영양결핍과 영양과잉 그 어느 쪽으로도 치우치지 않은 적절한 식생활을 유지하려면 무엇보다도 올바른 영양지식이 요구된다. 그리고 식생활의 문제를 찾아내고 이를 개선하기 위한 방법을 모색하여 일반인들에게 바르게 전달하기 위해 식품영양학을 전공한 전문인들의 노력이 더욱 필요한 때이다.

참고문헌

강인희(1990). 『한국식생활사』. 서울: 삼영사.

강인희 · 이경복(1984). 『한국식생활풍속』. 서울: 삼영사.

경기개발연구원(1998). 『음식물쓰레기 재활용 방안에 관한 연구』.

구난숙(1995). 「대전지역 대학생들의 한국 전통 음식에 대한 인식 및 기호도 조사」, 『한국식문화학회지』 10(4). pp. 357-66.

김기숙 · 한경선(1997). 『교양인을 위한 음식과 식생활 문화』. 대한교과서.

김숙희 · 장문정 · 조미숙 · 정혜경 · 오세영 · 장영애(1998). 『식생활의 문화적 이해』. 서울: 신광출판사.

김혜영 · 조은자 · 한영숙 · 김지영 · 표영희(1998). 『문화와 식생활』. 서울: 효일문화사.

남궁석(1995). 「서울지역 거주자의 외식행동에 관한 연구」, 『한국식문화학회지』 5(1). pp. 75-86.

백희영(1996). 「식생활의 변화」, 이기영 등. 『광복후 가정생활의 변천』. 서울: 서울대학교출판부.

보건복지부(1997). 『'95 국민영양조사 결과보고서』.

오세영(1993). 「생물학적, 문화적 측면에서 본 한국인의 식생활 행동: 지난 50여년을 중심으로」, 『한국식문화학회지』 8(4). pp. 373-380.

옥선화(1996). 「가족생활의 변화」, 이기영 등. 『광복후 가정생활의 변천』. 서울: 서울대학교출판부.

유애령(1997). 『식문화의 뿌리를 찾아서』. 서울: 교보문고.

이광규(1996). 『문화인류학 노트』. 서울: 서울대학교출판부.

이어령(1999). 「우리 식생활 문화에 바란다」, 한국식생활문화학회 1999년도 춘계학술심포지엄 주제강연.

이종미 · 오세영(1996). 「한국 성인의 식사에서 전통식, 비전통식의 섭취 실태: 서울 지역을 중심으로」, 『한국식문화 학회지』 11(2). pp. 147-154.

이홍규(1997). 「한국인의 질병 양상의 변화」, 백희영 등. 『한국인의 식생활과 질병』. 서울: 서울대학교출판부.

장은주 · 이윤경 · 이효지(1996). 「전통음식에 대한 의식과 식생활행동에 관한

조사연구: 서울 및 경기도 일부지역 주부들을 중심으로」, 『한국식문화학회지』 11(2). pp. 179-206.

정혜경 · 이정혜(1996). 『서울의 음식문화: 영양학과 인류학의 만남』. 서울시립대학교부설 서울학 연구소.

최강원(1998). 「최근 우리 나라에서의 질병변천」, 『한국영양학회지』 21(3). pp. 139-145.

최희진(1994). 「한국인의 식생활에 영향을 미치는 요인 분석에 관한 연구-1960년대 경제 개발부터 1980년대까지」, 이화여자대학교 대학원 석사학위논문.

한경선(1995). 「곡물의 소비 변화에 따른 한국의 주식유형」, 『한국식문화학회지』 10(4). pp. 235-239.

한경선 · 윤서석(1987). 「한국가정의 일상식의 구조에 관한 연구」, 『대한가정학회지』 25(2). pp. 69-77.

한국식품과학회(1994). 『김치의 과학: 심포지움 발표 논문집』. 서울: 거목문화사.

한복진 · 한복려 · 황혜성(1998). 『우리가 정말 알아야할 우리 음식 백가지』. 서울: 현암사.

황혜성 · 한복려 · 한복선(1998). 『한국의 전통음식』. 서울: 교문사.

石毛直道(1973). 『世界の食事文化』. ドメス出版.

Bryant CA, Coertney A, Markesbery BA, Dewalt KM(1985). *The Cultural Feast: An introduction to food and society*. West Publishing Company.

National Research Council(1989). *Diet and Health*. National Academy Press.

U.S. Department of Health and Human Services(1992). *Heathy People 2000*. Jones and Bartlett Publishers.

제9장

주거문화

1. 주거의 본질

본질적으로 주거는 삶의 그릇이었고 우리의 생각과 몸에 잘 맞는 것이었다. 원초적인 주택의 형태는 동굴이나 움집이었다. 이러한 집에서 얻을 수 있는 것은 더위와 추위, 야생동물 등 인간의 생존을 위협하는 것들로부터의 보호와 피난이었다. 당시의 사람들은 이 원초적인 집에서 먹고, 자고, 저장하는 가장 기본적인 일상생활을 유지하기만 하면 되었다. 주택이 발전하여 자연에서 해결하던 씻고, 배설하고, 즐기는 일까지 집안에 포용되었으며, 산업사회에서는 주택의 물리적 측면의 발달과 경제성을 중시하여 주택의 상품성이 중요해지면서 거주성과 주거경험, 주거문화라는 측면보다는 경제성이 중요하게 인식되었다.

인간의 주거생활과 환경의 관계는 관점에 따라 그 해석이 상당히 달라진다. 즉 인간과 환경의 관계에서 인간을 어느 정도 능동적으로 보는가에 따라 견해가 달라지게 된다.

환경결정론(Environmental Determinism)적 사고는 환경이 인간생활의 지배자이며 적자생존의 법칙을 통해 자연의 선택이 인간의 생활을 좌우한다는 시각에서 출발한다. 주거에 있어서는 기후결정론이 이러한 것을

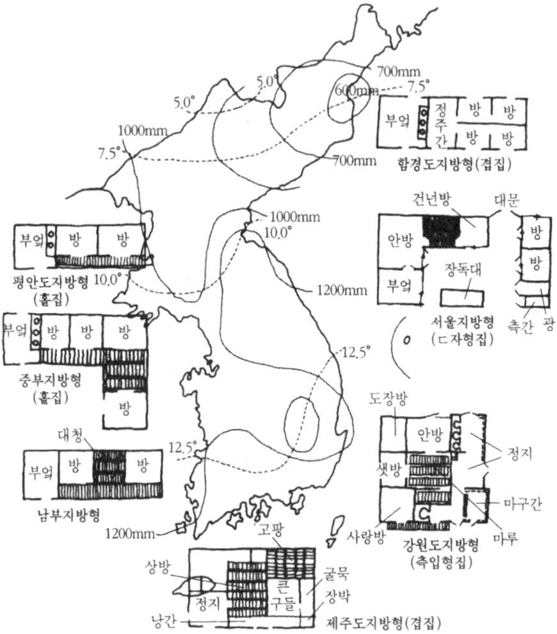

그림 9.1 각 지방 주택평면과 기후 주택평면에 따라 주택의 형태가 달라진다 (우리옛집 이야기 p. 14).

가장 잘 대표한다고 볼 수 있다. 실제로 우리나라 민가건축에서 북방지역의 온돌발달과정과 남방지역의 마루발생과정, 그리고 북방지역에서 겹집이 발달한 데 비해 남방지역에는 홑집이 발달한 것 등은 이러한 견해를 뒷받침한다. 그러나 같은 지역에서 발견되는 전혀 다른 주거형태는 이러한 관점으로 설명이 되지 않으며, 환경을 적극적으로 극복하고 자연을 개척해 나가는 자율적인 존재로 인간을 본다면 이러한 관점이 한계를 지니게 됨을 알 수 있다.

환경가능론(Environmental Possibilism)은 환경이란 인간에게 기회를 제공할 뿐이며 정말로 중요한 것은 인간의 선택과 노력이라는 관점으로서, 인간의 행동에 있어서 환경의 영향에 대해 회의적인 관점을 가지고 있다. 단, 수정적인 환경론자들은 인간의 노력과 성취에 있어서 환경이 일정한 한계를 설정하는 것으로 인식하고 있다. 현대의 기술발달과 자본력은 이러한 환경의 한계를 극복하고도 남음이 있을 정도로 발달하고 있으며, 극단적인 환경조작까지 가능한 단계에 와 있기 때문에 인간의 자율적인 의지를 어디까지로 봐야 하는가 하는 것은 윤리의 문제가 되고 있다. 그런데 여전히 자연상태에서 환경적 조건들은 식량의 생산, 가족구조와 자녀양육, 주거유형에 영향을 미칠 수 있으나 이는 다양한 요소들의 복잡한 상호관계에 의해 형성되는 것으로서 환경이 미치는 영향의 정도를 분리해 내기는 매우 어렵다.

환경개연론(Environmental Probabilism)은 상식에 기초를 둔 온건한 관점에 입각하여 환경과 인간의 행동 사이에는 규칙성 있는 관계가 있다고 가정하는 관점이다. 지형이나 기후, 사회환경이 우리의 생활이나 행동을 지배하지는 않으나 행동을 위한 기회나 대안의 잠재적 가능성은 여러 가지로 존재한다고 보는 것이다. 이 관점으로는 유기체와 환경, 그리고 그들의 행동이나 생활양식 등과의 지속적인 관계에 대해 연구를 통해 확률적으로 밝힐 수 있게 된다.

2. 주거문화에 영향을 미치는 요소들

주거문화는 주거형태(housing form)와 주거유형(housing type) 그리고 주생활을 통해 집합적으로 표출되는데, 주거유형보다는 주거의 형태가 더 본질적인 것이다. 왜냐하면 한 문화권에서 발견되는 민가는 유형적인 면에서는 동일하지만 형태적인 면에서는 다양하다. 신분과 남녀노소에 따라 점유공간과 생활범위가 다르고, 사회사상에 따라 의례생활의 강조점이 달라지고, 여러 요인들이 복합적으로 작용한 결과로서 주거형태가 만들어진다.

주거형태에 영향을 미치는 기술적 요인이나 기후적 요인들은 결정요소라고 하기보다는 수정요소로 작용한다. 그리하여 비가 많이 오는 지방에서는 편편한 지붕보다는 뾰족지붕이 더 선호되며, 더운 지방에서는 중정형 주택이 더 선호되기는 하지만 절대적인 것은 아니다.

이에 반하여 한 문화의 독특한 성격, 즉 풍습이나 사회적인 금기, 가치관은 주택이나 마을의 형태에 직접적인 영향을 미친다. 특히 이러한 문화적인 요소들은 어떠한 유형으로 주거형태를 만들 수밖에 없었는가 하는 점보다는 이러한 문화적인 제약 때문에 어떠한 유형의 주거는 불가능한가를 결정해 준다. 예를 들어 풍수지리설이 우리나라에 지배적으로 작용하면서 우리나라에는 단층주택이 보편화되었는데, 이러한 것에는 목조가구식 위주의 건축구조와 재료에도 원인이 있지만 그보다도 풍수도참사상적인 배경이 더 중요한 원인이 된다고 볼 수 있다.

주거의 형태에 영향을 미치는 직접적인 요소로 Rapoport는 생활양식을 들고 있는데, 생활양식이란 문화, 민족정신, 세계관 또는 국민성 등의 구성요소들이 복합적으로 나타나는 것이다.

그러면 세계관, 종교와 의례, 그리고 가족과 사회적인 구조가 구체적으로 어떻게 주거형태에 영향을 미치는지 알아보기로 하자.

1) 세계관

사람들이 가지고 있는 우주관 또는 세계관은 주거의 형태와 도시의 구조에 영향을 미친다. 고대 중국에서는 세계를 사각의 형태로 보고 그들의 마을형태나 궁전 또는 주택의 평면을 사각으로 구축하였다. 즉, 각기 다른 이들의 세계관은 그들의 거주공간을 구축하는 데 있어서 각각 상이하게 작용하였다. 원시사회에서 보면 설립신화는 그 집단의 우주관과 세계관을 극명하게 보여 준다. 신화는 공간적 특성도 가지고 있어서 설립신화는 그 신에 의해 지정된 우주 내의 특정 장소를 그 집단이 점유한 것으로 보며, 이는 특정 집단에 속하게 될 뿐만 아니라 특정 장소에 뿌리를 내리는 것을 의미한다. 사회공간 내의 위치를 통해 사람은 우주에서의 자신의 위치를 파악하고, 집단이 위치한 장소는 신화를 통해 상징적 의미를 부여받게 된다.

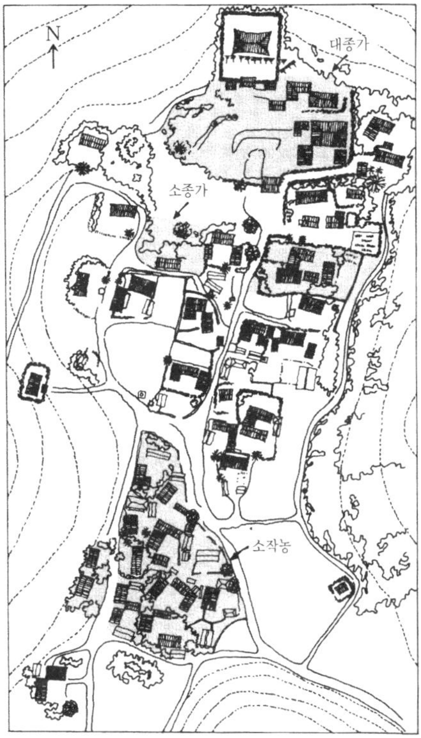

그림 9.2 경북 묘동마을 배치도 사당에서 아래로 대종가, 소종가가 배치되어 있다(우리옛집 이야기 p. 19).

집단수의 사회에서는 한 장소에서 거주를 하는 것만으로는 불충분하며, 자기가 사는 장소가 신의 질서 속에 연결되기를 원하고, 주거공간을 신성한 공간화함으로써 집단의 점유가 합법화된다. 이런 방식으로 정착지와 그 안의 주거공간은 단순히 인간적 관심과 바람의 결과가 아닌, 신에 의해 실서가 삽힌 자연의 일부가 되는 것이다. 이렇게 해서 각기 다른 주거공간 내의 개인은 사회적 집단과 연결될 뿐만 아니라 신과 연결된다. 다시 말하면 환경 내에 존재하는 연못 속의 바위, 여성적 구조 위에 놓인 남성적 지붕, 죽은 조상을 나타내는 언덕과 잡목, 모든 것은 구체적 언어로서 각 개인에게 의사를 전하게 된다.

세계관과 관련된 또 하나의 측면은 수직적이며 수평적인 특성으로서, 이는 주거의 형태와 인간생활에 영향을 미친다. 수직적인 사고는 위의 세계와 아래의 세계로 구분되고, 많은 문화권에서 위의 세계는 자유, 천당 또는 좋은 것과 관련된 곳이며 높은 곳은 긍정적인 사고와 연결되어 종교건축이나 지위 또는 신분과 관련된 장소로 사용된다. 반면 아래 세계는 해가 지고 춥고 어두운 곳으로 생각되며 나쁜 곳을 상징하고 있다. 이와 같은 수직적 사고는 많은 문화권에서 보편적으로 나타나는 의식구조이다.

많은 문화권에서 주거는 우주의 심리적인 중심이 되고 있다. 또한 중심과 변두리의 개념은 도시 또는 주거에서 중요한 것으로 생각되고 중심에서 멀어질수록 중요성이 약해진다. 그러나 현대인들은 생활이 복잡해지고 삶이 다양한 측면들을 지님에 따라 분산된 중심지를 갖게 되는 경향이 있다.

2) 종교와 의례

많은 문화권에서는 주거에 중요한 종교적 의미를 부여하고 있다. 그리하여 유태인 가정이나 가톨릭 가정에서는 종교적인 상징물로 장식하거나 주거공간에서 중요한 종교적인 의식을 행한다. 예를 들어 몽고족들은 주거공간 내에 가족의 제단을 마련한다. 우리나라의 전통주거에도 주거공간에 민속신앙에 따른 여러 신을 위한 장소가 있었으며, 또한 유교적인 관습에 의해 조상의 위패를 모시는 사당을 집안의 높은 곳, 대개는 안채의 뒤나 사랑채 뒤편의 높은 곳에 두었다.

전통적으로 우리나라에서는 주거공간이 관혼상제의 의례를 행하는 장소로 사용되어 왔으므로 사람들에게 주거는 의례의 장소로 인식되고, 이들의 경험은 일생 동안 주거와 함께 기억되었다. 의례나 종교적 의미를 가지는 공간은 주거의 형태에 영향을 미치며 문화권에 따라 다양한 유형들이 나타난다.

생명력이 없는 물리적인 구조물을 풍부한 경험이 이루어지는 주거장소로 변형시키기 위한 의식(儀式)의 과정은 중요하다. 의식을 통해 물리적 환경은 변화될 뿐만 아니라 참여자들 자신과 참여자들의 관계 역시 변화한다. 이러한 주거의식은 반복적, 주기적으로 일어나는 경우가 많은데 이러한 의식들을 통해 주택구조에 건강하고 강인한 생명력을 주고 거주자의 생활을 묶도록 도와 준다. 이러한 과정들을 통해 거주인들이 주거감을 얻게 된다는 것이 많은 문화권에서 증명되고 있다.

주거에 관한 의식(儀式)들은 택지의 선정, 기초만들기, 지붕잇기, 문지방을 넘어 최초로 점유를 선언하기 등에 폭넓게 관련되어 있다. 주거에 관한 의식은 주생활을 영위하면서, 즉 집들이를 하거나 봄맞이 대청소를 하며 각종 제례와 세시풍속을 지내는 일에 관련되어 있고, 초대된 손님들을 환영하는 일, 개인적인 위생, 잠 자는 것, 음식의 준비와 소비 같은 일상적인 생활에도 관련되어 있다.

여러 가지 의식들에서 나타나는 공통적인 현상은 이러한 의식을 치름으로써 혼돈에서 질서로의 전환을 의미하는 것과 같은 효과가 있고, 우주적인 질서의 힘과 연결된 증거임을 나타내며 주택은 의식의 중심이 된다. 이처럼 혼돈을 질서로 전환하는 의식이 없이는 '실제적인 주거'도 '정당한 주거'도 될 수 없다. 의식을 통해서만이 '진짜 주거'가 되는 것이다. 집을 짓는 초기에 축복을 내려서 적절하고 조화로운 주거로 시작되지만, 주거로서의 중요성은 반복되는 의식을 치름으로써 강화되고, 대상(object)으로서의 주택이 주거경험과 질서가 있는 주거로 변화하고, 반복되는 주생활을 통해 주거는 주거문화가 표상화되는 삶의 중심으로 변화하는 것이다.

3) 가족과 사회구조

가족의 형태와 사회구조는 주거에 반영되어 고유의 형태를 형성한다. 부부간의 권력구조, 부모-자녀관계, 가족유형 등의 가족생활의 다양한 측면은 주거의 형태에 반영된다.

우리나라의 전통 주거공간에서는 유교적인 이념에 따라 남녀유별에 따른 내외사상이 주택에 나타나고 있으며, 가부장제의 정착에 따라 확대가족의 특성과 장자우대 불균등의 가계계승에 따른 권위관계가 주택평면에 잘 나타나고 있다. 뿐만 아니라 신분에 따라 대지의 규모, 주택의 규모, 장식 등에 규제가 있어서 각 가정이 그러한 문화규범을 뛰어넘기는 어려웠다.

사회 내에서 보편적으로 볼 수 있는 가족형태가 주거의 유형에 영향을 미치는 예들을 미국의 이로쿠아(Iroquois) 인디언의 주거형태에서 볼 수 있다. 말레이시아의 사라와크(Sarawak)의 주택은 매우 특이한 공간구조를 하고 있어서 여러 가구가 하나의 공동체 조직을 이루며 산다. 주거공간은 크게 취침공간, 음식과 가축을 위한 창고, 그리고 공동생활공간으로 구분된다. 취침공간은 추장을 중심으로 각 가족에게 나누어 분할되고, 동물을 기르는 공간도 주택 내에 있어서 닭과 같은 가축들은 집안에서 기른다.

이로쿠아 인디언들의 주거는 공동체적인 생활과 독립적인 가족생활의 구조를 함께 통합한 형태이다. 이들의 주거는 18미터에서 24미터의 형태로 때로는 30미터 정도 긴 것도 있다. 건물은 가운데 복도를 중심으로 1.8미터에서 2.4미터 간격으로 나뉘어 독립적인 각각의 가족들이 거주하며, 4개의 단위마다 중간에 화덕이 배치되어 있다. 따라서 5개의 화덕이 있는 주택이면 20가구가 거주하는 주택이 된다. 이렇게 긴 주택에는 혈연관계가 있는 가족들이 점유하고 있다. 모든 수확이나 사냥한 동물들은 공동체의 공유물이 되며 공동으로 관리된다. 이들의 주거생활은

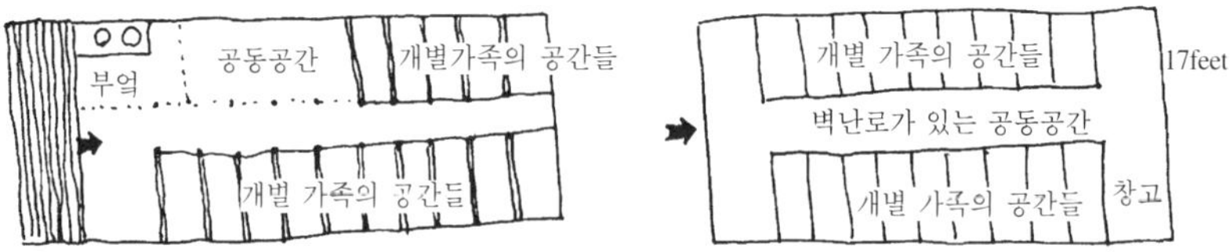

그림 9.3 사라와크 주택과 이로쿠아 주택(새로쓰는 주거문화 p. 47)

공동체적인 형태를 지니지만 가족의 프라이버시는 유지된다. 이러한 전통적인 이로쿠아 인디언의 주거형태는 그들의 사회적인 구조와 가족의 특성을 잘 표현하고 있다.

또한 사회주의 국가에서 볼 수 있는 주택들은 사회주의적 이념을 나타내고 있는 것으로서, 공동주택의 일률적인 형태는 그들의 사회구조를 이끌어 가는 이념을 잘 나타내 준다.

이처럼 주거형태의 결정에는 환경적 요소, 문화적 요소 외에도 기술적 요소가 중요하게 작용하며, 주생활에 의해 지지되는 주거형태는 오랫동안 설득력을 가지고 전파되어가므로 한 나라의 주거문화를 이해하기 위해서는 주거형태를 이해하는 것이 중요함을 알 수 있다.

3. 우리나라 주거문화의 변천과 현황

21세기를 맞이하려는 요즈음, 지난 반세기 동안 되돌아볼 여유가 없었던 우리 주거문화의 주체성에 대해 어떠한 평가를 내리고, 앞으로 어떠한 점을 계승·발전시켜 나가야 할 것인가를 생각해 보기 위해 우리 전통주택은 어떠한 특징을 가지고 있었는지 알아보기로 하자.

1) 전통주거에서 현대주거로의 변화

한국 전통주택의 철학적 이상은 자연주의와 유교정신, 음양·풍수도참사상으로 요약할 수 있다. 자연주의는 한국 전통주택의 조형성과 생활철학으로 구현되었고, 유교정신은 생활철학과 그에 따른 안채, 사랑채, 사당과 같은 채의 구성과 방들의 위계가 있는 배치에 살아 있었으며, 음양·풍수도참사상은 입향조의 입지와 마을의 구성 그리고 집의 좌향에 반영되어 있었다.

자연주의에 기본개념을 둔 한국 전통주택은 절제와 중용, 평범함에서 오는 친근감, 소박함 가운데 내재된 미와 같이 자연 속에 숨어 있는 질서체계를 주택에 반영함으로써 승화시켰다. 인간을 자연 속의 일부로

겸허하게 받아들이려는 자세로 표현된 소박성, 수많은 변화의 다양성을 인정하고 그것을 모두 수용해서 한 차원 높은 경지로 이끌 수 있도록 하는 포용성, 외형적 가치보다는 내면의 본질을 귀히 여기는 탈기교성, 한눈에 드러내 보이기보다는 볼수록 새로움이 발견되는 관조성들이 이러한 자연주의로부터 나온 한국 주거공간의 멋이다.

자연의 경지를 최상으로 여기는 정서는 상류주택에서나 서민주택에서 공통적으로 흐르고 있었고, 자연과 더불어 청빈하게 생활하였던 조상들의 사상은 초가집부터 기와집에 이르기까지 모든 전통주택에 잘 나타나 있었다. 힘과 부를 소유하였던 양반들도 화려함이나 사치함보다는 단아하고 절제 있는 생활방식을 통해 권위와 품격을 표현하였다. 이것은 그들의 생활철학이 자연을 거스르지 않는 범위 내에서 자연에 순응하며 욕심을 부리지 않고 번잡스러운 것을 피하는 것을 이상으로 하였기 때문이다. 경제적으로 풍요롭지 못하였던 서민들은 꾸밈없는 생활태도와 자연에 대한 경외, 그리고 자연에 순응하려는 의지를 가지고 있었고, 초가삼간의 서민주택은 작고 초라한 집이었지만 자연과 더불어 사는 안빈낙도의 구현의 장이었다.

자연과 집과 인간의 어우러짐을 추구하였던 한국 전통주택의 특성은 실내공간구성이나 가구배치뿐만 아니라 자연지형을 이용할 줄 아는 마을의 구성과 집의 배치, 생활기물의 구성과 문양 등 여러 부분에서 찾아볼 수 있다. 물리적으로 부족하거나 실제로 구현할 수 없었던 것은 예의와 융통성과 상징성으로 보완하였다. 양반문화의 품격과 여유, 서민문화의 소박함과 질박함이 있었고, 안온함과 편안함과 여유로움이 있었다. 사람들의 덕성스러움은 공동체적인 이상을 두레정신으로, 물질적으로 충족되지 않음을 예의로, 가문의 철학은 편액과 주련으로 구체화하고 승화시켰다. 채의 구성에 여유가 있어서 오랜 세월 동안 많은 가족을 집이 포용하도록 부족하면 덧대어 지었고, 여름생활과 겨울생활의 계절적인 한계는 온돌방과 마루의 실내구조로 포용하였으며, 내부공간으로 부족한 것은 공간의 전용성과 집 밖의 자연으로 마저 채울 수 있도록 자

그림 9.4 안과 밖의 조화 겨울에는 문을 닫고 여름에는 문을 들어올려 내외부가 하나로 통한다(Hanoak p. 21).

연과 어우러진 생활을 영위하였다. 그리하여 우리 조상들은 자연과 인간과 집이 서로 다투지 않고 조화를 이룬 삶의 방식을 지니며 생활하였던 것이다.

우리의 전통주택의 특징은 상징성과 물리적인 면에서 현대주택에 거의 남아 있지 않다. 목조가구식에 평옥을 지향하였고, 안과 밖이 있으며, 자연과의 교감이 재료사용과 공간구성 면에서 뛰어났던 우리의 전통주택은 지금 흔적조차 찾아보기 어렵다. 온돌이 온수비닥난방(pancl heating)으로 남아 있고, 창호문살의 구성미가 장식적으로 채용되고, 전통가구가 골동품으로서의 가치를 유지한 채 한쪽 구석에 서 있고, 우물마루와 서까래의 구성미가 부분적으로 채용되어 있을 뿐 현대주택에서 문화적 주체성의 그림자를 찾아보기는 대단히 어렵다.

서양식 주택과의 차이점이라고 하면, 실내에서 신을 벗는 문화 때문에 현관이 제대로 구성되어 있는 점, 아직까지 좌식 생활이 남아 있어서 의자가 없어도 바닥에 앉는 것에 거부감을 느끼지 않는 점, 공기난방보다는 온수바닥난방을 선호하여 실내공기가 비교적 고르게 유지된다는 점, 장마와 더운 여름이 있고, 환기와 통풍을 요하는 식생활 때문에 카페트보다는 매끈한 마루와 같은 바닥재료가 선호된다는 점 등을 들 수 있다.

현대 도시주택의 특성은 집합주택의 대량보급과 향상된 시설설비 공간수준, 그리고 평면의 획일화와 공유공간의 부재로 요약될 수 있을 것이다. 서울지역에 있어서 1970년 88.4%였던 단독주택이 1995년에는 33.6%로 줄었고, 1970년 7.5%였던 연립주택과 다세대주택은 24.0%로 늘었으며, 4.1%였던 아파트는 42.4%로 증가하여 과반수에 육박하고 있고, 집합주택과 단독주택의 비율이 3 : 1로 집합주택이 우세하다. 이러한 주거유형의 반전은 1993년경에 일어났는데, 1990년에만 해도 단독주택은 46.1%로 반수에 가까웠고, 아파트가 1/3 수준이었다.

시설설비수준을 보면, 1980년에는 온수가 공급되는 욕실을 갖춘 주택이 전국 기준으로 10%에 불과하였으나, 1985년에는 총 주택의 20.0%로 증가하였고, 수세식 화장실은 18.5%에서 33.6%로, 입식 부엌은 18.2%에서 35.1%로 증가하였다. 1990년 현재 입식 부엌을 갖춘 단독주택이 40.2%인 데 비해 아파트는 98.0%이고, 온수목욕시설은 단독주택의 21.1%가 갖춘 데 비해 아파트는 84.7%가 갖추었으며, 수세식 화장실은 단독주택이 37.4% 갖춘 데 비해 아파트는 99.7%로서 총수로 보면 아파트가 시설설비수준의 절대우위를 점하고 있음을 알 수 있다.

한국의 사회지표(1998)에 의하면, 도시주택의 주거공간은 1995년 가구당 58.9제곱미터, 1인당 17.1제곱미터이다. 가구당 방의 수는 3.1개이다. 1방당 인구수는 1.1명이고, 한 집에 1가구만이 거주하는 비율은 81.7%이며, 2가구 사는 비율이 8.4%이고, 4가구 이상 사는 경우도 5.4%

나 된다.

평면의 특성을 보면, 1970년대에는 아파트 평면이 획일적이어서 3침실인 경우에도 1개 화장실만이 있는 핵가족 위주의 평면이었으나, 1980년대 아파트 평면은 거주자의 선택의 폭을 넓혀 주기 위해 같은 전용면적 안에서도 욕실의 개수를 달리하여 디자인하는 등 개별 거주자의 다양성을 반영하려고 하는 시도가 나타났다. 또한 평면 유형의 다양화와 자재의 고급화, 실내가변형 융통형 아파트, 3세대 동거형 아파트도 등장하였다.

현대 거주인, 특히 중산층의 삶의 질은 많이 변화하였다. 우리의 근현대사 주거생활환경의 변화를 조망해 볼 때 전통사회에 있어서 상하의 이중구조였던 것이 산업사회로 전이되면서 중산층을 확대시켰고, 그들은 과거에 '개량한옥', '집장사집' 혹은 '일반주택'의 거주자였으며,

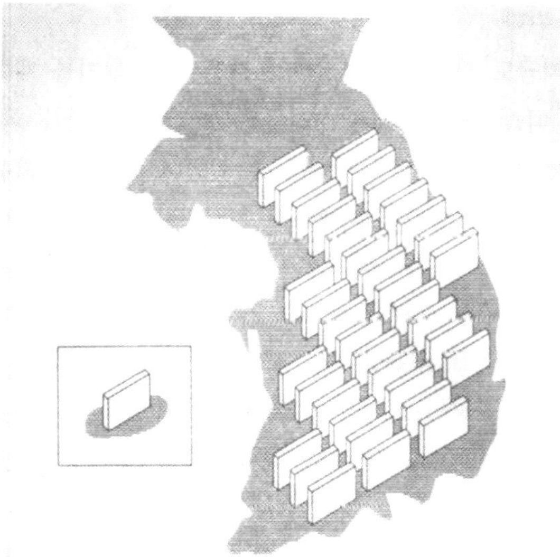

그림 9.5 전 국토의 아파트화 도시도 농촌도 무분별하게 아파트화하고 있다(새로쓰는 주거문화 p. 59).

1970년대 이후 아파트를 선호하는 계층으로 규정되어 왔다. 특히 주거문화를 형성하고 선도하는 도시 중산층은 중요한 계층으로 부각되어 있고, 후기 산업사회로 치닫고 있는 현시점에서 이들의 주거생활수준과 삶의 질은 중요한 의미를 갖는다. 여러 연구들을 보면, 우리나라의 현대 중산층은 냉난방이 되고 더운 물이 나오며 침실, 거실, 식당에 입식 가구를 갖추고 입식 부엌에서 가사를 수행하며 대체로 아파트에 산다. 화장실은 한 개 이상이고 아이들은 성별과 나이에 맞게 자기 방을 사용한다. 입구에는 경비실이 있어서 각 단위 주호는 안전하다. 그러나 그들은 공동체의식이 부족하고 이기적이며 핵가족 중심적이고 모방적인 생활양식을 가지고 있다. 거주성보다는 환금성과 투자가치를 생각해서 집을 선택한다. 생활양식의 모방성과 획일성과 구획성이 지나쳐서 한국사회의 병폐가 집단간에 쉽게 전파된다. 이들은 보다 새롭고 장래성이 있는 곳으로 가기 위해서 끊임없이 이동을 하며, 사람을 파악할 때 어디에 있는 몇 평짜리 아파트에 사는가가 중요한 기준이 된다. 현대사회 중산층의 삶 속에서 소박하고 질박한 멋을 즐겼던 문화적 계승의 단면을 찾아보기는 어렵다. 계속성을 통해 유지되는 전통성과 역사성의 가치는 찾아보기 어려우며, 오직 기능성과 합리성과 경제성과 풍요를 추구하므로 삶의 멋을 관조하는 품격과 여유, 그리고 보자기 문화로 상징되는 포용의 미덕은 점차 사라지고 없다고 해도 과언이 아니다.

2) 스스로 짓는 것에서 주택상품으로의 변화

전통사회에서 집이란 능력이 닿는 대로 스스로 짓는 것이었다. 따라서 주택을 지으면서 두레정신과 풍수적인 믿음과 자연주의는 그대로 살아날 수 있었고, 주거의 형성과정이 곧 주택짓기와 관련되어 주거만들기의 경험적인 현상을 의미하였다. 그러나 현대에 이르러 주택은 스스로 짓는 것이 아니라 제품으로서의 특성을 지니게 됨으로써 주거가 가져야 하는 여러 특성, 즉 삶의 질서로서의 주거, 정체성으로서의 주거, 연계로서의 주거에 대한 배려가 소홀하며, 주거의 여러 가지 변증법적 특성과 주거화의 과정에 대한 배려는 소홀해졌다. 그리고는 오히려 주택의 특성만을 염두에 둔 채로 합리주의와 기술, 상품화를 우선시 하고, 관료주의에 젖어 비인간적인 규모와 속도로 전문직업의식만을 내세워 대상화된 주택을 양산하며, 삶의 특성을 강화하는 공유공간의 파괴를 일삼으면서 인간관계를 번성시키기보다는 분산시키며 주거상실을 자초한다.

왜 이러한 현상이 일어났는가 하는 것은 우리나라의 자본주의와 산업화과정에서 찾을 수 있다. 해방 후 주택산업은 놀라운 발전을 이루었고, 건축기술수준이나 재료의 발전, 디자인 수준의 발전은 대단하였다. 그러나 농경사회에서 산업사회로의 전환과정에서 일어나는 여러 문제들에 대한 적극적인 검토 없이 자본주의적인 물질주의와 금전만능주의가 팽배하여 빠른 시간 내에 투자가치를 높여서 얼마나 많은 주택을 지을 수 있는가에만 관심을 기울인 결과, 오늘날과 같이 주택은 있으나 주거는 없는 주거상실의 시대를 살면서 많은 문제가 야기되는 것에 대해 속수무책이 될 수밖에 없는 현상을 초래하게 된 것이다.

그러나 1990년대 중반부터 물량공세적인 아파트 양산의 시기를 지나 반성하는 계기가 오는데, 그것은 아파트 미분양사태이다. 따라서 아파트 개발업자들은 다투어 차별화 아파트를 생각해 내기 시작했고, 그러한 차별화에 영향을 미친 패러다임은 정보화, 노령화, 여성주의, 지역주의, 환경주의라고 볼 수 있다. 그리하여 부엌과 거실을 일체화시켜 향이 좋은 곳은 부엌을 배치하는 주부중심 평면, 중정과 뒷마루, 신입 발코니, 미닫이창이 있는 한국형 아파트, 재택근무와 정보화를 상징하는 홈오피스, 실내 디자인을 완성형과 주문형으로 해주어 개조욕구를 둔화시키는 고급형 아파트, 환경을 생각하는 시설설비와 좋은 공기환경과 녹지가 있는 그린 아파트, 공간까지도 선택사양을 주어 소비자에 따라 다르게 해주는 공간가변형 아파트 등 다양한 상품이 선보이고 있다.

이러한 것은 모두 상품성을 높이고자 하는 시도로서, 소비자는 모델하우스를 보고 물건을 고르듯 주택상품을 고르는 문제점이 있기는 하지

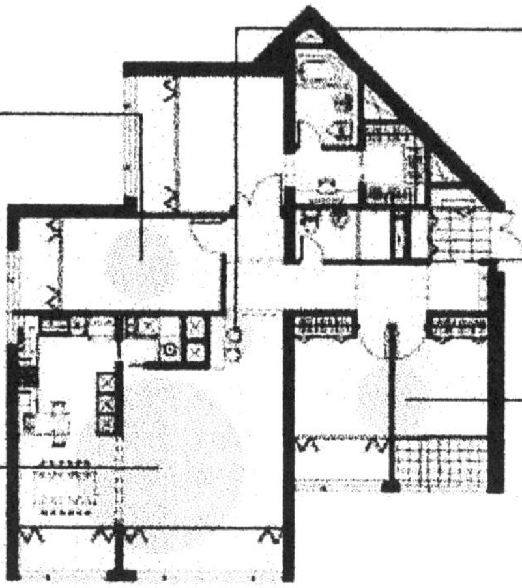

그림 9.6 최근의 아파트 평면도 S 건설의 57평형 APT 평면도(2000년형)

만 획일적이지 않고 질적인 주거문화의 또다른 양상을 창출한다는 점에서는 높이 평가할 만하다.

4. 전 망

문화적 전통의 발전적 계승의 관점에서 볼 때 우리의 주거문화는 어떻게 유지되어야 하는가. 지난 반세기 동안 지나치게 우리 것을 말살하고 서구적인 것을 추종해 온 것을 반성하고, 전통적인 주거문화를 재해석과 복원의 관점에서 잘 계승한 두 사례를 소개한다.

수졸당(유홍준 家)은 전통적인 요소를 현대적으로 재해석하여 도입하고 부분적으로는 그대로 도입한 예이다. 1992년 건축된 수졸당은 도시의 골목에 직면한 현대주택으로 보이지만, 그 안에는 전통주택의 고샅의 개념, 안채와 사랑채의 개념, 대청 마루를 형상화한 마루마당과 흙마당의 개념이 현대적인 거실, 식당, 부엌이 있는 공동생활공간과 조화를 이룬다. 내부공간의 기능적 편리성이라는 측면에서 볼 때 방들이 모두

그림 9.7 수졸당 거실에서 안뜰을 바라보는 방향

복도공간을 통해서 연결되므로 문제점도 있다. 그러나 현대에서 사라져 가는 사랑방의 개념, 용도별로 사랑마당, 안마당, 뒷마당의 개념 도입, 마치 별채처럼 2층에 올라앉아 각 방의 음향적, 시각적 프라이버시가 최대한 보장될 것 같은 배치, 방마다 모두 남향과 동향의 햇빛을 듬뿍 받을 수 있게 배치한 점은 특히 돋보인다(『플러스』, 9307).

능소헌 · 청송재(김영섭 家)는 1920~1930년대의 도시형 한옥의 외관을 그대로 둔 채 지하에 음악실을 만들고, 시설설비의 현대화를 통해 냉난방 설비를 넣고 현대식 입식 부엌과 화장실을 설치하였다. 창호문은 창살과 창호지를 바른 유리문, 맑은 복층 유리문, 문살에 방충망을 바른 망창으로 3중창을 만들어 열효율과 통풍을 돕고 생활을 편리하게 유지하도록 하였다(『이상건축』, 9803).

그림 9.8 안방에서 문을 열고 안뜰을 바라봄

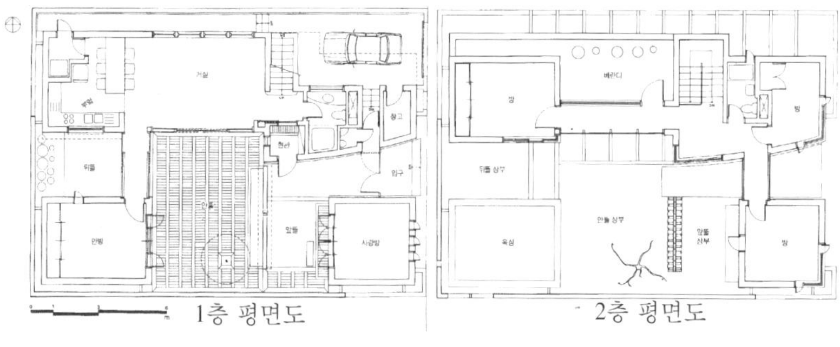

그림 9.9 수졸당의 평면도

문화적 주체성을 유지하거나 되살리는 방법은 그 정신과 상징성, 그리고 멋을 이해하고 느낄 수 있도록 하는 것과 현대주택에 상징적인 공간으로 두어 이러한 것이 체험적으로 연결되게 하는 방법도 있다.

지금 현재와 같이 서구적 획일성을 도입하여 고착된 안방과 침실과 드레싱 룸과 욕실로 이루어진 부부공간을 전통의 발전적 계승의 관점에서 다음과 같이 바꿀 수 있다. 안방의 크기를 한 칸 크기로 줄여 거실을 향해 미닫이가 열리게 한다. 바닥은 장판마감으로 하고 한 단을 높여 툇마루를 달아도 좋다. 가구는 문갑과 사방탁자와 머릿장과 서안과 보료가 놓인다. 이 방은 안방으로, 노인실로, 다실로, 손님방으로, 한식의 거실로 이용할 수 있어서 좋을 것이다. 그 대신 부부침실을 넓혀 실용적인 부부공간으로 활용한다면 부부공간도 기능적이면서 거실의 한 켠에 문화적 주체성을 가진 공간이 탄생되고, 이러한 공간을 이용하면서 한국

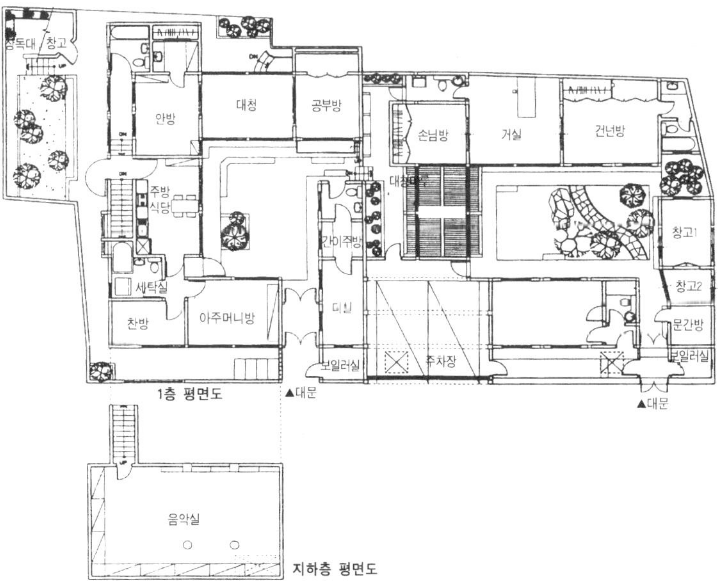

그림 9.10 능소헌과 청송재 평면도(삶의 질과 환경디자인 p. 208)

적인 정신세계의 정체성도 되살릴 수 있을 것이다.

물론 전통의 복원이나 재해석만이 주거문화의 올바른 방향이라고 볼 수는 없다. 미래는 분명 많은 변화를 가져올 것인데, 2025년의 지구촌 주택에 대한 전망을 보면 다음 3가지 주요 변화가 지적되고 있다.

① 정보기술: 정보기술의 발전이 주택의 모든 시스템과 기능의 통합을 가져올 것이다. 방에서 누가 나가고 들어오는지, 어떤 환경을 선호하는지 저절로 조절되는 것이 한 세대 전의 정보기술의 개념이었지만, 21세기의 정보기술은 주택과 주택 시스템의 조절과 관리를 다시 디자인하게끔 할 것이다. 2010년경이 되면 도시거주비율이 줄어들고 시골지역에의 거주비율이 더 올라갈 것이다.

② 환경주의: 1990년대에는 에너지 보존과 생산에 있어서 에너지와 자원소비의 형태를 바꾸도록 압력을 가하는 정도였고, 오늘날에는 자원재활용에 관심을 기울이고 있다. 그러나 21세기에는 환경주의로 인해 주택의 시스템과 기능 자체를 더 통합하는 경향으로 나아갈 것이다. 물과 공기의 질이 중요해지고, 디자인과 재료사용에도 이러한 지속가능한 환경의 보존이 중요한 이슈가 될 것이다.

③ 재료기술: 구조와 비용, 질감의 변화가 올 것이고, 건축과 장식에 있어서 재료의 잠재성을 고려할 것이며, 재료의 재활용과 재생, 재제조가 고려될 것이다. 단독주택도 아파트와 같이 컴팩트한 시스템과 서비스를 제공하는 기술이 도입될 것이다. 건축현장에 로봇을 이용한 다양한 컴퓨터 활용기술이 도입되고, 품질관리가 이루어진 공장생산 모듈이 효율적으로 이용될 것이다.

1990년대에는 재택근무, 즉 작업장으로서의 주택이 새로운 개념이었지만, 정보기술의 발전은 주택이 레크리에이션, 쇼핑, 건강관리, 기타 가사작업의 장으로 바뀌게 할 것이다. 대형 평면의 비디오 스크린이 2011년경이 되면 널리 보급될 것이다. 주택은 더 안전해지고, 더 안락해지고, 에너지 효율이 더 높아지고, 좀더 융통성이 있고, 지속가능한 환경을 배려한, 더 교육적이고, 더 재미있는 곳이 될 것이다. 새로 건축되는 주택은 이러한 특성을 모두 가질 것이고, 낡은 집들도 새로운 기술로 거의 모두 교체될 수 있을 것으로 전망되고 있다.

21세기의 삶의 질과 주거환경계획에 있어서 패러다임의 변화를 잘 수용하고 거주자의 주거경험을 중시하는 주거문화의 발전적 계승이 이루어지려면, 지금부터라도 정교한 계획과 노력이 있어야 할 것이다.

제10장

변화하는 사회에서의 생활문화

생활문화는 일상생활에서 나타나는 개인 또는 가족의 구체적인 삶의 모습과 특성, 그리고 그들이 공유하는 상징과 의미의 체계이다. 이러한 생활문화는 개인이나 가족에게 일정한 사고와 행동을 유도하도록 강제하는 행위원리, 규범 또는 규칙을 말하는 것이다(박부진, 1999). 이 장에서는 생활문화와 가치 그리고 생활양식에 대하여 생각해 본다.

1. 생활문화와 가치

사회의 변화는 개인의 생활에 변화를 가져왔고, 이러한 변화가 축적되면서 생활문화에 변화를 가져온다. 물론 이러한 변화에도 불구하고 지속되는 생활문화도 있고, 한편으로는 전혀 새로운 생활문화가 형성되기도 한다. 개인과 가족의 가치는 이러한 변화에 많은 영향을 미친다.

또한 일상생활에 대한 가치는 시대에 따라서 어떻게 변화하는지, 시대가 바뀌어도 지속되는 가치는 어떤 것인지에 대한 의문은 언제나 있어 왔다. 그뿐만 아니라 세대별로 지지하는 가치는 어떻게 다른지, 최근의 급격한 사회변화는 세대간의 차이를 더 크게 하고 있는지, 아니면 모든 세대가 일상생활 속에서 변화에 대한 적응의 어려움을 겪고 있는지 등의 의문도 제기된다.

생활과 관련되는 가치의 대부분은 가족 내에서 형성되고 가족구성원에 의해서 공유되며 가족체계의 중심이 되어 왔다. 이러한 가치는 개인에게 매우 친숙하며 개인이 일생을 통해서 무엇이 의미 있고 중요한지를 결정하는 데 많은 영향을 준다. 이러한 가족 내에서 형성된 가치는 보다 더 광범위한 문화의 일부인 가치와는 구별되어야 하는데, 왜냐하면 다원화사회에서 광범위한 문화의 가치는 어떤 특정한 가족 속에 내면화될 수도 있고 그렇지 않을 수도 있기 때문이다(최연실 외 역, 1995: 199-200).

그러나 가족 내에서 형성된 가치는 대체로 가족구성원에 의해서 공유되고 유지되며 가족체계의 중심적인 부분이 된다. 이러한 가치는 개인의 생활문화의 많은 부분에 영향을 주면서 한편으로는 개인이 속한 사회문화적 가치와 공존하기도 하고, 갈등을 일으킬 수도 있다.

▶ 토론해 봅시다

다음은 스티븐 코비의 『성공하는 가족들의 7가지 습관』(*The 7 Habbits of Highly Effective Families*)에서 제시한 것이다. 이 7가지 습관에 대하여 토론해 봅시다.

습관 1 주도적이 되라.
습관 2 목표를 확립하고 행동하라.
습관 3 소중한 것부터 먼저하라.
습관 4 상호 이익을 추구하라.
습관 5 경청한 다음에 이해시켜라.
습관 6 시너지를 활용하라.
습관 7 끊임없이 쇄신하라.

2. 생활문화와 생활양식

너와 내가 동일한 생활문화를 소유하면서 우리의 의미를 구태여 강조하지 않았던 시대와 나의 문화와 너의 문화가 존재함을 인정하던 시대,

그리고 우리의 공존을 위해서 우리라는 공동의 문화를 강조하는 동시에 너와 나의 고유한 문화를 찾는 이 시대의 생활양식간에는 차이가 있다.

▶ 생각해 봅시다

현재 자기의 일상생활을 영위하는 방식, 즉 생활양식은 어떠한지를 생각해 보고, 또래나 다른 가족구성원과의 차이가 있다면 그 차이의 원인과 배경에 대해서 생각해 보자.

농경사회는 공동체사회로서 생활과 생산이 결합하여 공동체문화를 형성하여 왔다. 농경사회의 뿌리를 가지고 있는 우리는 산업사회로 진입한 후 상당한 시간이 지난 지금까지도 사적이고 정적인 영역에서는 농경사회의 성격을 가지고 있으면서 생산부문은 산업화되었다. 특히 가족의 가치를 중요하게 여기던 농경사회의 특성은 가족 내의 생산기능이 사회로 이관된 이후에도 가정생활의 규범에 영향을 미치고 있다.

이 절에서는 우리의 생활양식과 생활문화 간의 관계를 의례와 사회관계망 특성을 통해서 파악해 보도록 한다. 의례를 통하여 생활문화의 한 측면을 이해하기 위해서는 우선 일생 동안 경험하는 생활의례의 종류와 의미를 파악할 필요가 있다. 인생의 전환기에 맞이하는 통과의례의 의미였던 과거의 의례와 요즘 우리가 일상생활 속에서 맞이하는 다양한 의례의 의미 간에는 어떠한 차이가 있는지 알아보도록 한다. 한편 사회관계망 특성을 통하여 생활문화의 단면을 이해하기 위해 우리는 어떤 사람들과 친밀한 관계를 맺으며 살고 있으며, 우리에게 친밀하고 중요한 사람들이 우리의 삶에 미치는 영향력은 어떠한지를 알아보도록 한다.[1)]

---

1) 우리의 삶의 양식은 어느 시대부터 알아볼 수 있는지 자료를 찾아보도록 한다. 과거의 삶은 현재와 어떻게 다른가? 미래의 생애과정은 어떤 모습으로 펼쳐질 것인가?

1) 통과의례

통과의례는 인간의 일생을 어느 시점에서 마디짓는 일종의 문화적 질서이다. 만일 시간에 따른 이러한 문화적 질서가 없었더라면 보다 다양한 삶의 양상이 예상되기도 한다. 그러나 우리의 삶은 대체로 문화적 질서로 인해 특정한 사회에 살고 있는 구성원들의 전형적인 삶의 모습을 보인다. 통과의례는 개인이 생의 발달에 따라서 그 이전과 다른 지위로 옮겨갈 때에, 그 새로운 지위에 개인을 통합하여 정상적인 생활궤도에 올려놓는 의례이다. 즉 새로운 지위로 옮겨갈 때에 우리는 과도기의 생활이 불안정해지는 것을 경험하게 되는데, 그 불안정해지는 것을 완화하여 새로운 지위집단에 통합시키기 위하여 발전된 것이 통과의례이다.

우리 사회의 혼례, 상례, 회갑, 제례 등도 모두 생의 진전에 따른 일정한 단계를 계기로 하여 새로운 지위에 옮겨가면서 행하는 통과의례의 식이다. 이는 생의 일정한 시기에 거행하는 행사로서, 변화하는 생활에 적응하여 삶의 균형을 촉진시키는 기능을 한다.

2) 현대인의 생활의례

우리의 전통사회는 유교적 이념에 기반을 둔 가례, 즉 관혼상제의 규범이 가족 및 친족생활의 중요한 준거틀이었다. 그리하여 생애과정에 따른 의례를 중시하였으며, 그 중에서도 혼례를 가장 중요하게 생각하였는데, 오늘날의 의례에서도 가장 중요시하는 의례는 혼례이다.

농경사회에 뿌리를 둔 전통적인 가족/친족생활의례의 변화양상은 그

〈추천도서〉

한국고문서학회 엮음(1998), 『조선시대생활사』(서울: 역사비평사).

한국역사연구회 지음(1997), 『고려시대 사람들은 어떻게 살았을까? 1(사회 · 문화생활이야기)』(서울: 청년사).

이인화 옮김, 이사벨라 버드 비숍 지음(1994), 『한국과 그 이웃나라들』(서울: 도서출판 살림).

변화의 성격에 따라 몇 가지 유형으로 나뉜다. 민간신앙적 의례와 같이 산업사회 나름의 합리성에 의해 약화되거나 쇠퇴한 경우와, 생일떡 대신 케이크가 보편화되듯이 서구화되는 생활양식에 의해서 전통성이 서구형태로 대체된 경우이다. 그리고 피로연, 폐백, 영안실 장례와 같이 전통문화에 뿌리를 두어 강인한 지속성을 갖고 전승하되, 일면 현대사회의 생활양식 변화나 상업주의의 영향을 받아 변형되어 지속되는 경우이다. 또한 설이나 추석차례와 같이 민족의 대이동이 이루어지면서 변함없이 지속되는 경우와 신혼여행, 야외촬영 등과 같이 생활수준의 향상과 상업화에 따라 전에 없던 항목이 새로이 출현하여 강화된 것도 있다.

▶ 토론해 봅시다

다음 표 10.1에 제시된 우리나라의 관혼상제와 서양의 통과의례를 참고로 해서 각 가정에서 지키는 의례의 종류, 즉 현대 가족의 의례를 나열해 보고, 학생 개인적인 의례를 제시한 후 생활의례의 전반적인 변화양상에 대해서 논의해 보도록 하자.

표 10.1 의례의 종류와 현대 가족의 의례

관혼상제	통과의례	내 가족의 의례	개인의례
관례 혼례 상례 제례	출산 성인식 입사의례 결혼식 사망		

3) 가족의 사회관계망

(1) 가족/친족관계망

가족/친족의 관계망을 파악하는 것은 생활 속에서 가족/친족이 차지하는 비중을 알아보기 위함이다. 당내친이 가족/친족문화를 공유하는 기본집단이었으며, 문중이 모두 모여 함께 집안의 대소사를 치렀던 과거와 비교하면, 핵가족 중심의 현대 가족의 사회관계망은 매우 축소된 소규모의 관계망이라고 볼 수 있다. 그러나 가족/친족의 참여가 적어지면서 가족/친족 이외의 사회관계망 구성원, 즉 이웃, 친구나 동료, 자발적 참여집단의 구성원 등이 개인과 가족의 생활에 직접 또는 간접적인 영향을 미치고 있다.

(2) 사회관계망의 변화

최근 연구결과에 의하면, 우리나라 도시 기혼자의 사회관계망의 크기는 상당히 작다(옥선화 외 5인, 1998). 가장 가까운 관계로는 여전히 친족을 들고 있으나, 전체적으로 볼 때 비친족의 비율이 늘어나고 있다. 즉 부모나 형제자매, 기혼자녀와 같은 근친관계를 여전히 가장 중요한 사회적 관계라고 생각하고 있었으며, 그 범위가 좁아지고 있는 친척관계를 학연, 친지, 이웃, 직장동료 등의 비친족이 대신하고 있는 것이다. 그러나 현대 우리나라 사람들의 사회관계망의 현저한 특징은 근친지향적 경향과 강력한 부모-자녀 유대관계의 지속성이다.

▶ 토론해 봅시다

현대사회에서 '문화를 형성하는 기제로서의 가족'에 대한 각자의 생각과 현대 문화의 보편성과 다양성에 대해서 토론해 봅시다.

● 참고문헌 ●

박부진(1999). 「가정문화의 보편성과 다양성」, 이화여자대학교 인간생활환경연구소 가정문화운동 심포지엄 자료집『새 천년의 예와 멋』. pp. 11-18.

옥선화(1999). 「가정문화의 방향: 전통과 미래의 접목」, 이화여자대학교 인간생활환경연구소 가정문화운동 심포지엄 자료집 『새 천년의 예와 멋』. pp. 19-31.
옥선화 외 5인(1998). 「가족/친족구조의 해체와 재구성: 서울시 실태조사를 중심으로」, 『대한가정학회지』 36(11). pp. 157-182.
스티븐 코비 저, 김경섭 옮김(1999). 『성공하는 가족들의 7가지 습관』. 김영사.
최연실 외 역(1995). 『새로 보는 가족관계학』. 서울: 하우.

제 4 부

생활산업

제11장

소비자/생산자 측면에서 본 생활산업

1. 생활환경의 변화와 생활산업

1) 산업화에 따른 생활환경의 변화

우리 사회는 지난 1960년대 중반 이후 30여 년간에 걸쳐 이루어진 산업화로 인해 사회경제적으로 매우 급격한 생활환경의 변화를 경험하였다. 이러한 생활환경의 변화는 3단계로 나누어 볼 수 있다. 먼저 제1단계는 고도성장을 구가하던 1960년대 중반 이후 1970년대까지의 시기로, 개개인의 생활의 질보다는 외형적인 경제성장을 최우선으로 근검절약이 미덕이 되었던 때이다. 제2단계는 1980년대와 1990년대 전반까지로 대량생산과 대량판매, 즉 대량소비로 정의되는 산업사회의 전성기로서, 소유 또는 소비가 주된 가치관이 되는 대중소비사회였다. 마지막으로 제3단계는 1990년대 중반 이후로 개방화, 국제화 혹은 정보화시대로 일컬어지는 단계이다.

산업화 이전의 가계는 자급자족적인 생산단위로서 가족구성원들의 욕구충족을 위해 필요한 재화나 서비스의 대부분을 가계 내에서 생산하였으며, 따라서 가계는 생산의 주체로서 인식되어 왔다. 그러나 산업화 이후 가계 내에서 생산되던 많은 재화와 서비스가 시장에서 대량생산되고 판매됨에 따라 가계는 이러한 시장재화와 서비스를 구매하고 소비함으로써 가계구성원의 욕구를 충족시키는 소비단위가 되었다. 즉 생활환경이 변화하면서 가정의 여러 기능이 사회로 전이되고, 그 동안 가정 내에서 이루어지던 생산부문이 생활산업으로 전환되어 발전하게 된 것이다. 다음에서는 생활환경을 변화시킨 동인을 중심으로 이러한 변화가 생활산업에는 어떠한 영향을 미쳤는지 구체적으로 살펴보자.

이미 전반적인 의 · 식 · 주생활영역에 필요한 재화나 서비스가 시장에서 생산되고 있으나, 최근 들어 시장과 상품의 세분화가 더욱 가속화되고 있다. 국민경제의 급속한 발전으로 인해 가계소득수준이 향상되었으며, 특히 자유재량적인 지출에 할애하는 소득이 늘어나면서 양적인 측면보다 생활의 질을 향상시킬 수 있는 소비를 할 수 있게 되었다. 소비수준의 향상이란 다양한 소비자의 욕구가 충족되어야만이 가능해진다. 다시 말해 소비자의 욕구가 다양화됨에 따라 이를 충족시키기 위해 시장과 상품의 세분화가 이루어지고 좀더 풍요로운 삶에 대한 욕구가 커지면서 생활산업에 대한 요구도 커지고 있음을 알 수 있다.

다음으로 인구구조의 변화와 가족구성의 변화로 인한 생활산업영역의 등장을 들 수 있다. 평균수명의 증가로 고령인구의 비중이 크게 늘어나고 있다. 노년부양비와 노령화지수를 통해 이를 좀더 자세히 살펴보면 표 11.1과 같다. 14세 이상 64세 이하의 인구 중 65세 이상 인구가 차지하는 비율을 나타내는 노년부양비는 1980년 6.1%에서 2000년 10.0%

표 11.1 노년부양비 및 노령화지수

(단위: %)

	1980	1985	1990	1995	2000	2005	2010
노년부양비	6.1	6.5	7.4	8.3	10.0	12.3	14.2
노령화지수	11.2	14.2	20.0	25.2	32.9	40.8	49.9

주) 노년부양비 = 65세 이상 인구/(15~64세 인구) ×100
노령화지수 = 65세 이상 인구/14세 이하 인구 ×100

로 증가하였으며, 2010년에는 14.2%로 늘어날 전망이다. 또한 14세 이하의 인구에 비해 65세 이상 인구가 어느 정도인가를 보여 주는 노령화지수도 1980년 11.2%에서 2000년에는 이보다 3배 가까이 증가한 32.9%이며, 2010년에는 약 50%로 늘어나 인구구조의 급속한 노령화를 잘 보여 주고 있다.

노령인구의 증가와 더불어 핵가족화의 진전으로 노인 독거가구가 계속 증가하고 있는데, 이러한 인구구조의 변화는 기존의 가계의 기능을 사회로 전이시키는 데 견인차의 역할을 하고 있다. 특히 가계의 고유기능인 자녀나 노인부양기능을 사회로 이전시킴으로써 이를 전문적으로 담당할 산업영역을 필요로 하게 되었다.

여성들의 사회참여 증가도 생활산업을 확대시키는 역할을 하고 있다. 여성의 고학력화 경향과 성역할에 대한 고정관념이 약해지면서 여성의 경제활동참여가 활발해졌다. 특히 주부취업의 증가는 시간절약재나 가사노동 대체재에 대한 욕구를 증가시켰으며 외식이나 편의식품 및 가사서비스 등에 대한 수요도 증가하게 되었다.

마지막으로 산업화 이후 급속도로 이루어진 도시화 진전 또한 생활산업의 시장을 더욱 확대시키고 있다. 도시인의 생활환경이나 생활양식이 전국적으로 확산되면서 도시인과 동일한 생활을 영위하기 위해 필요한 재화와 서비스에 대한 수요가 증가하였다.

앞에서도 언급한 바와 같이 생산자에서 소비자로의 역할전환은 가계로 하여금 다양한 소비자문제를 경험하게 한다. 특히 상품과 시장이 세분화되고 다양화되고 복잡해지면서 소비자 선택과 관련하여 소비자는 더욱 큰 어려움에 직면하고 있다. 따라서 효율적인 소비자로서의 역할을 수행하기 위해 보다 전문적인 정보와 지식을 제공하는 산업부문이 등장하기도 하고, 그 동안 주부의 고유기능으로 인식되어 온 가계관리조차도 급변하는 금융시장환경하에서 어려움을 겪게 되면서 개인자산관리라는 새로운 업무영역이 나오기도 하였다.

2. 소비자 욕구와 생활산업

1) 소비자 욕구의 이해

욕구란 어느 특정 시점이나 상황에서 생존을 위해서 또는 납득할 만한 생활표준을 위해서 필수적이라고 생각되는 것으로, 유사한 환경에 처한 사람들은 보편적인 행동패턴도 유사하며 사회경제적인 환경이 다르면 욕구의 구조가 다르고 따라서 소비패턴도 달라지게 된다.

최근 소비자 욕구의 변화는 욕구의 고도화, 다양화 그리고 감성화로 요약할 수 있다. 소비자의 경제력이 향상되어 기본적인 욕구인 생존과 안전의 욕구가 충족되면서 이제는 점차 높은 단계의 욕구인 사회적 귀속감이나 자아실현 혹은 자기개발의 욕구가 강해지고 있다. 즉 많으면 많을수록 좋다는 양 중심의 소비나 물질적인 안정에 대한 욕구에서, 이제는 생활의 질과 자신의 정체성을 추구하는 방향으로 전환되고 있으며 이를 소비자 욕구의 고도화라고 할 수 있다.

1970년대를 10인 1색의 사회라고 한다면 소득이 급격히 향상되었던 1980년대 후반은 10인 10색의 시대라고 할 수 있으며, 곧 1인 10색의 사회가 도래할 것으로 예견하고 있는데 이는 소비자들의 욕구가 더욱 다양화되고 있음을 의미한다.

소비자의 욕구가 감성화됨에 따라 상품의 본질적인 기능 이외에 패션과 개성을 강조한 제품에 대한 수요가 확대되고 있으며, 일례로 외식의 레저화를 들 수 있다. 이는 후기 산업사회가 본격화되어 소비자의 기본적인 욕구가 충족되는 경제상황에서는 많은 사람들의 공통적인 관심사가 풍요로움(Riches), 정신적 성숙(Ripeness), 시간적 여유(Rest)로 옮겨지기 때문이다.

이러한 소비자 욕구의 변화는 곧 소비패턴의 변화를 의미하며, 이는 곧 새로운 산업의 등장을 의미하게 된다. 왜냐하면 인간은 무한한 욕구를 충족하기 위해 다양한 활동을 하게 되며, 따라서 소비자의 욕구가 변화함에 따라 소비자가 원하는 제품을 생산하기 위한 새로운 산업이 등장하게 되는 것이다. 이와 같이 의 · 식 · 주 전반에 걸친 산업화는 개인이나 가계로 하여금 일상생활을 영위하고 보다 나은 삶의 질을 획득하기 위해 보다 적극적인 소비자로서의 역할을 요구하게 되었다. 즉 가족구성원의 욕구충족을 위해 필요한 재화와 서비스의 대부분을 시장에서 구매하게 되었으나 공급과잉으로 인해 경쟁이 심화되면서 기업은 좀더 적극적으로 마케팅 전략을 펼치게 되고 상품 및 시장은 나날이 다양해지고 복잡해져 소비자로서 개인 및 가계는 다양한 문제를 경험하게 되었다. 또한 자녀양육과 인간관계 등 가족 내의 사적 관계가 개별 가족만의 문제가 아니라 사회와 상호작용하는 가족규모의 축소와 대인관계의 다양화로, 가족이 가지고 있는 제한된 정보와 기능만으로는 가족구성원이 경험하는 인간관계의 다양한 문제들을 해결하기 어렵게 되었다. 따라서 문제를 해결하기 위해서는 개별 가정의 기능에 의존하기보다는 전문가의 도움을 선택하는 것이 효율적인 문제해결방법으로 인식되기 시작하면서 소비생활 및 가족생활과 관련한 전문가로서 소비자 상담사, 소비자 재무설계사, 가족상담사, 가족생활 교육사 등이 필요하게 되었다. 예를 들어 소비자 상담사의 경우 생활을 영위하기 위해 소비생활을 할 때 발생할 수 있는 의 · 식 · 주생활부문의 전반에 걸친 예산수립, 정보탐색, 구매, 사용, 사용 후 처리 등에 관련된 광범위한 영역에서 겪는 어려움에 대한 도움을 주게 된다.

2) 소비자 지향의 생활산업

생활산업이란 가정생활영역에서 이루어져 왔던 의 · 식 · 주에 필요한 재화와 용역생산의 시장생산화 및 사회화와 관련된 산업분야를 말한다. 과거에는 가정 내에서 담당하던 대부분의 일들이 산업화 이후 시장을 통해 대량생산되었으며, 가정생활영역으로부터 산업화된 영역으로 이전하게 되었다.

시장경제에서 소비자들은 그들의 욕구를 잘 만족시킨다고 생각되는 것을 구매하고 필요로 하지 않는 것을 구매하지 않는 선택행동을 통해서 그들의 욕구를 생산자에게 전달하고 압력을 행사할 수 있다. 그러므로 생산자 측면에서 볼 때 소비자 욕구의 변화란 소비자 선호의 변화를 나타내며, 이에 따라 소비행태가 변화하기 때문에 이윤의 극대화를 위해서도 소비자 욕구의 파악이 선행되어야 한다.

앞서도 언급한 바와 같이 소비자의 욕구가 다양화, 고도화, 감성화됨에 따라 개개인이 이제는 단순한 상품소비자가 아니라 자신이 스스로 생활양식을 설계하고 그 생활패턴을 충족시켜 주는 수단 또는 생활 디자인에 소요되는 부품으로서의 만족을 구입하는 생활자로 살아간다고 할 수 있다. 생산자의 입장에서 이같은 소비자의 흐름을 파악하고 이를 토대로 제품의 품질을 고급화하며, 쾌적하고 간편하면서도 다기능을 갖춘 소프트화와 패키지화를 지향하여 소비자의 기대수준을 초월하는 생산 및 판매전략을 수립해야 한다. 달리 말해 기업은 이제 제품을 판매하기보다는 생활의 질 향상과 보다 개선된 생활에 기여하는 대안으로서의 새로운 가치창출에 힘써야 한다. 이제는 기업들이 과거의 대량생산과 대량소비의 낡은 경영틀에서 벗어나 고객 개개인의 욕구와 선호를 존중하는, 즉 소비자 지향의 생산방식을 도입해야만 한다.

다음에서는 의생활, 식생활 및 주생활영역에서 생활산업이 구체적으로 어떻게 발전하고 있는지를 살펴보기로 하자.

제12장

의생활산업

1. 의류/패션산업의 성장

19세기 이전까지의 패션이란 복식 원료가 부족하고, 수공업으로 제작되던 생산과정의 특성으로 인해 부를 소유한 계층, 특히 왕실 중심의 소수만이 향유할 수 있는 것이었다. 하지만 19세기 프랑스 대혁명 이후 복식에서도 민주화가 진행되어 다양한 계층에서 유사한 형태의 복식을 취할 수 있게 되었다. 또한 산업혁명을 통한 기술의 발전으로 인해 복식원료의 대량생산이 가능하게 되고, 봉재과정이 산업화되면서 기성복 산업의 기틀이 잡혔다.

좀더 구체적으로, 기술적으로는 방직기와 직기의 발명으로 원료 생산의 산업화가 이루어지고, 재봉틀이 19세기 중반 이후 발명되면서 의류/패션산업은 수공업에서 진정한 의미의 산업으로 전환하게 되었다. 또한 20세기 초반 합성 섬유의 발명과 더불어 저렴한 원료 공급이 용이해지면서 의복의 생산과 소유가 대량화, 대중화되었다. 사회적으로도 1차 세계 대전 이후 여성들의 사회진출이 증가하면서 여성복의 디자인이 실용적이면서도 단순하게 바뀌어 대량생산에 적합하게 되었다. 이처럼 의복의 생산량이 증가하면서 판매되어야 할 상품 역시 증가하게 되자 더불어 소매/유통업이 발달하게 되었다. 그 밖에도 우편이나 잡지, 신문, 라디오, 영화, TV, 최근의 인터넷 등의 정보 기술의 발전과 자동차, 항공 등의 교통수단의 발전, 노동 조건의 변화로 인한 여가시간과 소득의 증가로 인해 의류/패션산업은 생산이나 소비의 측면에서 국가의 경계를 넘어 활발한 세계화가 진행되고 있다.

2. 우리나라 패션산업의 현황

의류산업은 의복이 생필품인 동시에 디자인 패션산업으로서 인구증가와 소득증대에 따라 확대되고 있는 산업이다. 우리나라에서는 지난 1970년대 이후 주요 수출 산업으로서 경제에 이바지한 면도 크다.

1) 현황

우리나라 의류/패션산업은 국민경제의 가장 큰 비중을 차지하는 수출 주도형, 최대 고용창출형 산업이다. 2002년 및 2003년도의 국내외 각종 통계자료를 살펴보면, 우리나라의 전체 제조산업중 의류/패션산업이 차지하는 비중을 살펴보면, 업체수로는 18.0%, 고용인원은 약 14.0%, 생산액으로는 약 7.0%, 수출규모는 약 9.6%를 차지하고 있다. 소비의 측면에서 보면 피복 및 신발에 대한 지출이 월평균 전체 소비지출 중 5.6%를 차지하고 있다. 또한 우리나라의 연평균 섬유소비량은 20.1kg 정도로서, 세계 평균인 8.7kg보다는 높고 선진국 수준인 미국의 평균인 36kg보다는 낮다. 따라서 우리나라 소비자들의 소득수준이 높아지고 라이프스타일이 변화하게 되면 섬유소비량이 더욱 증가할 것이며, 의류/패션산업의 시장이 지속적으로 성장할 것임을 알 수 있다. 국제적 수준을 보면 전세계에서 교역량이 중국, 홍콩, 이탈리아, 미국, 독일에 이어 세계 6위를 차지하며, 섬유소비의 증가에 따라 한국을 포함한 동북아 지역이전세계 섬유산업의 중심을 차지할 것이다.

2) 의류/패션산업의 분류

통계청에서 제시한 한국표준산업분류에 의하면 의류/패션산업은 섬유제품 제조와 의복 및 모피제품 제조업을 포함하게 되는데, 섬유제품

표 12.1 의류/패션산업 분류표

섬유제품 제조업		
방적, 직조 및 섬유가공업	제사, 방적 및 직조업	제사 및 견, 면 및 마, 모, 인조섬유, 연사제조 및 기타, 견 및 인조섬유직물, 면 및 마직물, 모직물, 기타
	섬유표백, 염색 및 가공업	섬유 및 사, 직물 및 편조원단, 나염, 섬유사 및 직물호부, 기타
기타 섬유제품 제조업	직물제품 제조업	포대, 침구 및 관련 제품, 자수제품 및 자수용 재료, 캔버스 제품, 커튼 및 유사제품, 기타
	융단 및 유사 마루덮개 제조업	
	끈, 로프 및 끈 가공품 제조업	끈 및 로프, 어망, 기타
	기타	세폭직물, 제면업, 장식포 및 장식용 섬유제품, 위생용 섬유제품, 펠트 및 부직포, 특수사 및 코드직물, 적층 및 도포직물, 기타
편성업	편성업	원단, 양말, 내의, 외의, 장갑, 기타
의복 및 모피제품 제조업		
의복 제조업	개인 맞춤복 제조업	남자용, 여자용, 한복, 기타
	기성복 제조업	남자용, 여자용, 소아용, 셔츠, 작업복 및 관련 기성복, 내의, 가죽의복, 모자, 장갑, 기타
모피가공 및 모피제품 제조업	모피가공 및 모피제품 제조업	원모피, 천연모피제품, 인조모피제품

출처: 『한국표준산업분류』, 통계청.

제조업의 경우 방적/직조 및 섬유가공업과 기타 섬유제품 제조, 편성업을 포함한다. 의복 및 모피제품 제조업은 맞춤복 및 기성복 제조를 포함한의복제조업과 모피가공 및 모피제품 제조업을 포함한다. 이처럼 의류/패션산업은 기본적으로 다양한 섬유소재를 생산하는 것에서부터 그 재료로 인간의 신체를 감싸고 장식하는 제품을 생산하고 판매하기 위한 모든 산업을 일컫는다. 표 12.1은 우리나라 의류/패션산업의 분류표이다.

섬유제품으로 가장 대표적인 것으로는 의복을 들 수 있지만 그 밖에도 섬유제품은 침구류 등을 포함한 직물 제품, 끈 및 로프, 어망, 세폭직물, 위생용 섬유제품, 펠트 및 부직포, 코드직물 등 기타 섬유제품을 포함한다. 그 중에서도 일반적으로 의복은 직물, 편성물, 피혁, 부직포와 같은 평면적 소재로 인체에 맞춰 재봉되거나 봉합과정을 거쳐서 입체적 형태를 나타내는 것으로 인체의 크기에 따라 규격화되어 있으나, 타제품과 달리 일정한 규격이나 형태로 규정지을 수 없을 정도로 매우 다양하다. 의류산업은 하나의 분류기준을 찾기는 어렵지만 소재별, 용도별 및 성별로 분류하면 다음과 같다.

(1) 소재별 분류

의류의 소재는 직물, 편성물, 피혁 등으로 분류되나 소재를 혼용한 제품도 있다. 또한 옷감을 이루고 있는 원사의 종류에 의해 천연섬유제품, 합성섬유제품, 혼방섬유제품으로 구분된다.

(2) 용도 및 성별 분류

용도에 따라 내의류와 외의류로 구분되고, 성별에 따라 남자용 의류, 여자용 의류로 구분된다. 한편 연령별로는 유아용 의류, 소아용 의류, 성인용 의류로 대별되며 성인용 의류는 청소년, 신사 및 숙녀, 장년, 노년층 등으로 세분된다.

3) 의류/패션산업의 특성

(1) 노동집약적 산업인 동시에 기술집약적 산업

의류 제품이 생산되는 과정에 사람의 손을 직접 거쳐야 하는 공정의 비중이 높아서 인적 자원이 많이 필요하다는 특성을 가지고 있다. 따라서 일정 인력만 확보하면 소자본으로도 기업화가 가능하지만 상품의 기획, 생산관리, 품질관리에 따라 생산성과 상품가치를 크게 높일 수 있는 기술과 자본의 필요성이 높기도 하다. 더욱이 원료가 되는 섬유의 물적 화학적 특성의 개발과 개선에는 상당한 고도의 기술이 요구된다.

(2) 제품수명이 짧은 패션성 산업

소비자의 성별, 연령별, 직업별 등에 따라 의류소재 및 형태가 달라지고, 계절과 유행에 민감하여 상품 자체의 수명이 짧다. 또한 소비자로부터 항상 새로운 상품개발을 요구받고 있다. 패션성이므로 감각적이면서도 위험부담이 높은 산업이다.

(3) 저가품과 고가품의 가격차이가 큰 산업

의류소재 외에도 실용성, 개성미, 유행 및 패션감각 등 소비자의 욕구에 부합하는 만족도에 따라 가격차이가 커서 비슷한 소재를 사용하여도 상품가치는 상이한, 고부가가치 산업이다.

(4) 관련 산업의 의존도가 높은 산업

의류산업은 공정별로는 최종생산단계인 소비제품을 생산하고 있다. 제품의 형태에 따라 원사, 직물류 등 주원자재 외에도 단추, 지퍼, 악세서리, 재봉사와 같은 부자재가 필요하고 생산기계의 다양성에 의존하므로 업종 및 시장의 세분화가 필요불가결한 산업이다. 관련 산업의 기술수준이 의류제품의 품질수준에 반영되고 있어 의류산업은 섬유, 기계, 석유화학 등 관련 산업의 의존도가 높다. 최근에는 자동화 추이에 따라 CIM, CAD, CAM 시스템의 이용 등 컴퓨터의 활용이 활발해지고 있다.

전체적으로 볼 때 소비자의 라이프 스타일이 변화하고 세계화, 정보화가 진전됨에 따라 의해 의류/패션 제품은 개인과 집단의 기술적, 정치적, 사회적, 문화적 가치를 담는 도구가 되고 있다. 따라서 의류/패션산업에서는 제품에 이러한 특성을 반영할 수 있는 생산, 분배, 소비의 체제를 갖추는 방향으로 변화가 진행되고 있다.

3. 의류소재의 생산과 활용

1) 의류소재의 생산

(1) 섬유원료와 실의 생산

섬유가 모여 실이 되고, 이를 가지고 제직 또는 편성 등의 방법으로 옷감을 만든다. 섬유의 가늘고 긴 접합체가 실이다. 원료섬유의 종류, 형태, 제조방법에 따라서 여러 가지 실이 만들어지며, 용도에 따라 다른 특성을 가지는 실이 만들어진다.

(2) 의류소재

섬유의 종류, 형태, 직조 또는 편성방법 등에 따라서 다양한 의류소재가 만들어지며 그 특성이 다르다. 의류소재는 직물, 편성물, 부직포와 펠트 등으로 나눌 수 있으며, 최근에는 신소재가 계속하여 개발되고 있다.

(3) 염색

의류용 소재는 정련, 표백, 염색처리를 하며 더 바람직한 성능을 가지게 한다.

염색은 침염과 날염으로 크게 분류되는데, 침염은 피염물을 염료용액에 그대로 담가 염색하는 것으로 한 가지 색으로 염색되며, 날염은 옷감에 무늬를 나타내는 염색방법이다.

(4) 가공

의류제품의 촉감, 외양을 개선하거나 특수기능을 나타내도록 또는 손질을 간편하게 할 수 있도록 가공을 하고 있다. 가공에는 방추가공, 방축가공, 축융가공, 방오가공, 방염가공 등이 있다.

2) 새로운 의류소재

과학의 발전은 의류소재의 발전을 가져와 의류/패션에도 반영되고 있다. 새로운 가공제의 발명과 처리방법의 기술혁신 및 그 기능성을 분석할 수 있는 기기의 발명 등이 의류소재의 발전에 기여한 바가 크다. 또한 소비자의 요구와 유행 트렌드에 맞는 소재가 새로운 의류소재의 개발에 영향을 미쳤다.

새로운 의류소재를 구분하면 쾌적/건강소재, 특수가공소재, 감성소재로 구분할 수 있다.

① 쾌적/건강소재는 사용환경조건과 신체생리관계를 감각계측기술을 기본으로 인체에 적합하도록 만든 건강/위생적 의류소재로서 자외선 차단소재 등이 있다.

② 특수가공소재는 이지 케어(easy care)성, 안전성, 생활의 기능성 등을 추구하여 보다 편리하고 쾌적한 생활을 제안하거나 자원절약, 환경오염 방지, 자원재생 등 의류제품의 폐기와 제조방법을 고려하여 지구자연환경에 친숙하도록 만든 고기능 소재로서 제전, 속건, 생분해소재 등이 있다.

③ 감성소재는 오감(시각, 촉각, 청각, 취각, 미각)에 호소하는 것으로 눈(색, 무늬, 윤곽), 코(냄새, 향기), 귀(소리), 입(맛) 등이 외계의 자극을 받아들여서 감각 및 반응을 유발시킬 수 있는 소재이다.

이들 소재 중에서 색상, 광택, 태, 촉감 등을 향상시킬 목적으로 신합섬, 신세대 양모, 뉴 레이온 등의 감성소재가 가장 활발히 개발되고 있다.

4. 의류/패션상품의 기획 및 생산

의류/패션 상품이 생산되는 과정에는 장의성과 과학적 객관성을 요하는 부분이 있으며, 이로 인해 디자이너, 머천다이저, 생산매니저, 패턴메이커 등과 같이 고도의 경쟁력을 필요로 하는 직업이 존재한다. 이들은 한 팀을 이루어 작업을 진행시킨다.

의류상품을 대량생산할 때에는 다수의 소비자들이 원하는 것과 그들이 구매할 가능성이 높은 상품이 어떤 것인지를 미리 파악한 후 생산해야 한다. 이러한 사항들을 파악하고 분석하는 과정이 바로 상품기획의 과정이다. 착용자의 신체특성과 기호, T.P.O(time, place, occasion)의 조건 등을 손쉽게 반영할 수 있는 맞춤복과는 달리 기성복은 불특정 다수의 소비자를 위한 의상으로 대량생산이 전제가 되고 있다. 따라서 기성복은 실제적인 디자인 전개 이전에 상품의 기획방향을 설정하는 것이 중요하다.

1) 의류/패션상품의 기획

상품기획은 소비자의 필요나 욕구를 예측하여 상품으로 구현하며, 소비자가 원하는 시기와 장소에 상품을 제공하여 구매하도록 동기를 유발하는 활동을 뜻한다(그림 12.1).

상품기획의 방향설정을 하기 위해서는 환경요인과 제품특성에 대하여 명확히 파악하여야 한다. 환경요인에는 국내외의 정치 · 사회 · 경제 · 문화 · 기술적인 배경, 소비패턴 및 소비자 타깃 분석, 브랜드의 위치확인과 경쟁사의 동향 등이 포함되며, 이에 대한 사전조사가 필요하다. 제품의 개발을 위한 특성파악에는 상품 이미지, 스타일, 색채, 소재, 실루엣, 디테일, 코디네이션 효과와 상품전략, 상품구성 및 수량, 가격 등에 대

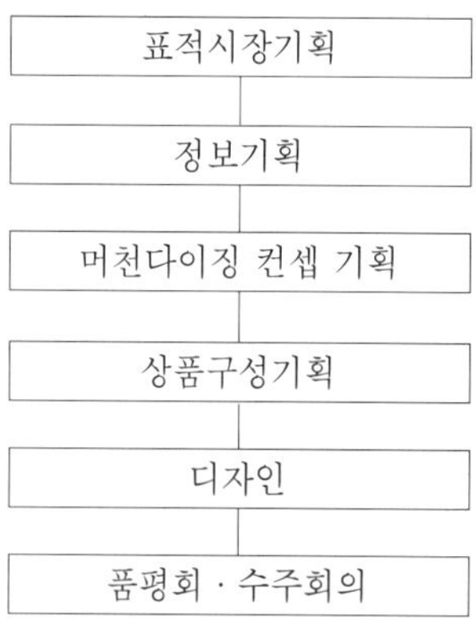

그림 12.1 상품기획의 기본과정(이은영, 『패션마케팅』, 1997, p. 382)

한 철저한 사전조사가 선행되어야 한다.

표적시장(target market)이란 제품의 주된 소비자집단을 의미하며, 표적시장의 기획은 시즌별 상품기획의 첫 단계이다. 표적시장은 사회환경의 변화에 따라 그 특성이 계속 변화하므로, 집단을 설정한 후 이들의 구체적인 실체를 확인하고 전반적인 사회환경 변화에 따라 소비자의 생활과 의식에 어떠한 변화가 있는지 다양한 측면에서 분석을 하고 표적시장의 전반적인 삶의 모습을 가시적으로 보여 주는 생활양식도를 구성한 후 상표 이미지를 확인한다.

정보기획이란 어떤 정보를 어디로부터 찾아서 어떻게 활용할 것인가를 결정하는 것이다. 상품기획에 유용한 정보를 제공하는 정보원으로는 패션정보, 시장정보, 소비자정보, 국내외 학술정보 등이 있다. 그 내용을 적절하게 분석하고 평가하여 유용한 정보로 요약하는 것이 정보 자체보다 더욱 중요한데, 자사의 표적시장의 특성에 따라 패션정보의 내용과 분석결과가 달라진다.

머천다이징 컨셉 기획은 앞에서 이루어진 시장정보와 패션정보를 근거로 하여 그 시즌의 패션 테마를 확인하고, 패션 테마에 따라 그 시즌에 생산할 제품들에서 공통적으로 표현될 주제인 머천다이징 컨셉를 결정하는 것으로 상품화 작업의 기초가 된다. 표현하고자 하는 전반적인 분위기가 결정되면 이러한 분위기를 표현할 수 있는 디자인 특성을 한눈에 보여 주는 이미지 맵, 색채도 등을 구성한다.

상품의 종류를 결정하는 단계를 상품구성 기획단계라 하며, 코디네이드 기획 및 아이템 기획이 포함된다(그림 12.2).

기성복 제작에서는 패션 테마에 따라 컬러를 선정하고, 소재의 방향을 결정하게 되며, 설정된 소재의 테마에 따라 소재의 스와치를 수집하여 그루핑하면서 사용한 소재를 확정하게 된다. 일반적으로 확정된 소재로써 패션 테마에 적합한 디자인을 하게 되므로, 주어진 소재에 따라 스타일링하는 훈련이 필요하다. 디자이너는 생산과정에 참여해야 하므로 패턴제작, 봉제에 대한 기본이해와 기술을 습득해야 한다.

머천다이징 컨셉 기획(자료제공: 면방정보실)

디자인 기획(자료제공: 기화하이텍)

그림 12.2 의류상품 기획과정의 예

제작된 샘플은 사내의 디렉터, 머천다이저, 디자이너 등이 참석하는 사내 품평회나, 이들 외에도 소비자가 참석하는 모니터 품평회, 점주가 참석하는 수주회 등을 통하여 모델을 선정하게 된다. 품평회에서 선정된 모델은 수주회에서 주문을 받아서 대량생산에 투입된다.

이와 같은 상품기획과정은 한 번에 한 시즌씩 이루어지는 것이 아니라 시즌별로 지속적으로 이어진다. 따라서 한 생산업체에서 이루어지는 상품기획활동은 여러 시즌의 것이 각기 다른 진행단계에서 동시에 이루어진다.

2) 의류/패션상품의 생산

의류/패션상품의 생산방식은 개인을 위한 개별 제작인가, 불특정 다수의 소비자를 위한 대량생산인가에 따라 달라진다. 개별 제작의 생산에는 주문복(order made)이 포함되며, 대량생산방식에는 이지 오더(easy order made), 기성복(ready made)이 포함된다. 그러나 앞으로 컴퓨터와 인터넷의 발달로 대량주문복시대(mass customization), 즉 대량생산 시스템에 개인을 위한 개별 제작과정이 도입될 것으로 기대되고 있다.

앞서 설명한 의류상품의 기획은 대량생산방식을 위한 과정으로서 의류상품의 생산에 관련하여서도 대량생산방식 중 기성복 제작과정에 대한 내용을 주로 다루고자 한다.

(1) 생산기획

최종생산에 들어갈 디자인이 결정되면 생산기획을 하게 된다. 구체적인 생산지시서를 작성하고(그림 12.3), 샘플 패턴을 검토하여 공업용 마스터 패턴을 만들고, 필요한 사이즈 수에 따라 패턴의 그레이딩 작업과 요척계산에 필요한 마킹 작업을 행한다. 또한 자사공장이나 외주공장 중 생산능력에 적합한 공장을 선정하여 생산을 의뢰한다.

생산이 결정된 스타일들은 공업용 패터너(production pattern maker)에게 넘겨지며, 봉제방법을 분석하여 공업용 패턴(production pattern, hard pattern)을 제작한 후 디자인상의 특징이나 실루엣을 유지하면서 마스터

1999. 11. 01

생산지시서 (KNIT)

결재	디자이너	팀장	실장	이사	감사

1999. 10. 30.

Style No.	J96-KG825	작지 No.	0651	발주량	460 PCS	1차 요척	• 완성중량: 330 g	2차 요척
견본 No.	XJ96-KG043	가공처		가공임	비추용일: 편직: 2,500 / 가공: 8,900		• 재단 Loss: 60 g • 편직Loss: 30 g	
원사 혼용률	Jasmine 1/16's	(Lamb's Wool 70% / Rayon 30%)		납기일	1999. 12. 05		• 편직중량: 420 g	

기본원사			Total	Size			배색원사			Swatch	Main Label	비고
원사명	색상	출고량		85/64	(90)FR/67	95/70	원사명	색상	출고량			
Jasmine (J95Y0105B1)	OW	50 Kg	120		120						IV	
〃 (J95Y0105B)	YL	50 Kg	120		120						BG	
〃 (J95Y0105B)	LV	50 Kg	120		120						BG	
〃 (J95Y0105B)	ED	42	100		100						BG	
Total		193.2 Kg	460 PCS	PCS	460 PCS	PCS						

7 G	2 合	민자 (세탁)	판매가

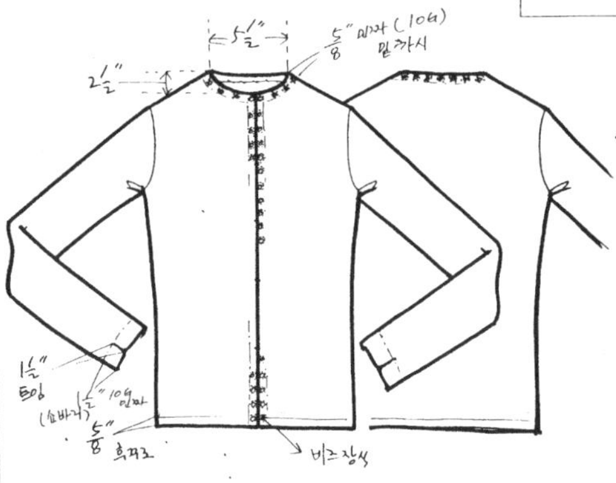

칫수별 사이즈 구분내역

내용 \ Size	85/64	(90)FR/67	95/70
총기장		22"	
폭		16½"	
어깨넓이		13¼"	
소매장		22¾"	
소매폭 上		5⅜"	
소매폭 下		4"	
A · H		7½"	
소매단		·	
허리단		⅝" (후파고)	
목단		·	
앞단		·	
뒤. Neck		5½"	
목깊이		2½"	
허리 Size		·	
밑폭 Size		15½"	

수정사항	시제품 수정사항
- 몸판 A/H 내림 - 옆 소매통 키움. (입몸은 2대3). 5⅝" 정도 나오게	

부자재	- 가공사 250 m - ½ 걸고리 [#1 4EA - 비즈 [서울비딩 가공 / 진주 / 초자
라벨	#1 1EA
품질표시	1EA
세탁방법	(세탁 기호)

그림 12.3 작업지시서의 예(자료제공: 한섬)

패턴을 편차(grading rule)에 따라 확대 · 축소하여 각종 사이즈의 패턴을 능률적으로 제작하는 그레이딩 과정을 거친다(그림 12.4).

직물을 효과적으로 사용하여 원단 로스가 최소화되도록 패턴을 직물 위에 배치하는 마킹 작업까지 생산기획에 포함된다.

(2) 생산공정

제조준비공정은 투입된 각 재료를 원단검사 및 방축처리를 한 후, 재단지시서에 따라 연단작업과 재단을 하고, 각 사이즈별로 분류하여 작업분단별로 봉제공정에 투입하는 과정이다.

봉제공정은 공정분석표에 의해 분업단위로 공정이 편성되어 생산라인에 따라 각 표준서대로 심지를 붙이고 부분봉제와 몸판 조립봉제가 된다. 조립과정은 봉제완료 후 단추구멍과 단추달기 등의 특수봉제와 손봉제 등의 마무리작업을 거쳐 완성이 된다. 검품과정을 거쳐 검사에

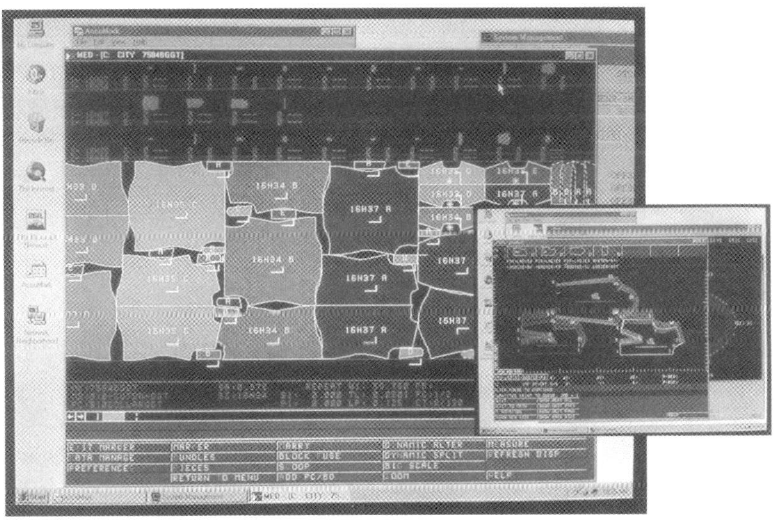

패턴제작 · 그레이딩 · 마킹 작업(자료제공: 기화하이텍)

그림 12.4 생산기획과정의 예

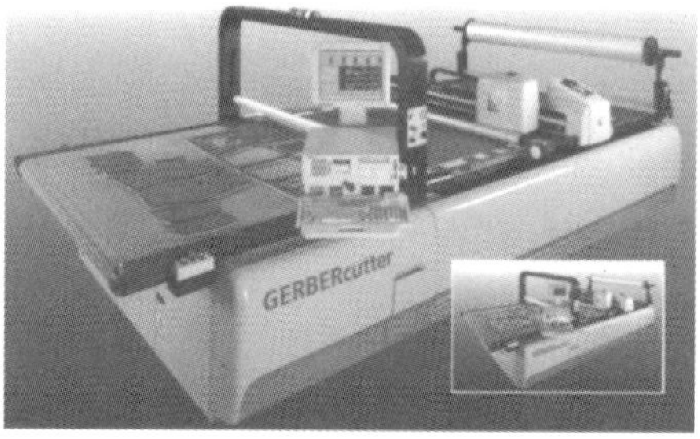

재단작업(자료제공: 기화하이텍)

봉제공정(자료제공: 기화하이텍)

그림 12.5 생산공정과정

합격한 제품은 프레스 등의 마무리가공을 한 후 출하지시에 따라 물류센터에 납품된다(그림 12.5).

위에서 설명한 기성복 제작과정은 그림 12.6으로 도식화할 수 있다. 그러나 본 과정은 다품종 소량의 기성복 제작으로 이지 오더와 하프 메이드(half made) 등의 작업방식과는 수작업과정, 기계화의 비율 등 전체 제작과정과 다소 차이가 있다. 근래에는 컴퓨터를 이용한 대량주문복 생산에 대한 연구가 활발히 진행되고 있으며, 다품종 소량생산을 지향하면서 이지 오더와 하프 메이드에 대한 관심도 증가하고 있다.

5. 의류/패션상품의 유통

의류/패션유통은 소비자욕구를 충족시키기 위하여 패션상품을 의류생산자로부터 최종소비자에게 전달하는 과정을 의미하며, 대개 의류유통경로는 3단계로 나누어져 서로 유기적인 관계를 맺고 있다.

의류와 관련된 원자재나 부자재 등을 공급하는 1차 시장, 이러한 원·부자재를 가지고 기획·생산하는 중간상인이나 의류업체로 구성되는 2차 시장, 제품을 여러 소매기관을 통해 최종소비자에게 전달하는 소매상단계의 3차 시장으로 설명할 수 있다(그림 12.7). 최종소비자에게

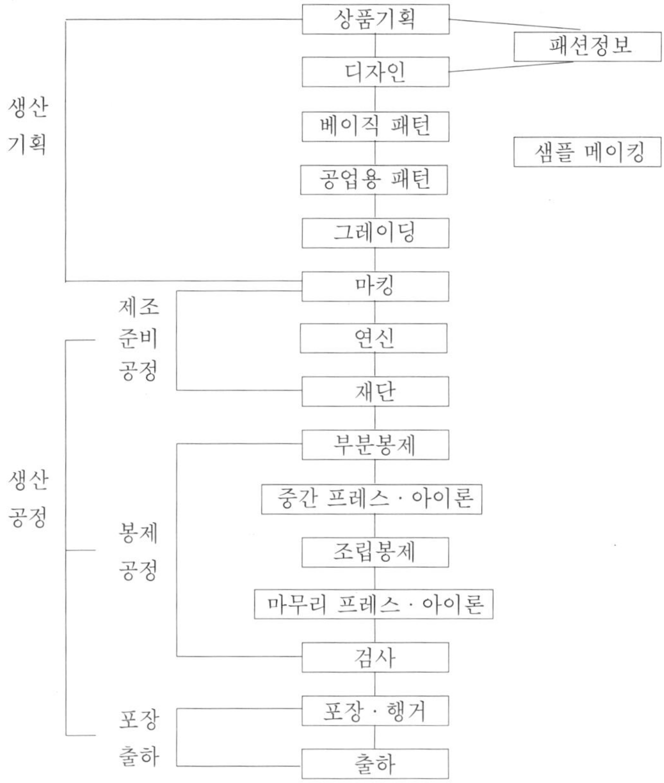

그림 12.6 기성복 제작의 과정

(日本纖維機械學會, 『被服科學總論』, 1990, p. 102)

원하는 제품을 적절한 시기에 적당한 가격과 품질로 제공하기 위하여 그 중 3차 시장에 해당하는 소매기관인 백화점, 의류/패션전문점, 대형할인점, 디자이너 부티크, 재래시장, 아울렛(outlet), 통신판매 등이 대표적인 경로로 이용되고 있다.

1) 의류상품의 유통경로

의류상품은 생산자로부터 소매상을 거쳐 소비자에게 판매되는 것이

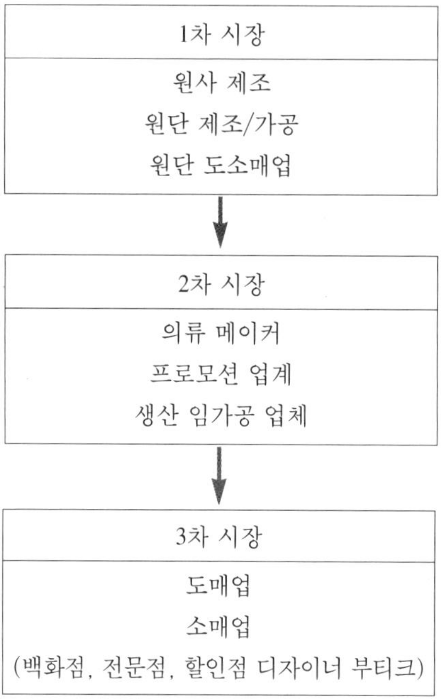

그림 12.7 의류/패션상품의 유통과정

일반적인 유통과정이다. 계절의 영향을 받고 유행변화도 빠르기 때문에 생산으로부터 판매까지 시간적 제약을 받으며, 제품의 다양성이 높은 이질적 선매품이라는 특성 때문에 도매상을 경유하지 않는 경우가 대부분이다. 의류상품을 판매하는 소매점은 점포의 이미지, 제공하는 서비스, 가격대, 상품의 질 등에 따라 백화점, 패션전문점, 디자이너 부티크, 재래시장, 대리점, 할인점, 아우트렛, 통신판매 등과 같은 다양한 형태가 있다.

2) 리테일 머천다이징

합리적인 물적 유통관리는 적당한 구색의 상품을 적시적소에 이동시켜 유통을 효율화하는 것이다. 사입과 판매를 전문으로 취급하는 리테일 머천다이저의 기능은 소비자가 원하는 상품을 기획하고, 사입하고, 판매하는 활동으로, 소비자의 '구매대리인'의 역할을 한다. 즉 생산자로부터 소비자가 원하는 제품을 사입하여 소비자가 원하는 시기에 공급하는 것이다.

6. 의류/패션산업의 발전 방향

의류/패션산업은 인류 역사와 함께 발전한 산업으로 사람이 존재하는 한 영원히 발전할 수 있는 산업이다. 의류/패션산업의 발전은 인간 삶의 풍요로움을 대변하는 것이다. 사회가 점차 다원화되고 소득이 높아져 개성화될수록 섬유소비는 의류와 산업용으로 발전하여 그 수요가 무한히 증가할 것이며, 고급화, 개인화를 지향할 것으로 예상된다. 또한 의류/패션상품은 사회의 문화 내용과 수준을 반영하는 대표적인 상품으로서 의류/패션산업은 문화 산업으로서의 입지를 공고히 할 것이다.

우리나라의 의류/패션산업은 세계적으로 품질과 명성을 인정받을 수 있는 신소재 및 디자인을 개발함과 아울러 독자적 브랜드를 성장시켜 고부가가치를 추구해야 한다. 또한 단순 대량생산에만 적합한 체제를 탈피하여 선진화된 생산 체제를 구축하고, 물류 및 유통, 판매의 범위를 세계화해야 할 것이다. 이를 위해 의류/패션산업 내의 구성원들 간 그리고 연관 산업 및 지원 기관과의 협력을 강화하여 시장 변화에 신속하고도 적절한 대응을 하여 21세기 세계 의류/패션산업의 중심지로 거듭나야 할 것이다.

참고문헌

구강 · 김공주 · 김진우 · 이정민(1998). 『섬유가공학』. 형설출판사.

노성호 · 서제일 · 이재덕 · 주광신(1989). 『의류산업의 경쟁력변화와 구조고도화』. 산업연구원.

서성무, 홍병숙, 진병호(2002). 『패션비즈니스』. 형설출판사.

이은영(1997). 『패션마케팅』. 교문사.

이형숙 · 남윤자(1997). 『여성복구성』. 오롬시스템.

홍문신 · 최장호(1987). 『섬유산업의 구조와 정책』. 산업연구원.

日本纖維機械學會(1990). 『被服科學總論』. p. 102.

A. Price & A.C. Cohen(1994). *Fabric Science*. Fairchild Publications.

K.G. Dickerson(2000). *Inside the fashion business (7th edition)*. Prentice Hall.

K.L. Hatch(1993). *Textile Science*. West Publishing Company.

제13장

식생활산업

1. 식품산업

1) 식품산업의 발달

식품산업은 농산물, 축산물, 수산물 등의 식재료를 주원료로 사용하여 반제품 또는 완제품 등 여러 가공식품을 생산, 저장, 유통하는 산업이다. 식품산업은 제조업분야에 속하는 2차 산업이지만 1차 산업에 속하는 농업, 수산업, 목축업에서 생산하는 생산물을 주원료로 이용하므로 1차 산업의 발달에 따라 발전하여 왔다. 수렵채집시대 이후 수천 년에 걸쳐 농업을 발전시킨 농업혁명에 의하여 사람이 필요한 농산물을 어느 정도 생산할 수 있게 되면서, 식품을 가공하는 식품산업이 가내수공업 형태의 생산으로부터 시작될 수 있었다.

식품산업은 18세기의 산업혁명과 함께 크게 발전하기 시작하였다. 산업혁명에 의하여 기계화된 대규모의 공장지대가 형성되면서 인구가 집중된 도시들이 출현하였다. 초기 산업화된 도시에 사는 공장 노동자들은 곤궁한 생활에 시달렸으나, 새로 등장한 상인, 은행가 등 부유한 생활을 할 수 있는 중산계급이 확대되면서 이들의 풍요로운 식생활을 뒷받침하기 위한 식품가공 조리기술이 발전하기 시작하였다. 산업혁명이 상당히 진행된 19세기 중반기부터는 급증한 노동자들에 대한 식량문제 해결이 선결과제로 인식되면서 식품의 대량 조리가공 및 저장기술이 발달하게 되어 값싼 가공식품을 생산하는 식품산업이 크게 발전하게 되었다.

우리나라의 식품산업은 6·25 전쟁 이전까지는 식량이 부족하여 양조업 등 극히 일부분만이 가내공업 형태로 유지되었으며, 6·25 전쟁시에 군부대의 식량조달을 위하여 통조림이 극히 제한적으로 생산되기 시작하였다. 1960년대 이전에는 미국의 잉여농산물을 이용한 제분, 제당공업과 통조림, 건조법 등 간단한 가공기술을 이용한 가공식품이 일부 생산되었으며, 1960년대 이후 경제개발 5개년 계획에 포함된 국민생활개선운동의 일환인 분식장려정책 시행으로 제면·제빵산업이 급속히 성장하였고, 라면이 생산되기 시작하여 높은 인기를 얻어 식품산업 발전에 크게 기여하였다. 그러므로 1950~1970년대를 식품산업의 제1단계인 태동기로 구분하고 있다. 이후 생활수준이 향상됨에 따라 맥주, 식용유, 햄, 소시지 등의 육가공품, 아이스크림, 발효유 등의 낙농제품을 비롯한 각종 가공식품이 다양하게 생산된 1980~1990년대를 제2단계인 성장기로 구분할 수 있다. 현재는 급격하게 발달한 최신의 과학기술을 적용하여 각계 각층의 소비자요구에 부응하는 제3단계인 성숙기에 접어들었다.

식품산업의 태동기에는 식품의 1차 기능인 영양공급에 주력하였으며, 성장기에는 식품의 2차 기능인 맛과 향미를 중시하여 소비자의 기호에 접근하는 다양한 종류의 식품개발에 힘을 쏟았다. 식품산업의 성숙기라고 할 수 있는 현재는 식품의 3차 기능인 식품에 함유된 생리적 활성을 강조하는 기능성 식품을 개발하기 위한 연구가 수행되고 있으며 건강보조식품 생산이 활성화되고 있다. 따라서 영양, 편리성, 안전성, 기호성 및 생리활성까지 고려한 고부가가치 가공식품을 생산하는 시대로 접어들고 있다.

2) 식품산업의 분류

광의의 식품산업은 식품제조업과 식품유통업 및 외식업까지 포함하

표 13.1 식품산업 분류표

음식료품 제조업		
고기, 과실 채소 및 유지 가공업	도축, 고기 가공 및 저장처리업	도축업, 기타 육지동물고기 가공 및 저장처리업
	수산물 가공 및 저장처리업	어육 및 유사제품 제조업, 수산동물 훈제, 조리 및 유사 조제식품 조제업, 수산동물 냉동품 제조업, 수산동물 건조 및 염장품 제조업, 식용해조류 가공 및 저장처리업, 기타 수산동물 가공 및 저장처리업
	과실, 채소가공 및 저장처리업	과실 및 채소 주스 제조업, 과실 가공 및 저장처리업, 김치 및 유사채소 절임식품 제조업, 기타 채소 가공 및 저장처리업
	동 · 식물성 유지 제조업	동물성 유지 제조업, 식물성 유지 제조업, 식용 정제유 및 가공유 제조업
낙농제품 및 아이스크림 제조업	낙농제품 및 아이스크림 제조업	액상시유 및 기타 낙농제품 제조업, 아이스크림 및 기타 식용 빙과류 제조업
곡물 가공품, 전분 및 사료제조업	곡물 가공품 제조업	곡물 도정업, 곡물 제분업, 제과용 혼합분말 및 반죽 제조업, 기타 곡물가공품 제조업
	전분 및 당류 제조업	전분 및 전분제품 제조업, 당류 제조업
	사료제조업	사료 제조업
기타 식품 제조업	빵류 및 곡분과자 제조업	빵류 제조업, 떡류 제조업, 곡분과자 제조업
	설탕제조업	설탕 제조업
	코코아 제품 및 설탕과자 제조업	코코아 제품 및 설탕과자 제조업

표 13.1 계속

음식료품 제조업		내 용
	국수, 라면 및 유사식품 제조업	국수, 라면 및 유사식품 제조업
	조미료 및 식품첨가물 제조업	천연 및 혼합조제 조미료 제조업, 장류 제조업, 식초 및 합성조미료 제조업, 식품첨가물 제조업
	기타식료품 제조업	커피 가공업, 차류 가공업, 수프 및 균질화 식품 제조업, 두부 및 유사식품 제조업, 인삼식품 제조업, 도시락 및 식사용 조리식품 제조업, 건강보조용 액화식품 제조업, 그 외 기타 식료품 제조업
음료 제조업	증류주 및 합성주 제조업	주정 제조업, 소주 제조업, 기타 증류주 및 합성주 제조업
	발효주 제조업	탁주 및 약주 제조업, 청주 제조업, 기타 발효주 제조업
	맥아 및 맥주 제조업	맥아 제조업, 맥주 제조업
	비알콜성 음료 및 얼음	얼음 제조업, 생수 생산업, 기타 비알콜성 음료 제조업

출처: 한국표준산업분류, 통계청

기도 하나, 일반적으로 식품산업이라함은 한국표준산업분류의 음식료품 제조업, 즉 식품제조업만을 포함하는 산업으로 정의된다. 한국표준산업분류에서는 제조업 중 음식표품 제조업을 사람 또는 동물이 먹을 수 있는 각종 음식료품 및 동물사료, 식용 또는 비식용 동식물성 유지 및 관련 제품을 제조하는 산업 활동으로 정의하고, 다시 표 13.1과 같이 세분화하고 있다.

표 13.2 국내 산업대비 식품산업 비중

(단위: 10억 원, %)

연도	국내총생산 (GDP)	제조업 GDP	식품산업 총생산액	제조업 GDP 대비	GDP 대비
1993	277,496	79,942	14,048	17.57	5.06
1994	323,407	93,874	23,042	24.55	7.12
1995	377,349	110,826	25,861	23.33	6.85
1996	418,479	120,759	22,314	18.48	5.33
1997	453,279	130,968	19,456	14.86	4.29
1998	444,366	137,152	20,244	14.76	4.56
1999	483,777	153,855	22,260	14.47	4.60
2000	517,096	162,706	25,549	15.70	4.94
2001	545,013	163,335	27,685	16.95	5.08

출처: 식품 및 식품첨가물 생산실적, 식약청

3) 식품산업의 현황 및 전망

(1) 식품산업의 현황

가공식품을 생산하는 국내 식품산업은 국민소득의 향상, 맞벌이 부부의 증가 및 핵가족화, 도시의 인구집중, 식단의 서구화 등의 여러 요인에 의해 급속히 성장하였다. 국내 식품산업의 규모는 표 13.2에서와 같이 1993년도에는 14.1조 원에서 2001년에는 27.7조 원으로 성장하였다. 그러나 제조업 국내총생산 내한 식품산업의 총생산 비율은 1993년도에는 17.6%이었으나 2001년도에는 17.0%로 그 상대적 비중은 증가하지는 않았다.

앞으로 가공식품으로 전환될 가능성이 있는 많은 식품들이 있다. 가정에서 직접 만드는 조미식품류의 많은 부분이 가공식품으로 대량생산이 이루어질 수 있을 것이다. 된장, 간장 등 전통 장류는 현재 상당부분 가공식품화되었으며, 김치류도 소규모 가내공장에서 제조되기 시작하여 현재는 대규모 김치공장에서도 제조되고 있다. 또한 전통적으로 단순한 식품으로만 사용되던 것에서 편리성, 기능성 등의 새로운 부가가치를 부여한 고부가가치 식품의 개발이 폭넓게 이루어질 것이다.

식품산업의 발전과 함께 식품유통에도 변화가 있게 되었다. 1990년도 이전에는 가공식품은 제조만 하면 팔리는 제조업의 시대였으나, 1990년도 이후에는 팔리는 물건을 만들지 않으면 안 되는 시대가 되어 시장에서의 판매경쟁이 급격히 커졌다. 유통구조는 또한 기존의 재래시장에서 점차 현대화 시장으로 변화하고 있어 대형 유통점 위주의 시대가 되었다. 그러나 앞으로의 정보화시대에는 소비자가 주도하는 시장으로 변화하게 될 것이다. 그러므로 식품제조업체, 유통업체는 더욱 소비자의 요구에 부응하려고 노력하게 될 것이다.

(2) 새로운 가공식품의 개발

21세기의 소비자들은 가정에서 원재료를 가지고 긴 시간 조리해 먹는 빈도보다 이미 조리된 식품으로 간단히 데워 먹든가 일부 양념만 첨가하여 간편하게 조리하여 식사를 해결하려는 경향을 더욱 보일 것이다. 그러므로 반조리식품, 즉석식품, 동결건조식품, 냉동조리식품, 통조림식품, 레토르트(retort pouch) 식품, 전자레인지 사용가능 식품, 즉석조미료 등 사용에 편리한 다양한 식품과 함께 생리활성이 보강된 건강지향형 식품이 많이 개발될 것이다.

또한 소비자는 맛과 영양가를 선호하는 경향뿐 아니라 가능한 한 자연 그대로의 상태를 유지하는 신선한 제품을 원하는 방향으로 나아가고 있다. 이에 최소가공을 하여 식품의 상태를 유지하는 비열처리의 새로운 식품가공기술이 시도되고 있다. 물리적 방법으로는 초고압, 고전압, 초음파 등을 사용하는 방법이 개발되고 있으며, 화학적 방법으로는 이산화탄소, 박테리오신, 세포벽 분해효소 등을 이용하는 방법이 연구되고 있다.

(3) 건강 식품

식품은 기본적으로 생존을 위한 영양 충족과 먹는 즐거움을 충족시키

표 13.3 건강식품의 분류

<table>
<tr><td rowspan="4">건강식품(광의)</td><td rowspan="3">건강식품
(자연적)</td><td>건강식품
(Health foods)
(협의: 건강기능식품)</td><td>영양보조품(비타민, 미네랄, 단백질 등)
엑기스 식품(로열 젤리, EPA 등)
엽록소 식품(클로렐라)
유산균 함유식품</td></tr>
<tr><td>자연식품
(Natural foods)</td><td>무첨가 식품
저정제, 저가공도 식품
천연양조식품 등</td></tr>
<tr><td>유기식품
(Organic foods)</td><td>유기재배식품
무농약 식품(과일, 근채류, 곡류)
저농약 식품 등</td></tr>
<tr><td colspan="2">다이어트 식품
(Diet foods, 영양조정식품)
(인공적)</td><td>저칼로리 식품
고칼로리 식품
저지방, 저콜레스테롤 식품
저 · 고단백 식품
스포츠 음료
저염식품 등</td></tr>
</table>

자료: 오명숙 외, 『영양과 식품』, 1999.

는 기능이 있다. 그러나 최근에는 과다한 식품의 섭취와 아울러 육체적 활동의 감소로 인하여 다양한 퇴행성 질환들의 발생이 큰 사회적 문제로 부상하고 있다. 또한 수명의 연장 및 노인 연령의 증가로 인하여 식생활 관리를 통한 삶의 질적 향상에 대한 관심이 높아지고 있다. 이와 같은 맥락에서 현대 선진 사회에서 식생활의 의미는 영양소를 공급하는 일차적인 기능에서 벗어나, 식품 중에 함유되어 있는 생리활성 성분을 통하여 건강한 생활을 유지하려는 예방 의학적 가치를 포함시키고 있다. 이러한 생활의 변화와 새로운 국민 보건 지향적 소재에 대한 필요성은 건강 식품이라는 새로운 패러다임을 형성하였다.

표 13.4 건강기능식품 품목

영양보충용 제품, 인삼제품, 홍삼제품, 뱀장어유제품, EPA 및/또는 DHA 함유 제품, 로얄젤리제품, 효모제품, 화분제품, 스쿠알렌함유 제품, 효소제품, 유산균 함유제품, 클로렐라제품, 스피루리나제품, 감마리놀렌산 함유제품, 배아유제품, 배아제품, 레시틴제품, 옥타코사놀 함유제품, 알콕시글리세롤함유제품, 포도씨유 제품, 식품추출물 발효제품, 뮤코다당 · 단백제품엽록소 함유제품, 버섯제품 매실추출물제품, 자라제품, 베타카로틴 함유제품, 키토산함유 제품, 키토올리고당 함유제품, 글루코사민 함유제품, 프로폴리스 추출물제품

일반적으로 건강식품은 넓은 의미로는 농약이나 살충제 또는 비료를 사용하지 않거나 최소한으로 사용한 자연식품이나 유기식품까지를 포함하고, 좁은 의미로는 비타민, 무기질 등의 기존의 영양성분 및 생리활성이 알려진 기능성 성분을 다량 포함하고 있는 건강기능식품을 뜻한다. 표 13.3에 건강식품을 분류하였다.

건강기능식품 시장은 지속적으로 성장하고 있다. 이러한 시장의 증가세는 곧 소비자의 요구도가 크다는 것을 나타낸다. 그러나 한편으로는 관련 제품에 대한 소비자들의 불만이 많았고 보다 체계적인 관리 필요성을 인식하여 2003년에는 건강기능성식품법을 제정하게 되었다. 그러나 건강기능식품의 법률적 정의가 너무 협의적이며 건강기능식품의 범주 안에 포함된 제품들의 과학적 타당성 및 합리성이 부족하여 앞으로 많은 개선이 필요한 상황이다.

건강기능성식품에 관한 법률에 따르면 건강기능식품이란 '인체에 유용한 기능성을 가진 원료나 성분을 사용하여 정제, 캅셀, 분말, 과립, 액상, 환 등의 형태로 제조 · 가공한 식품'으로 정의되어 있다. 건강 기능식품은 기존의 식품위생법에 의해 관리하던 영양보충용 식품과 건강보조식품, 인삼(홍삼) 제품 등을 포함하며, 여기에 속하지 않는 제품을 개발 · 판매하고자 할 경우에는 기능성과 안전성에 관한 자료를 제출하여 식약청의 허가를 받아 판매를 할 수 있도록 되어 있다. 전통적인 건강기능식품으로는 저염, 저당, 저열량, 저지방, 고섬유질, 고칼슘 함유식품 등이 있으나 앞으로는 소비자 개개인의 건강증진과 질병예방을 위하여 열량, 영양소, 미량 생리활성물질 등을 조제한 맞춤식품(designer foods)이 요구될 것이다.

현재 국내 건강기능식품으로 품목허가된 종목은 표 13.4와 같이 전체 32개 품목에 달하고 있으며, 새로운 종목이 추가되고 있다. 건강식품시장은 해마다 높은 신장률을 보이고 있다. 경제적으로 좀더 여유 있는 21세기에는 소비자는 건강에 더욱 관심을 갖게 되므로 과학적 연구결과가 뒷받침되어 개발되는 건강식품은 식품품목 중에서 가장 높은 성장세를 보일 것으로 추측되고 있다.

2. 외식산업

1) 외식산업의 개념과 역사

일반적으로 우리는 인간의 식생활을 가정 내에서 이루어지는 가정 내 식생활(내식)과 가정 외에서 이루어지는 가정 외 식생활(외식)로 대별할 수 있다. 이러한 소비자의 외식행동에 일정한 시설과 식음료 상품을 구비하고 고객의 욕구를 충족시키면서 경제적 이익을 추구하는 일련의 영업행위를 외식산업이라고 정의할 수 있으며, 여기에서는 상품으로 제공되는 식음료, 인적 서비스, 공간연출 등을 골격으로 하고 있다.

외식산업은 서비스산업인 관광산업의 한 부분으로 넓은 의미의 외식산업과 좁은 의미의 외식산업으로 나누어 정의될 수 있다. 넓은 의미의 외식산업은 식사와 관련된 음식과 음료를 일정한 장소에서 직접 제조하여 불특정 다수 또는 특정인에게 판매하거나 그와 관련된 원자재를 생산하는 상행위를 하는 모든 업소의 집단이라 할 수 있다. 즉 음식을 직접 가공, 조리 및 생산하여 판매하는 외식업소뿐 아니라 이들 외식업소에서 음식이라는 상품을 제조하기 위해 사용되는 식자재를 가공하거나 납품하는 업소들과 음료와 주류만을 전문적으로 판매하는 곳들까지 포함한다. 반면 좁은 의미의 외식산업은 식사와 관련된 음식이나 음료를 일정 장소에서 특정인에게 판매하는 상행위를 하는 업소들의 군으로서 우리가 식당이라 부르는 범주에 속하는 업소를 의미한다고 할 수 있다.

외식산업은 1940~1950년대에 이미 산업화 단계에 진입한 미국에서 다이닝아웃 산업(dining-out industry) 또는 음식 서비스업(foodservice industry)으로 불려졌으며, 일본에서 이 용어를 1970년대 외식산업으로 번역하여 일본정부의 공식문서인 경제백서에 사용하게 되었다. 우리나라에서 외식산업이라는 용어는 우리나라 최초의 브랜드 체인 음식점인 롯데리아(패스트푸드 업종)가 1979년 개점하면서 도입되었다고 할 수 있다. 이후 외식산업이라는 용어는 1980년대 접어들면서 외식업이 사회, 경제적으로 비중이 점차 증대되면서 보편적으로 사용되기 시작하였다. 이는 소비자의 입장에서 볼 때 외식의 기회가 증대되고 외식에 대한 사회적 개념이 변화함에 따라 생긴 현상으로 볼 수 있다. 예전에는 음식업, 요식업이라는 용어가 일반적으로 사용되었으나, 외식산업의 규모가 확대되고 외식행위 자체가 사회, 경제, 문화, 구조적인 요인에 의해 영향을 받으면서 외식산업이 하나의 산업으로 뿌리를 내리게 되었다. 국내에서는 외식시장의 개방과 더불어 대기업의 참여가 외식산업의 발달을 촉진하였다. 즉 패스트푸드와 패밀리 레스토랑 중심의 국내 및 외국 프렌차이즈 기업군이 미국과 일본에서처럼 근대적 시스템을 도입한 경영방식으로 음식업을 산업화하고 시장을 확대하는 견인차 역할을 하면서 외식산업을 급속하게 성장하게 성장시켰다.

최근 외식산업은 우리나라 산업 중에서 성장산업의 하나로 각광을 받고 있으며, 해마다 도시노동자의 가계지출 중 외식비 비율이 급격하게 늘고 있는 사실이 이를 뒷받침하고 있다. 현대적 외식산업의 발생지인 미국에서는 외식산업과 관련된 체계적인 연구와 강의가 많은 교육관련 기관에서 1900년대 초부터 실시되어 왔으나, 우리나라에서는 1990년대 후반에 들어 외식산업에 관한 체계적, 전문적인 활동이 서서히 시작되고 있고, 외식산업관련 학과가 대학에 개설되어 우리나라 외식산업의 학문적 발전에 많은 노력을 기울이고 있다.

2) 외식산업의 분류

(1) 산업적 분류

한국표준산업분류에서 외식산업은 숙박 및 음식점업 중 음식점업이라는 명칭으로 일반음식점업(한식점업, 중국음식점업, 일본음식점업, 서양음식점업, 기관구내식당업, 기타), 기타 음식점업(피자, 햄버거 및 치킨 전문점, 분식 및 김밥 전문점, 이동음식점, 기타), 주점업(일반유흥 주점업, 무도유흥 주점업, 간이 주점업), 다과업(제과점업, 찻집)으로 분류되어 있다. 미국 레스토랑협회(National Restaurant Association: NRA)는 외식산업을 크게 상업적 급식(commercial foodservice), 기관 급식(institutional foodservice) 및 군대 급식(military foodservice)으로 분류하고 있다.

(2) 각 업태별 특성

① 일반적 개념의 레스토랑(Full-Menu Restaurant)

외식산업에서 단일업소로는 가장 많은 업소이다. 미국의 NRA 정의에 의하면 full-menu restaurant은 최소 12개 이상의 메뉴를 제공하거나 정식메뉴(main-course items)를 제공하고 주문에 의해 조리하여 고객에게 음식을 공급하는 업소이다.

예약제를 실시하고 있는 고급 레스토랑에서는 고가의 음식을 제공하며 잘 훈련된 종업원들의 서비스와 숙련된 전문 요리사들이 조리한 음식이 제공된다. 이 곳에서는 일반적으로 고객회전율이 낮은 편이고 점심과 저녁을 판매하며 그 밖의 음료와 알코올은 별도로 제공되고 있다.

최근 국내에서 각광을 받고 있는 패밀리 레스토랑도 이 범주에 속한다고 할 수 있다. 패밀리 레스토랑에서는 가족이 다 같이 즐길 수 있는 적정가격의 대중적이고 간단한 메뉴들이 제공되고 어린이 고객을 위한 특별 메뉴가 준비되어 있는 것이 일반적이다.

② 한정메뉴 판매 외식업소(Limited-Menu Restaurant)

한정메뉴 또는 빠른 서비스 레스토랑(quick-service restaurant) 또는 패스트푸드점(fast food restaurant)이라고 하며, 제공되는 메뉴가 제한되어 있고, 제공되는 서비스 또한 제한되어 있다. 이러한 형태의 업소에서는 고객이 직접 카운터에서 주문하고 금액을 지불한 후 음식을 직접 받아서 식당 내에서 먹고 가거나 포장하여 가져가기도 한다. 가격은 비교적 낮게 책정되어 있으며 이익을 위해 회전율을 높이는 것이 요구된다.

패스트푸드점은 빠른 좌석회전율이 이루어져야 하고 저렴한 가격, 빠른 서비스와 양질의 음식제공을 그 목적으로 하고 있다. 일품요리가 주메뉴이며 일회용 용기들이 사용되며 테이크 아웃(take out)을 실시하여 음식을 포장하여 가져갈 수 있다.

③ 상업적 카페테리아(Commercial Cafeterias)

상업적 카페테리아는 다양한 종류의 음식을 고객의 취향에 맞게 고객이 직접 선택하며, 선택한 메뉴에 대한 각각의 가격의 총합을 지불하거나(a la carte price), 정해진 가격에 고객이 마음껏 음식을 선택하여 먹을 수 있는 "all you can eat" (뷔페 타입) 형태가 있다.

④ 숙박업소에서의 외식업

호텔, 콘도 등과 같은 숙박업소에는 연회시설, 고급식당, 커피숍, 바에서의 음식제공, 패스트푸드점 등과 같은 다양한 형태의 업소들이 운영되고 있다. 호텔 식음료사업의 수익성이 비교적 높기 때문에 최근에 신축되고 있는 호텔과 숙박업소들은 식음료사업에 매우 중점을 두고 있다.

⑤ 연회출장

소규모의 모임뿐 아니라 컨벤션 센터의 연회에 이르기까지 그 규모가 다양하다. 소규모 파티나 차, 전채 혹은 간단한 뷔페 식사 등으로 제한하기도 하는 반면, 거의 모든 종류의 음식과 음료수까지 제공되기도 한다. 대부분의 연회출장은 주문에 의해 이루어지므로 과잉생산이나 낭비가 적은 편이다.

⑥ 교통수단에서의 급식

항공기 기내 급식, 고속도로 휴게소 급식, 유람선 내에서의 급식, 열차

내 급식 등이 포함된다. 항공기 급식은 고객 서비스의 중요한 부분으로 각 항공사에서는 고객을 확보하기 위한 한 방법으로 다양한 메뉴와 특수고객(당뇨병 환자를 위한 특별식, 채식주의자를 위한 식단, 저염식 등)을 위한 식단을 제공하고 있으며, 지상의 중앙조리시설(Central Kitchen: CK)에서 조리되어 포장된 음식이 기내에 공급된다.

⑦ 학교 급식

국내의 학교급식은 1990년대 초반부터 확대되어 2003년부터는 전국 초중고등학교에서 전면 실시되고 있다. 성장기에 있는 아동과 청소년을 대상을 한 급식이니만큼, 영양적 요구도에 대한 세심한 배려가 중요시되는 분야임과 동시에 올바른 식생활을 위한 지도와 교육이 병행되어야 하는 특수성을 가지고 있다. 영양사들이 급식관리의 역할과 함께 영양교육의 역할을 담당하게 할 영양교사화 제도의 시행과 정착이 앞으로 이 분야의 발전에 많은 영향을 끼칠 것으로 기대된다.

⑧ 산업체 급식

기업, 연구소 및 관공서의 직업을 대상으로 한 급식 형태를 말한다. 단체급식 시장 중 그 규모가 가장 크며, 단체급식 고객 중 음식과 서비스에 대한 기대치가 가장 높은 고객군을 대상으로 하는 급식이므로 전문성 있는 다양한 메뉴개발과 이벤트가 중요한 분야이다.

⑨ 대학교 급식

대학교의 기숙사나 학생 및 교직원을 상대로 하고 있는 급식 형태이다. 기숙사는 정해진 금액(월정액)에 하루 세 끼를 제공하거나 기준 식사율 보다 적게 공급해서 학생들이 원하는 대로 선택하고 그것에 대해서만 가격을 지불하는 방법이 있다. 산업체 급식에 가까운 높은 기대치를 가지고 있는 고객을 대상으로 저렴한 가격 수준에서 급식해야 하는 것이 이 분야의 가장 큰 이슈이다.

⑩ 병원급식

병원을 포함한 보건기관에서의 급식은 입원환자들을 위한 병원 치료식과 외래환자, 가족들, 병원 종사원들을 위한 급식으로 나눌 수 있다.

과거의 단순한 치료식의 범주에서 벗어나 최근에는 병원에 전문 식당가를 설치하여 외래방문객이나 보호자를 위한 다양한 음식을 공급하는 곳이 늘고 있으며, 병원 인근지역의 주민들이 쉽게 접할 수 있는 친숙한 공간으로 병원 식당가를 운영하는 곳도 있다.

3) 외식산업의 현황과 전망

주막의 형태에서 비롯된 우리나라의 외식산업은 1970년대 이후 국제화, 개방화에 따라 그 형태가 매우 다양해지고 있다. 1980년대 고도의 경제성장과 더불어 외식이 산업으로 자리잡기 시작하였으며, 외식수요 측면에서도 연령층별 소비자의 다양한 기호에 맞추어 특정 음식에 대하여 전문화되고 있다. 1980년대 후반기는 소득증대와 여성의 사회참여 증가로 식생활의 외식화와 편의화가 진전됨에 따라 외식과 가공식품의 소비가 크게 확대되고 있다. 1990년대에 들어와서는 외식이 본격적인 산업으로 정착해 가고 있으며, 특히 국내 대기업과 제휴한 해외 외식기업들이 국내 외식시장에 진출함으로써 튼튼한 자금력과 최신의 경영기법으로 국내시장을 빠르게 잠식하고 있다. 또한 우리나라 대기업의 계열회사들이 유명 해외 외식기업체와 제휴하여 국내에 진출함으로써 우리나라 외식산업의 대형화와 고급화를 촉진하고 있다.

한국식품연구원의 자료에 의하면, 핵가족화와 식생활의 편의화가 가속화되고 소득이 증대함에 따라 외식소비는 앞으로 더욱 확대되며, 여성의 사회참여 증가와 여가선용욕구의 증대, 마이카 시대 도래, 신세대 출현으로 외식문화는 빠르게 발전할 전망이다. 연령에 따라 선호하는 외식업종의 형태가 다르게 나타나며, 특히 젊은 세대는 비교적 저렴하고 간단히 먹을 수 있으며 실내 인테리어 등 분위기 있는 업소를 자주 찾고, 장년층 이상은 전통 한식업소나 특별한 메뉴를 공급하는 전문업소를 찾을 전망이라고 한다.

우리나라의 외식산업이 지속적으로 성장하기 위해서는 외식업체 스스로 부대시설의 완비, 고객 서비스 확대, 적극적인 고객유치방법 모색,

효율적인 종업원 관리, 식자재 구입을 포함한 경영의 과학화를 강구하여야 한다. 이러한 역할을 수행하는 관리자의 수요 또한 증가할 것이며, 전문 교육기관에서는 외식산업체가 필요로 하는 양질의 인력을 교육·양성하여 공급하여야만 우리나라 외식산업의 발전을 기할 수가 있다. 따라서 현재의 식품영양학과 교과내용 면에서 부족한 조리학분야와 전문가를 초빙한 실습, 급식 서비스 기초와 실습, 외식산업 경영관리론 등을 보충하고, 영양사 자격뿐 아니라 조리사(한식, 양식, 일식 등) 자격증의 취득도 외식사업체로의 취업에 많은 도움이 될 것이다. 이론과 더불어 실무에 관한 경험도 매우 중요하므로 관련 분야의 실무 전문가를 초빙하여 간접경험을 통한 학습의 기회를 부여하며, 방학을 이용한 외식산업체 인턴실습 또는 현장실습도 교과목에 포함시켜야 할 것이다. 그 결과 학생들을 이론과 실무를 겸비한 외식산업체가 필요로 하는 인적 자원으로 양성할 수 있을 것이다. 이러한 교육방법은 현재 미국 대학의 식품영양학과에서 하나의 프로그램으로 시행되고 있는 방법이기도 하다.

외식산업을 둘러싼 사회적, 경제적 및 국제적 식생활여건이 지속적으로 성장·발전해 나가는 데는 좋은 환경을 제공하고 있다. 여러 가지 통계자료를 종합해 볼 때, 향후 우리나라 외식산업의 발전전망은 타산업분야에 비하여 밝으며, 이 분야에 대한 졸업생의 취업전망도 밝다고 할 수 있다.

3. 식품영양 정보산업

1) 식품영양 정보산업의 개요

정보 및 통신기술의 급진적인 발전은 전세계적으로 수많은 정보를 빠르고 정확하게 상호 교환할 수 있는 정보통신망을 구축하게 되었으며, 이것은 다양한 분야의 전문인력과 일반인들에게 새로운 정보제공수단이 되고 있다. 정보화산업은 세계적, 국가적으로 추진되고 있는 21세기의 주도사업으로서 국가경쟁력을 위한 가장 핵심적인 과제이므로 우리나라에서도 각 분야에서 구체적인 정보화산업 전략을 수립하여 경쟁력 증대에 박차를 가하고 있다. 현재 정보화산업은 초고속 정보통신망(information superhighway) 발달 및 인터넷 보급률 증가로 그 발달이 가속화되고 있다. 이에 보다 효과적인 정보망 구축 및 활용방안 모색이 매우 시급하며, 전문지식을 바탕으로 한 정보생산과 정보의 데이터베이스화 및 전달체계 형성을 위한 서비스 시스템이 마련되어야 한다. 이를 위해서는 정부 차원에서의 지원뿐만이 아니라 상당한 전문지식의 투자를 위한 학계와 업계의 역할이 중요하다.

최근 우리나라 국민건강수준과 식생활은 많이 향상되었으나, 질병의 양상은 많은 변화를 수반하고 있다. 즉 식생활에서 절대 빈곤은 사라졌으며, 질병양상은 전염성 질환 시대에서 소위 성인병 시대로 변모하여 순환기계 및 뇌혈관계 질환, 당뇨병, 암 등의 만성 퇴행성 질환 유병률이 증가하고 이들 질환이 우리나라 사망원인의 수위를 차지하여 왔다. 특히 경제 · 사회적 변화가 식생활의 변화를 가져오는 주된 요인으로 분석됨을 고려할 때, 급변하는 현대사회에 부응하여 국민의 건강수준 향상과 식생활의 합리화를 도모할 수 있는 가장 빠르고 직접적인 전달체계라 할 수 있는 식품영양 정보산업이야말로 시급히 요청되는 산업임에 틀림없을 것이다.

식품영양 정보산업은 식품 및 영양관련 정보의 생산과 정보의 데이터베이스화 및 정보제공체계를 구축하여 국내 정보화산업에 중요한 역할을 담당할 수 있다. 즉, 인터넷을 이용하여 식품영양관련 분야에 종사하는 전문인들 간의 정보를 교환할 뿐만 아니라 일반인들의 식생활을 향상시킬 수 있도록 효과적으로 정보를 제공할 수 있다. 또한 각종 식품영양관련 소프트웨어의 제작은 전문인에게는 연구에 활용할 수 있는 도구를 제공하여 국민건강 증진을 도모할 수 있으며, 일반인들에게는 보다 쉽고 용이하게 식품영양관련 전문지식을 습득하고 실생활에 적용함으로써 개인의 영양평가뿐 아니라 각종 질병의 예방 및 치료에 중요한 역할을 담당할 수 있다.

2) 식품영양 정보산업의 현황

(1) 인터넷을 이용한 식품영양 정보산업

경제수준이 향상되면서 건강에 대한 관심이 증대되고 이에 따른 올바른 식생활과 건강관련 음식, 식품안전성 등에 관한 다양한 정보가 신문, 방송, 잡지, 서적 또는 구전내용 등으로 산재되어 있다. 인터넷을 이용한 식품영양 정보산업이란 이러한 식품과 영양에 관련된 다양한 자료들을 체계적으로 구성하여 인터넷을 통해 제공함으로써 일반인들이 쉽게 정보를 획득할 수 있게 하는 정보제공체계이다. 즉 개인의 특성(연령별, 성별, 직업별, 활동별, 만성 질병의 특성 등)별로 식단 및 음식조리법, 질환별 식사요법 등 필요한 식생활정보를 체계적이고 종합적으로 제공함으로써 일반국민들의 올바르고 건전한 식생활문화를 조성하고 국민건강 증진에 일익을 담당할 수 있을 것이다. 현재 인터넷으로 제공되고 있는 식품영양 정보는 개인 또는 소규모의 단체, 기업 등에서 제공하고 있는 것이 주종을 이루고 있어 정보의 정확도, 신뢰도, 전문성, 자료의 구축체계, 계속적인 자료의 갱신 면에서 일반인들의 요구에 미치지 못하는 경향이 있다.

따라서 인터넷을 이용한 식품영양 정보산업에 있어서 가장 중요하게 고려되어야 할 점으로는 정보제공 초기 작업시 철저한 사전검토와 준비로 정확하고 신뢰성 있는 정보를 제공해야 하며, 정보제공이 이미 이루어진 상태에서도 정보의 질적 평가를 계속적으로 모니터링하여 잘못된 정보를 선별하는 작업이 필요하다는 것을 들 수 있다. 또한 시대의 발전에 부응할 수 있도록 지속적인 자료(데이터베이스)의 업데이트를 위한 전문 인력의 확보가 필수적이라 하겠다.

(2) 소프트웨어를 이용한 식품영양 정보산업

① 소프트웨어의 개발현황

식품 및 영양학분야에서 소프트웨어는 영양상태 평가와 식사관리를 기본으로, 현재는 식단계획, 구매, 조리, 경영관리뿐만 아니라 임상영양, 지역사회영양에 적용되고 있으며 더 나아가서는 환자관리, 공중보건, 영양교육 등에까지 적용되어 그 영향과 효과가 크다. 미국의 경우 컴퓨터 소프트웨어가 개발되어 판매되는 프로그램이 100여 개에 달하고 있으며, 이러한 소프트웨어는 계속해서 업그레이드되면서 판매될 뿐만 아니라 프로그램간의 비교에 대한 연구도 활발히 이루어지고 있다. 국내에서도 컴퓨터를 이용한 식품영양 정보산업에 대한 관심과 필요성이 증가되고 있어 일부 대학, 연구소 및 병원 등 단체급식소에서 컴퓨터를 이용한 영양관리 및 처방 등의 프로그램들이 개발되어 부분적으로 실용화되고 있다. 그러나 대부분이 자체적으로 개발되어 전문가들에게 이용되고 있을 뿐 대중적으로 일반인들에게 보급되지 않고 있는 것이 현실이다.

소프트웨어의 개발이 가장 활발하게 이루어지고 있는 분야는 1) 환자의 식사섭취 분석 및 평가를 할 수 있는 임상분야, 2) 환자 및 일반인들을 대상으로 영양소 섭취상태와 평가를 할 수 있는 교육분야, 3) 환자식단의 영양소 함량분석과 예산 및 집행과 관련된 결정을 할 수 있는 행정분야, 4) 대규모 집단의 식사섭취 분석과 관련된 질병의 관계를 규명하는 데 이용되는 역학분야, 5) 연구대상자를 위한 과학적인 식이의 개발이 이루어지는 대사/실험분야, 6) 급식관리분야 등이다.

② 소프트웨어의 사용실태

현재 미국 및 우리나라에서 개발된 소프트웨어의 내용은 주로 영양소 분석 및 영양평가, 영양교육 및 상담, 임상영양 및 관리, 식단관리 및 급식관리 프로그램 등이 주종을 이루고 있다. 이러한 소프트웨어 개발을 위해서는 식품분석표의 데이터베이스화 작업이 중요하다. 우리나라의 경우 대부분 농촌진흥청 발행 식품분석표와 한국영양학회 발행 식품분석표가 사용되고 있으나, 같은 식품에 대해서 분석 수치가 다른 경우가 있으며, 대학 연구소 자료 및 식품회사 자료를 공유 할 수 있는 체계가 없어 사용하기에는 어려운 실정이다. 이러한 이유로 소프트웨어를 개발하는 주체마다 각자 데이터베이스를 만들기 때문에 불필요하게 중복작업을 하게 되며 신뢰성도 떨어지게 된다. 미국의 경우에는 미국 농림부(USDA)나 상업적인 데이터뱅크, 대학 연구소 자료 및 각 식품회사의 제품의 영양소 분석치 등의 이용이 가능하여 누구든 정확한 데이터베이스를 손쉽게 확보할 수 있도록 인터넷을 통해 자료를 제공하고 있다. 따라서 소프트웨어의 신뢰도를 높이기 위해서는 정확한 식품분석치의 보급이 필수적이므로 통일되고 정확한 식품분석표가 시급히 정립되어야 하며, 여러 사람들이 공유할 수 있는 체계가 이루어져야 한다.

개발되어 사용되고 있는 식품영양관련 소프트웨어의 주요 기능을 보면 식사섭취량이나 식단의 열량 및 영양소 분석뿐만 아니라 개인의 세부적인 영양소 섭취현황 분석, 연령, 성별, 활동정도에 따른 비만도 측정 및 기타 음주, 흡연 등의 분석이 가능하다.

병원의 경우 의학검사 결과에 따라 일정 기간 동안 환자에 대한 영양자료를 계속적으로 재분석하고 재처방과 영양교육 및 상담이 가능하다. 미국 및 우리나라에서도 소프트웨어를 활용한 영양상태 판정이나 영양상담이 영양학 교과과정에 이용되며, 판매되고 있는 소프트웨어를 이용하도록 하고 있다. 급식관리분야에서는 메뉴관리의 기능에 더하여 구매관리, 생산관리, 재무관리 등의 기능을 포함한 소프트웨어도 개발되어 사용되고 있다.

3) 식품영양 정보산업의 전망

현재 시중에 판매되고 있는 식품영양관련 소프트웨어는 몇 개 안 되며 대학교나 연구소, 단체급식소에서 개발된 소프트웨어는 공개되거나 판매되지 않아 널리 활용되고 있지 못한 실정이다. 또한 이렇게 개발된 소프트웨어도 데이터베이스(영양소 분석종류, 식품종류의 결여)의 불안전성, 계속적으로 요구되는 업그레이드의 문제점, 이용자가 필요한 자료를 자체적으로 입력할 수 없는 점 등의 문제점을 가지고 있다.

식품영양관련 소프트웨어 개발시 고려해야 할 점으로는 매뉴얼을 이용하지 않아도 사용방법이 간단한 것, 사용 도중 방법을 모르는 경우에 도움을 받을 수 있는 기능이 제공되는 것, 식품과 영양소 데이터베이스 자료의 입력과 수정, 전환 등이 용이하여 새로운 가공식품이 나왔을 때 사용자가 쉽게 데이터베이스를 확장할 수 있는 것, 식품 선택시 섭취량을 부피나 무게 단위로 바꿀 수 있고 입력과정 중에 오류가 발생하는 경우에도 쉽게 수정할 수 있는 것, 출력되어 나온 결과가 알아보기 쉽고 활용하기 쉬울 뿐 아니라 필요에 따라 다양한 형태로 출력이 가능하며, 다른 프로그램과 연결이 가능하거나 쉽게 활용될 수 있도록 여러 가지 형태로 저장(통계프로그램, Excel, Hwp, Dbase, Word에서 활용)될 수 있는 것 등이 있다.

식품영양관련 소프트웨어가 사용될 수 있는 분야는 영양상태 판정 및 질병별 영양상담 및 교육자료, 영양교육용 프로그램, 운동선수를 위한 영양관리, 급식관리, 병원 및 학교 영양사 업무의 전산화, 특수상황 및 특수직업인의 영양지도, 식품관리 및 안전성 정보 등 다양하다. 그러나 하나의 소프트웨어에 구축될 수 있는 데이터베이스의 크기와 체계에는 한계가 있어 각각의 소프트웨어가 전문성을 갖는 것이 중요하므로, 일반인들을 포함한 전문가 역시 이 점을 고려하여 각자 알맞은 소프트웨어를 선택하는 것이 필요하다. 한 종류의 소프트웨어가 많은 정보를 제공한다는 것은 그만큼 전문화되지 않았다는 것을 의미하기도 한다.

식품영양 정보산업의 발전을 위해서는 식품영양분야의 전문가들이 관련 데이터베이스를 보다 체계적으로 구축, 관리하는 시스템을 확립하고, 과학적인 논리에 입각한 소프트웨어의 구성 및 체계를 담당하는 등의 역할을 수행하는 것이 중요하다.

참고문헌

김미혜(1998). 「식사 분석 및 평가 프로그램에서의 소프트웨어의 활용」. 『한국

영양학회지』, 춘계학술대회 초록.

박지용 · 박석준(1999). 「21세기의 새로운 식품가공기술」, 『식품과학과 산업』 제32권 제4호. 한국식품과학회, pp. 37-48.

오명숙 · 이미숙 · 천종희 · 황인경(1999). 『영양과 식품』. 효일문화사, pp. 199-200.

이경신, 최성원, 최혜미(1998). 「소득 수준에 따른 식생활 계획의 모델」. 『대한지역사회 영양학회지』, 춘계학술대회 발표논문.

홍순명(1995). 『영양학 분야의 소프트웨어의 개발 현황과 활용 방안』.

Lee D.L. and Nieman D.C.(1996). *Computerized Dietary Analysis System*, Nutritional Assessment. 2dn ed., Mosby.

제14장

주생활산업

한국 경제는 그 동안 괄목할 만한 성과를 거두었으나 주거수준은 아직 미흡하다고 볼 수 있다. 주택보급률, 즉 가구수에 대한 주택호수의 비율은 1995년에 82%였으며, 이 수치는 111.1%인 일본의 주택보급률과 125.5%인 이탈리아 주택보급률과는 아직 많은 차이를 보인다. 주택복지수준을 나타내는 인구 100명당 주택수는 한국이 20호, 미국이 43호, 독일이 42호 그리고 일본은 34호이다(정희수, 1996).

주생활산업은 이러한 각종 지표의 향상에 기여하는 방향으로 발전되어야 할 것인데, 우리나라의 주거수준과 주생활문화에 관한 산업은 주택개발 및 개보수관련, 실내 디자인과 가구, 주택재료 등의 주생활재관련 산업, 주택자금 마련과 관리를 위한 금융산업, 주택임대산업, 지어진 후의 운영과 유지 등의 주택관리산업, 주택과 주거에 관한 정보관련 산업으로 분류될 수 있다.

1. 주택개발 및 개보수관련 산업

한국의 주택개발산업에 대한 수요전망을 보면, 1) 신규 주택의 대량 건설과 기존 주택의 개보수 요구증대, 2) 임대주택, 특히 월세 임대주택의 수요증가, 3) 저밀도 주택에 대한 선호증가, 4) 고령자를 위한 주택 수요 증가, 5) 홈 오토메이션의 요구증대, 6) 환경친화주택에 대한 요구 증가 등을 들 수 있다.

한국과 같은 나라에서는 고밀도 주택이 불가피하며, 주택개발의 고층화는 피하기 어렵다. 그러나 아주 최근에는 그 동안 다양하지 못했던 아파트 디자인과 고밀 환경에 식상한 중상층들을 중심으로 전원주택에 대한 관심과 선호가 증대되어 고층아파트에 대한 인기는 감소하고 있다. 따라서 21세기 주택산업에 있어서 저밀도와 고밀도 주택 간의 적정공급선 결정이 문제가 될 것으로 보이는데, 아마도 도심에는 고층 복합단지, 외곽에는 저밀도 주택단지의 개발가능성이 높은 것으로 보인다.

세계적으로 인구의 노령화 추세는 심각하여 고령자 주택과 노후 주택단지, 노인 여가시설, 노인 병원 등의 개발이 촉진될 것이다. 특히 우리나라는 그 노령화의 속도가 대단히 빠른 나라이다. 노인 주택의 수요는 그들의 소득, 취향, 특히 노인의 건강상태에 따라 상당히 다양화될 수 있다. 건강하고 유복한 노인들을 위한 노후 주택단지, 유복하지만 건강이 좋지 못한 노인을 위한 요양원, 가난하고 건강이 좋지 못한 노인을 위한 장기보호시설이 필요하다. 그러나 대다수의 노인들은 살던 집에 그냥 살고자 하므로, 지역사회마다 노인 여가시설과 노인병과 치매 등을 위한 노인 병원도 설립되어야 할 것이다. 노인 주택단지는 가족과의 네트워크가 손쉽도록 도심에서 너무 멀지 않은 교외지역에 위치하는 것이 좋을 것이며 저층과 고층이 적절히 혼합된 형태로 하고 주택마다 경사로와 욕실의 안전대, 휠체어가 다닐 수 있는 길, 그리고 노인용 편의시설과 장비 등을 갖추어야 할 것이다. 노인전용의 가구와 기구는 이미 선진국에서 많은 연구와 개발이 이루어져 있는 상태이므로 이를 대량생산하기 전에 우리나라의 실정에 맞는가 하는 검증이 필요할 것이다.

컴퓨터의 발달에 따른 정보기술은 21세기 한국의 주택에도 많은 변화를 가져올 것이다. 이러한 기술은 통신망을 이용하며, 각 가정과 개인은 매일 직장과 학교, 병원으로 이동하지 않고도 근무와 교육과 진단이 가

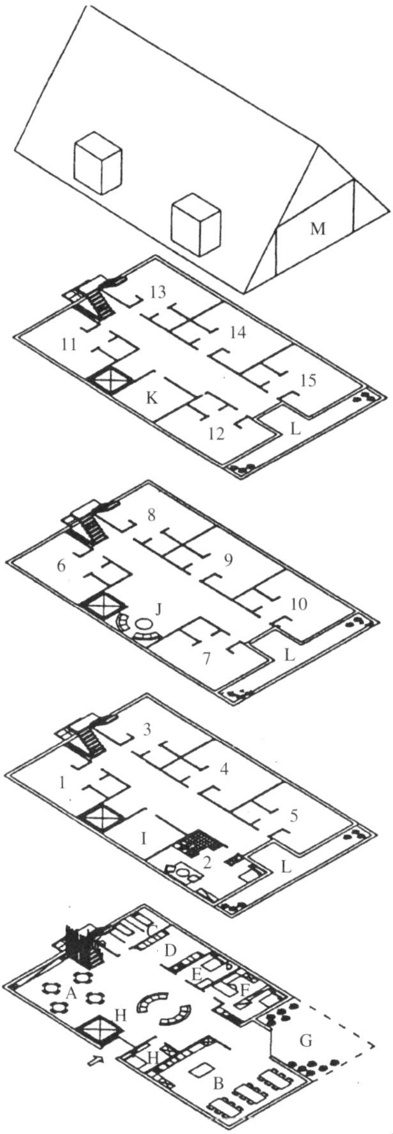

1-15 개인실
A. 공동거실
B. 공동부엌+식당
C. 공동욕실
D. 간호실
E. 세탁실
F. 관리인실
G. 옥외거실
H. 손님방
I. K. 독서실 혹은 음악감상실
J. 거실
L. 발코니
M. 취미실 혹은 운동실

노인들의 개인공간이 있고 공유공간이 있으며, 관리인이 있는 주택이 우리나라에도 소개될 필요가 있다.

그림 14.1 노인생활지원 주택안

능하게 해줄 것이다. 정보기술의 발전은 입지와 상관없이 주택을 선택하게 하고, 주택은 '인텔리전트' 화할 것이며, 주택설비의 작동과 보안의 자동화, 주택관리의 자동화, 가사활동의 자동화가 가능하게 될 것이다. 따라서 신규 주택은 이러한 시스템을 갖추어 공급될 것이며, 기존 주택들을 정보화, 지능화시켜 더 편리한 주택으로 만들기 위한 주택산업이 활성화될 것이다.

지능이 있는 주택의 발달과정

첨단 전자 · 정보기술이 도입된 주택은 나라마다 학자에 따라 다른 명칭으로 불리고 있다. 미국에서는 1983년에 코네티컷 주에 세워진 '시티플레이스' 가 최초의 인텔리전트 빌딩(intelligent bulding)이었고, 1987년 메릴랜드 주에 가정자동화(home automation) 개념이 도입된 '스마트 하우스(smart house)' 라는 실험용 주택이 선을 보였다. 이러한 스마트 하우스의 HA 기능은 조명, 안전방범, 에너지 효율, 문화 · 오락(AV, VCR, TV), 통신 등 다양한 기능을 제공하고 있다. 1990년대 이후에 등장한 사이버 주택은 가정에 인터넷을 통한 정보교환의 기능을 강조하여 오락, 재택근무, 쇼핑, 뱅킹, 교육, 행정, 의료, 상거래 등을 컴퓨터 통신으로 실현하는 첨단 정보화 주택이다.

일본에서 첨단 정보화 주택이 각광을 받기 시작한 것은 1980년대 초로 처음에는 단순히 안전, 보수, 관리를 자동제어할 수 있는 전자기기의 기술응용에 불과했으나 이제는 인공지능(AI: artificial intelligence)을 응용한 인텔리전드 빌딩이 실용화 단계에 이르렀다. 최근 일본의 대표적인 인텔리전트 주택으로는 'TRON 전뇌(電腦)주택 · 파일럿 하우스' 를 들 수 있다. 이는 주택 내 모든 시설을 컴퓨터 시스템에 접속시켜 주택 전체가 유기적으로 제어되는 최첨단 주택이다. TRON 전뇌주택의 기계조작은 거의 그림으로 표시된 스위치, 전뇌 리모컨, BTRON 컴퓨터 3가지로 이루어지며 한번 배우면 누구나 쉽게 따라할 수 있다.

우리나라에서는 최근에 주요 건설업체를 중심으로 첨단 시스템을 갖추고 거주자의 특성화 · 다변화되는 욕구를 충족하기 위한 주택상품 개발에 주력하고 있다. 예를 들어, 선경건설의 경우에는 'SK HOMEX 21C' 라는 개념을 제시하여 편리하고 다양한 시스템을 갖춘 지능이 있는 주택을 개발하고 있다. HOMEX 21C가 갖춘 주요 기능은 자동샤워와 드라이어 서비스, 식사메뉴 컨설팅 서비스, 화재 · 가스 · 방범 자동감지, 자동경보장치, 첨단 화상인식을 통한 차량번호 인식, 조명과 공기로 가상의 벽을 만드는 조명, 스케줄 관리를 해주는 인공지능 로봇, 초고속 공중 정보통신망, 간단한 건강검진 설비, 진동으로 잠을 깨워 주는 바이브레이션 베드 등이다.

(새로쓰는 주거문화 p. 210)

환경친화적인 주거환경에 대한 인식이 날로 새로워지고 있으므로 환경을 주제로 한 주택개발이 더욱 활발해질 것이다. 그린 아파트, 환경친화형이라는 캐치프레이즈를 내걸지 않고는 소비자에게 더 이상 매력적이지 않게 된 것이다. 더 넓은 녹지공간, 조깅 코스, 실내정원 등을 건설업체들이 앞다투어 설치하고 있다. 앞으로 환경친화적으로 주거환경을 조성하기 위해서는 다음과 같은 노력이 더욱 요구될 것이다. 첫째 나무와 동식물 등 자연환경을 그대로 유지하며, 둘째 주택단지를 주어진 자연환경과 조화롭게 설치하여 자연과 공존하며, 셋째 새로운 에너지원의 적극적 사용으로 기존 에너지를 절약하며, 넷째 주택을 재정비하여 자원재활용 시스템을 가동하고 인공적인 자연환경 조성을 통해 환경친화적 여건을 마련하는 것 등이다.

2. 실내 디자인과 주생활재관련 산업

실내 디자인은 창조적으로 생각하면서 사회적 이슈에 대해 잘 파악하고 끊임없이 분석하는 과정을 통해 사회의 모든 구성원들이 유익한 삶을 살도록 도우며, 삶이 펼쳐지는 환경의 창조에 긍정적인 공헌을 함으로써 인간생활의 질과 가치를 향상시키는 작업이다.

잘 디자인된 환경을 통해서 세상은 보다 나은 삶의 장소로 만들어지며, 거기에서 살고 있는 인간생활의 질도 향상된다. 잘 디자인된 실내공간의 긍정적인 영향에 대한 예들은 날로 증가하고 있다. 일반가정뿐 아니라 무주택자, 노인, 장애인, 환자를 위한 실내환경의 중요성이 증가하고 있으며, 각종 시설과 상업공간의 실내 디자인이 매출과 관련이 있다는 인식이 팽배하면서 실내 디자인 산업은 급속히 성장하고 있다.

가구산업은 노동집약적이고, 목재산업 중 부가가치가 높으며, 예술성과 소량 다품종 생산을 위한 중소기업형 산업이고, 생활필수품으로 가계당 가구지출 소비액은 점차 증가하고 있다. 그러나 생산, 디자인, 유통과 시장의 문제점이 노출되고 있다. 특히 디자인의 문제점을 보면 가구의 원료, 제조공정, 각종 기능에 대한 전문성을 고루 갖춘 디자이너가 부족하고, 섬세한 디자인과 뛰어난 기능, 품질화, 토털화, 감성화를 연결하는 제품개발개념이 부족한 상태이다.

실내 디자인 산업은 대부분 주문생산에 의존하기 때문에 동일한 제품이 존재할 수 없다는 점이 생산방식에 있어서 다른 제조업과 큰 차이점이다. 실내 디자인 산업은 프로젝트 중심의 산업으로서 분야별로 성격이 다른 여러 개의 단계로 구성되어 있어서 각 단계를 수행하는 주체가 서로 깊은 관련이 있음에도 불구하고 프로젝트 관리 측면에 어려운 점이 많다. 그럼에도 불구하고 디자인 과정에서는 급속히 정보화가 진행되어 디자인실에서의 컴퓨터의 이용은 필수적인 것이 되었다.

인테리어 코디네이터는 상당히 중요한 직업임에도 불구하고 사회적인 인식은 독자적인 업무보다는 인테리어 디자인 서비스라는 인식수준에 머물러 있다. 코디네이터의 육성은 고령화사회를 앞두고 일반인의 주택개조시에 상담자로서의 역할을 할 수 있는 분야로서 앞으로 상당히 중요하게 될 전망이다.

3. 주택금융산업

한국의 주택금융은 정식 주택금융기관에서 제공하는 제도권 금융과 금융기관 이외에서 조달가능한 비제도권 금융이 있다. 제도권 금융과 비제도권 금융의 기본적인 차이는 제도권 금융에서는 비제도권 금융보다 더 나은 융자조건(이자율, 장기간 융자)을 제시한다는 점이다.

주택금융은 생산자 금융과 소비자 금융으로 이루어진다. 건축주는 설계를 하고 토지와 자재를 매입할 때 자금이 필요하며, 건설 전 과정 중 하나의 단계로 자금관리를 포함시켜야 한다. 한국의 경우, 대형 건설업체는 한국 주택은행과 일반은행에서 필요한 자금의 일부를 구할 수 있을 뿐이고, 대개는 건설사업자가 주로 비제도권 금융시장으로부터 매우 높은 이자율로 자금을 얻는다. 또한 한국에서는 선 분양제도로 인하여 건설주는 소액의 자본으로도 주택건설이 가능하다. 문제는 한국의 소비자는 더 이상 선 분양방식을 원하지 않을 것이며, 완공된 주택구입을 선호할 것이라는 점이다. 그리하여 은행은 건설사업자와 자금을 연계하여 주는 금융역할과 소비자 주택자금을 건설자금으로 활용할 수 있게 하는 방안을 개발하는 것이 시급하다.

한국의 소비자 주택금융은 매우 미약한 상황인데, 제도권 금융에서는 필요한 자금의 극히 일부만을 소비자 주택금융으로 할애하고 있다. 우리나라는 앞으로 1차 저당대출시장의 발전에 우선권을 부여할 필요가 있고, 이렇게 하기 위한 우선 과제는 저당대출보험체계를 확립하여 대금업자로부터 저당권 상실을 보호해야 한다.

4. 주택임대산업

그 동안 정부가 추진했던 임대주택관련 정책은 산업화된 민간 임대주택정책보다는 저소득층의 주거안정을 위한 공공 임대주택정책에 초점을 맞추어 진행되었다. 결과적으로 임대주택의 시장은 대부분 비공식적으로 민간부문에서 공급되고 거래되었기 때문에 정책적인 사각지대에 남겨져 있었으며, 그 공급체계는 아직도 전근대적이다.

5. 주택관리산업

우리나라에서 체계적인 주택관리의 시작은 주택건설촉진법에 의하여 1981년 10월 15일에 제정된 공동주택관리령에 따라 1982년 2월 22일 공동주택관리규칙이 제정되고부터이다. 그 후 공동주택관리령은 수차 개정되었는데 제정 당시는 단순히 제도 자체의 설정에 중심을 두었으며, 1차 개정시에는 관리체의 업무, 회계감사, 입주자 또는 사용자의 의의, 공동주택관리규칙, 입주자 대표회의, 하자보수, 보증금, 자치관리기구 등의 중요사항이 신설 및 개정되었다. 2차 이후의 개정시에는 사업주체의 하자보수, 주택관리업 면허종류 및 기준, 절차, 업무범위 등 주택관리업자에 관한 사항이 크게 개정되어 회계사고 예방대책과 입주자의 권익보호에 관한 내용이 삽입 · 보강되었다. 이러한 것은 그 동안 공동주택이 대부분 개인에게 분양된 형태이므로 관리의 기본책임을 입주자에게 두는 것이 가능했기 때문이다. 그러나 앞으로 임대주택이 늘어나면, 공동주택의 관리의 중요성은 더욱 커지고 주택관리의 질이 주택관리자에 의해 크게 좌우될 것임은 분명한 사실이다.

주택관리사는 개인적으로 취업하는 경우도 있고, 주택관리회사에 소속되어 파견되는 경우도 있다. 그런데 기존의 주택관리회사들이 영세성을 벗어나지 못하여 주택관리사의 복지에 문제가 많아 주택관리사가 아직 전문직으로서의 각광을 받지 못하고 있다. 앞으로는 아동과 가족, 노인, 청소년에 대한 깊은 이해와 의 · 식 · 주 등의 일상생활과 공동체문화에 대한 이해를 가진 사람들이 주택관리사에 도전하여 공동주택의 유지와 경영관리뿐만 아니라 생활관리까지 담당하여 지역사회 주거문화 창출에 일익을 담당하여야 할 것이다.

6. 주택정보산업

1990년대는 '기업가의 시대'라고 할 만큼 많은 사람들이 재택사업을 창업하고 있고, 이러한 경향은 경제와 작업장에 대한 개념을 근본적으로 바꾸어 놓고 있다. 주거분야에서는 주택정보를 가공하여 그대로 제품화하거나 네트워크를 형성하여 확대상품까지 관리하는 형태로 발전하고 있다. 재택사업을 창업하는 동기는 돈을 벌기 위해서라고도 하지만 자신의 인생을 좀더 자유롭게 조절할 수 있기 때문이라고 하는 사람도 많은 만큼 미래는 컴퓨터를 이용한 주택정보산업의 호황을 기대해 볼 만하다.

이러한 경향은 가속화될 전망으로서 대개는 벤처산업일 것이고, 그 특성상 컴퓨터라는 유용한 도구를 이용하며 소규모로 출발할 가능성이 높다.

대개의 벤처사업의 유통채널은 점포형과 가상공간형이 있을 수 있고, 그 중 재택사업(SOHO)은 인기를 모으고 있다. 주생활정보의 상품유형으로는 지식상품과 실물상품이 있다고 생각되며, 지식상품은 간행물형과 네트워크 이용 확대상품이 있을 수 있다.

참고문헌

김경무(1994). 「정보화사회와 실내건축」, 『ICC 뉴스레터』 11. pp. 2-3.

김대년 · 이경희 · 서승희 · 홍형옥(1993). 『주거와 환경』. 서울: 문운당.
문옥표 · 김광억 · 김부성 · 임봉길 · 전경수(1992). 『도시 중산층의 생활문화』. 정신문화연구원.
박영순 · 강순주 · 김대년 · 민찬홍 · 천진희 · 오혜경 · 최재순 · 홍형옥(1998). 『우리 옛 집 이야기』. 서울: 열화당.
서정렬(1998). 「서울시 아파트 현황 및 개발특성 연구」, 『주택포럼』 통권 10호. pp. 81-91.
윤정숙 · 이경희 · 홍형옥(1997). 『주거학』(개정판). 한국방송대학교출판부.
윤혜경(1997). 「한국 주거공간 디자인의 흐름과 방향」, 『한국 실내디자인학회지』 12호 특집. pp. 122-123.
이경희(1998). 「우리가 사는 집, 우리가 살 집」, 대한가정학회편. 『인간과 생활환경』. 서울: 학지사. pp. 305-343.
이연숙 편(1998). 『삶의 질과 환경디자인』. 서울: 연세대학교출판부.
정희수(1996). 「21세기 한국의 주택산업」, 『주택포럼』 통권 3호. pp. 57-64.
주거학연구회(1999). 『새로쓰는 주거문화』. 서울: 교문사.
주택산업연구원(1998). 『민간임대주택 활성화를 위한 제도연구』. 주택연, pp. 98-2.
통계청(1998). 『한국의 사회지표』.
홍형옥(1998). 「주거와 삶의 질」, 이연숙 기획편집. 『삶의 질과 환경디자인』. 연세대학교출판부. pp. 183-209.
홍형옥 편저(1994). 『인간과 주거』. 서울: 문운당.
가토 츠도무(1994). 「OA가구의 미래」, 『ICC 뉴스레터』 12. pp. 40-42.
Coates, J.E., J.B. Mahaffie, and Andy Hines(1997). *2025 Scenarios of US and Global Society Reshaped by Science and Technology*. Greensboro, N.C.: Oakhill Press.

제15장

공공가정

1. 공공가정의 출현배경

가정이 제공하는 부양활동은 인간이 일상생활 속에서 인간다운 삶을 유지하기 위하여 가지는 다양한 욕구를 충족시켜 주는 제반 활동을 망라한다. 그러한 욕구는 전술한 의 · 식 · 주생활과 관련한 것에 한정되는 것은 아니며, 양육과 교육, 가족돌보기, 소비 및 경제, 심리적 안정의 추구, 보호, 오락, 휴식 등등 매우 다양한 영역을 포괄하고 있다. 그런데 의 · 식 · 주와 관련한 기능뿐 아니라 이 밖의 가정의 다양한 부양기능은 현대사회에 들어 급속한 속도로 사회화되고 있는데, 그 대표적인 사례가 본 장에서 논의하고자 하는 공공가정이다.

생활과학의 산업화 현상을 논의함에 있어 공공가정의 출현을 이해하기 위해서는 우선 가정 부양기능이 어떻게 사회화되고 있으며, 그러한 사회화를 촉진하는 영향요인에는 어떠한 것이 있는가를 파악하는 것이 중요하다. 그 이후에 공공가정이란 구체적으로 어떠한 개념적 요소와 기능을 수행하고 있으며, 전공자들이 어떠한 역할을 수행하는지 살펴보고자 한다.

1) 가정 부양기능의 사회화

오늘날 사적인 공간과 공적인 공간의 분리가 심화되면서 사적인 공간인 가정의 자급능력은 감소되고 있는데, 이는 가정 부양기능의 상실이라고 표현되기도 한다. 한편 오늘날 가정은 현대사회의 환경적 변화에 따른 새로운 기능 및 과제를 부여받게 된 점도 간과할 수 없다. 더욱 높아진 생활표준과 분화된 욕구, 가족원간의 원만한 관계와 자녀교육의 중요성과 의미의 증대 등에서 보듯이 가정생활에서 수행해야 할 과제도 그만큼 커졌다고 볼 수 있다. 그리고 그에 따라 보다 전문화된 인력이나 시설의 지원이 불가피하다고 할 수 있다.

한편으로 가정생활을 통하여 제공되는 부양활동을 오늘날 더 이상 가정 스스로 수행할 수 없기 때문에 가정 외부에서의 서비스를 통한 지원이 불가피하며, 다른 한편으로는 가정생활의 부양기능이 과거와는 다른 의미와 중요성을 갖기 때문에 외부의 지원을 필요로 하기도 한다.

이와 같이 가정이 스스로 수행하는 부양활동을 가정 외부로 위임시키는 과정을 우리는 가정 부양기능의 사회화라 한다. 그리고 가정 부양기능을 일정한 조직을 갖춘 시설에서 담당하는 경우, 이러한 시설 내지 경영체를 공공가정이라 한다. 공공가정이라고 명명하는 것은 그 운영의 목표가 구성원의 욕구충족에 있으며, 또 그 기능이 개별 가정에서 수행하던 부양기능이라는 점에서 확대된 가정유형으로 볼 수 있기 때문이다.

2) 공공가정의 출현에 영향을 주는 요인

공공가정은 개별 가정에서 가족원의 욕구충족을 위해 행해지는 의·식·주생활관련 일이나 자녀양육, 가족돌보기, 구매 등의 업무를 보충하거나 대체한다. 이때 공공가정은 가정의 부양기능을 전적으로 대체할 수도 있고, 일부 기능만을 전문적으로 대체할 수 있다. 전자의 예로는 양로원, 고아원, 기숙사 등을 들 수 있고 후자의 예로는 어린이집, 장애자 재활원 등을 들 수 있다. 오늘날 산후조리원, 노인치매시설, 탁로소 등 새로운 유형의 공공가정의 출현에서 보듯이 부양기능의 사회화가 전문화되고 확대되는 경향이다. 이와 같이 여러 유형의 공공가정이 출현하게 되는 데는 여러 가지 요인을 생각할 수 있다.

(1) 가족의 구조와 기능의 변화

오늘날 핵가족의 증가, 출산율의 감소, 이혼증가, 만혼의 증가, 독신가구 및 노인가구의 증가 등으로 인하여 다양한 형태의 가족이 출현하였고 이에 따라 가족의 기능도 변화하였다.

부부 및 미혼자녀 2세대로 구성된 핵가족은 확대가족보다 응집력은 강하나 외부의 변화에 대한 적응력은 떨어지는 경향이 있다. 그리하여 가족 내에 문제가 발생할 때 이를 스스로 처리할 능력이 부족하여 외부의 지원을 필요로 한다. 게다가 자녀수가 적어지면서 자녀 1인에 대한 부모의 관심은 더욱 높아지고, 가족이 보유한 자원의 분량이 많아지면서 자녀의 양육과 교육에 대한 다양한 투자가 가능해지고 있다. 따라서 자녀의 양육과 교육을 전문적으로 수행하는 다양한 시설, 즉 어린이집이나 놀이방, 탁아소, 유치원, 학원 그리고 학습지도 등이 등장하게 되며, 이러한 전문적인 양육과 교육의 기능은 이제 더 이상 가정만으로는 충분하게 해결할 수 없게 되었다.

이혼율의 증가는 편부모 가족, 소년소녀가장 가족의 증가를 가져왔으며, 이러한 가족에 대해서도 상실된 여러 부분을 보충해 주는 다양한 시설과 서비스가 등장하고 있다. 또한 독신가구가 꾸준히 증가하고 있는데, 이러한 가구의 1인 구성원은 의 · 식 · 주생활의 영위를 위하여 필요한 일을 혼자 스스로 할 수 없기 때문에, 이를 대신해 주는 전문가나 보조인을 필요로 한다.

노인 단독가구의 증가 역시 두드러지는 현상이다. 노부부나 노인 혼자 살아가는 가정은 신체적 · 심리적 · 경제적 특성으로 인하여 여가생활의 관리나 건강관리 등에서 누군가의 지원이나 조언을 필요로 하게 된다. 노인은 급변하는 사회환경의 변화에 적응하지 못하기 때문에, 노인됨의 과정도 교육이 필요한 부분이며 새로운 역할에의 적응, 노후준비를 위한 재무설계 등도 혼자 하기 어려운 문제가 되었다.

(2) 여성 취업의 증가

우리나라도 취업주부가 점점 증가하는 추세인데, 여성에게 경제적으로 독립할 수 있는 능력이 생긴다는 사실은 자녀를 적게 출산하고 이혼율을 높이는 데 직접적인 영향을 미칠 뿐 아니라, 시설탁아 및 노후시설의 필요성을 증가시키는 것이다. 하루 생활시간의 절대량을 취업노동에 배분해야 하는 취업주부로서는 전업주부처럼 가정생활에 대한 전적인 몰입이 불가능하기 때문에, 누군가가 혹은 무엇인가가 주부의 역할을 대신해야 한다. 물론 가족원의 분담이 상당 부분 도움이 되기는 하지만, 분화된 사회체제 속에서 공적인 세계의 일원인 가족원들의 조력 또한 수월치 않다. 따라서 가정생활에서 수행되던 많은 부양기능들이 가정 외부로 위임될 수밖에 없는 조건에 처하게 되는 것이다.

(3) 도시화에 따른 주택유형의 변화

한국에서의 산업화는 도시화 현상과 밀접하다. 도시화는 주택문제를 야기하였고 이로 인해 주택이 협소해지고 아파트라는 새로운 유형의 주택이 보편화되었다. 이러한 주택의 변화는 핵가족화를 가속화시키는 반면, 노인세대와의 동거를 더욱 어렵게 하여 노인부양기능의 사회화를 촉진시켰다. 가정관리적 노동공간의 축소는 가사노동 수행양식에 영향을 주어 가사노동을 대폭 가정 밖으로 위임하는 결과를 초래하였다. 또한 동시에 가사노동의 수행방식이나 의미에도 많은 변화를 준다. 과거 혹은 농촌의 생활양식과 비교해 볼 때, 예를 들어 우물가에 모여 세탁하는 주부들의 활동과 그 시간은 단순히 가사노동을 의미할 뿐 아니라, 다른 한편에서는 대화의 시간으로 주부들이 정서와 정보를 공유하는 장으로서의 의미를 갖는다고 볼 수 있다. 이에 반해 오늘날 개별 가정이라는 단절된 공간에서 가족원들은 다양한 인간관계와 의사소통의 기회를 가질 수 없기 때문에 이러한 기능을 대신하기 위해 주부모임, 상담소, 여성내학, 문화센터, 평생교육기관 등의 사회적 교육모임이나 친교모임의 출현이 불가피하게 된다고 할 수 있다. 가정의례부분도 예외가 아니어서 혼인, 제례, 상례 등의 사회화, 상품화도 상당 수준 진행되고 있다.

(4) 인간의 욕구수준의 상승 및 분화

사회적 · 경제적 · 기술적 · 문화적 환경변화에 따라 인간의 욕구가 다양해지면서 사람들은 보다 높은 생활표준을 요구하게 된다. 가정과 직장이 분리되면서 외식과 여가의 의미가 증대된 것이 그 예이다. 이 밖에 보육시설이나 노인시설의 양적 질적 증가경향, 산후조리원의 등장 등도 욕구의 세분화와 이에 따른 공공가정의 다양화 및 전문화를 보여 주고 있다.

이와 같이 가족원의 욕구가 세분화되고 그 수준이 높아짐에 따라 가정의 부양기능을 대체하는 서비스 산업의 질적 수준이 높아지면서 이제는 전문화된 수준을 가정에서 더 이상 수행할 수 없게 되는데, 이러한 상황이 다시금 부양기능의 사회화를 촉진하는 요인이 되기도 한다.

(5) 사회복지 측면에서의 정책적 지원

서비스 산업의 수준이 높아지면 이를 이용하기 위한 비용이 증가한다. 낮은 소득을 보충하는 것이 주부 취업의 이유 중 가장 중요하다는 사실에서도 알 수 있듯이 주부 취업가정 중 저소득 가정이 더 많은데, 가정의 부양기능을 대체하는 비용의 증가는 이들 가정에게 큰 부담으로 작용하게 된다. 부양기능의 대체를 보다 필요로 하는 가정에 있어서 제약이 더 크다는 모순을 해결하기 위해 저렴한 비용으로 공적 시설을 이용할 수 있도록 하는 제도와 정책이 공적인 측면에서 실시되어야 할 것이다. 저소득층의 일하는 어머니를 위한 직장탁아시설, 공부방, 놀이시설, 탁로소 등이 그 예이다.

공공가정은 이윤추구보다는 부양기능을 필요로 하는 사람의 욕구를 우선시하고, 모든 사회구성원이 인간다운 생활을 위한 최소한의 욕구충족을 보장받을 수 있도록 지향한다는 점에서 미래 복지사회에서 가장 중시되어야 할 대상이다. 따라서 사회 정의 및 공평성 실현을 지향하는 복지정책이 우선시될수록 공공가정의 기능과 역할이 확대될 것이다.

2. 공공가정의 기능

공공가정이 제공하는 개별 가정에 대한 부양기능의 지지 · 보충 · 대체 서비스는 일정한 자격을 갖춘 전문가, 예를 들어 간병인이나 산후수발 담당자 등에 의하여 수행되는 경우도 있으나 보편적으로는 일정한 조직을 갖춘 시설에서 담당하는 경우가 많다. 또 전문가가 개별적으로 대상가정과 연결되는 경우라도, 이러한 전문가를 확보하고 있는 단체나 조직체를 통하는 경우가 더 많다. 따라서 부양 서비스 기능의 전문화는 공공가정에서 제공하는 서비스로 대표된다고 볼 수 있다.

그러한 서비스는 일상적인 가정생활에서 상실되거나 결핍되는 개별적인 부양활동의 일부 혹은 전부를 지지 · 보충 · 대체하는 것으로 기능적으로 나누어 살펴볼 수 있는데 그 자세한 예는 다음과 같다.

1) 부양기능의 지지

개별 가정의 부양기능을 지지한다는 것은 개별 가정의 경영활동이 더욱 만족스러운 방향으로 진행될 수 있도록 도와 주는 것을 의미한다. 예컨대 어린이집에서 별도로 운영하는 방과 후 아동교실과 같은 프로그램은, 이 프로그램이 없더라도 아동들은 개별 가정에서 방과 후 시간을 보내는 데 특별한 문제를 갖지 않을 수 있다. 그러나 방과 후 아동교실에서 또래의 아동들이 함께 만나 숙제를 하고 놀이를 하는 시간을 보냄으로써, 각자의 가정에서 시간을 보내는 것보다 더 좋은 교육효과를 기대할 수 있다면, 이는 개별 가정의 자녀교육기능을 지지하는 것이며, 특히 취업주부 가정의 경우에 더욱 효과적일 것이다. 노인정과 같은 시설의 경우에도, 노인들이 가정에서 시간을 보내고 생활하는 데 큰 문제는 없지만 이러한 시설이 있음으로 해서 더욱 만족스럽게 시간을 보낼 수 있다면 가정생활의 부양기능을 지지하는 것이라고 볼 수 있다.

2) 부양기능의 보충

개별 가정의 부양기능을 보충한다는 것은 통례적인 개별 가정이 전문성, 인력, 기술조건 등의 측면에서 가족원에 대한 부양기능에 어려움을 갖게 되는 경우, 이를 보충하는 기능을 수행하는 것이다. 예를 들어 장애자 자녀를 둔 가정 혹은 치매노인의 가족에게는 장애자나 치매노인을 치료하고 적절한 처치를 하며 필요한 운동을 시켜 주거나 특수한 식이요법 등을 제공하는 전문인력, 시설, 기술, 의약품 등을 스스로 조달하는 데에 어려움을 겪게 된다. 그러나 장애자 재활시설이나 노인재활원 등과 같은 시설의 서비스를 이용하게 되면, 개별 가정에게 부족한 기능이 보충될 수 있다.

3) 부양기능의 대체

부양기능의 지지와 보충의 서비스가 가족원이 요구하는 부양기능의 일부를 필요할 때마다 이용하는 것이라면, 개별 가정의 부양기능을 대체한다는 것은 의·식·주를 포함한 가정생활의 부양기능 거의 전부를 완전하게 대신해 주는 것이다. 양로원에 거주하는 노인들은 이 양로원을 통하여 의·식·주 및 인간관계에 관한 거의 모든 요구를 해결하게 된다. 식사, 수면, 세탁, 청소, 레크리에이션, 놀이, 교육, 운동, 대화 등이 모두 양로원에서 이루어지기 때문에, 이는 가정생활의 부양기능을 전적으로 대신하는 서비스라고 볼 수 있다.

4) 공공가정의 대사회적 기능

공공가정은 그 구성원들의 결핍된 가정기능을 제공하고 그를 통해 사회적으로 다시 복귀할 수 있도록 돕는 등 비단 해당 수혜자들에게만 의미를 가지는 것은 아니다. 공공가정은 사회적으로도 중요한 의미를 가지고 있는데, Pfau에 의하면 그것은 공공가정이 하나의 경영체로서 국민경제의 순환과정에 직접 참여한다는 경제적 의미와 공공가정이 제공하는 서비스의 양과 질이 그 사회의 복지와 부양의 수준을 표현하고 해당 사회의 안정을 도모한다는 사회적 의미의 두 가지로 생각해 볼 수 있다(이기영 외, 1996: 37-38; 송혜림, 1994: 184).

이처럼 공공가정이 직접적으로 그 서비스를 제공하는 해당 수혜자들뿐만 아니라 공공가정에 살지 않는 사회의 구성원들에 대해서도 기능적 중요성을 갖는다는 것은 매우 중요한 의미를 가진다. 그것은 영리를 목적으로 하지 않는 공공가정이 단지 시혜적 차원에서가 아니라 기능적 차원에서 사회구성원의 납세로 이루어지는 국가 또는 지방자치단체의 예산적 지원을 받을 수 있다는 이념적 가능성을 열어 두는 길일 뿐만 아니라, 공공가정의 사회 내에서의 위치를 자리매김할 수 있는 근거가 되기 때문이다.

3. 공공가정의 유형

1) 이용자 대상별 유형

공공가정은 가족원으로 구성된 가정은 아니지만, 그 운영의 목표가 구성원 및 이용자의 욕구충족이라는 점에서 그리고 개별 가정의 부양기능을 수행한다는 점에서 가정의 한 유형으로 볼 수 있다. 공공가정의 예를 이용자 대상별로 들어보면 다음과 같다.

- 환자대상: 병원, 특수의료원, 이동보호시설
- 장애자 대상: 특수학교, 작업장, 기숙사, 재활원 등
- 노인: 양로원, 노인거주시설, 보호시설, 의료원
- 아동/청소년 대상의 공공가정: 직장어린이집, 탁아소, 고아원, 아동교육원, 거주시설
- 가족대상: 가족요양시설, 가족휴가시설, 모성요양소
- 이방인 대상: 거주시설, 게스트 하우스, 선원숙박시설
- 기타: 산후조리원, 결혼준비 및 대행시설, 노숙자 쉼터

(이기영 외, 『공공가정경영론』, 학지사, 1996, pp. 33-35)

2) 서비스의 방향성에 따른 유형

공공가정을 중심으로 제공되는 가정 부양 서비스는 방향성에서 크게 두 가지로 구별된다. 그 하나는 최소한도의 욕구충족을 위한 부양 서비스이며, 또 하나는 삶의 질 향상에 기능하는 부양 서비스이다.

(1) 최소한도의 욕구충족에 기능하는 부양 서비스

최소한도의 욕구충족을 위한 부양 서비스는 인간으로서의 기본적인 생활욕구를 충족시키지 못하는 낮은 생활수준에 처한 사람들에게 최소한도의 욕구를 충족시켜 주는 부양 서비스이다. 돌보아 줄 가족이 없는 고아나 부양해 줄 가족이 없는 노인, 거주지가 없는 노숙자 등의 경우, 하루하루의 생활에서 상실과 결핍을 가질 수밖에 없다. 이러한 대상들이 가정생활에서 경험하는 일반적인 수준에서의 삶을 살 수 있도록 하기 위하여 다양한 복지지원체계가 전개될 수 있는데, 이러한 지원체계는 어려운 처지에 놓인 대상들에게 하루하루의 일상적인 욕구를 충족시켜 줄 수 있다는 점에서 매우 중요하다. 국가에서 운영하는 고아원, 노숙자 쉼터나 식사제공기관, 자녀가 없는 노인을 수용하는 노인시설 등이 이러한 공공가정의 예가 된다.

또한 오늘날 증가하고 있는 취업주부 가정 중 저소득 가정의 경우 가계수입이 충분치 못하여 자녀나 노부모를 돌볼 인력을 고용하거나 유료시설을 이용할 자원이 부족하므로 직장어린이집이나 국공립탁아소, 노인시설 등이 도움을 줄 수 있을 것이다.

이러한 공공가정은 무엇보다도 개별 가정이 그들의 인적/물적 자원만을 갖고 스스로 부양기능을 제대로 수행하지 못할 때 이를 지원하는 서비스를 제공한다는 점에서 문제상황에 대한 해결의 의미를 갖는다. 즉 공공가정에서 그들이 필요로 하는 기능을 지지 · 보충 · 대체해 주지 않으면, 인간다운 생활수준에서의 욕구충족에 문제가 생기기 때문에 이를 방지하거나 혹은 이미 발생한 문제를 해결해 주는 기능을 한다고 볼 수 있다.

(2) 삶의 질 향상에 기능하는 부양 서비스

공공가정은 문제가 있는 대상에게만 필요한 시설은 아니다. 자녀를 사설 어린이집에 보낼 정도로 수입이 충분치 못한 가정에서는 직장어린이집을 이용하는 것이 거의 필수적이라고 볼 수 있다. 이 가정에게 직장어린이집이라는 공공가정이 없었다면 자녀양육 및 교육의 욕구는 충족되기 힘들지 모르기 때문이다. 그러나 충분한 수입이 있는 가정이라도, 자녀가 취업한 어머니의 직장과 가까운 곳에서 양육되기 때문에 심리적인 안정감이 있다는 점 등을 고려하여 직장어린이집을 선택할 수도 있다.

또한 가족이 휴가를 보내고 싶을 때, 자원이 충분치 못한 가정은 남편의 직장에서 제공하는 저렴한 혹은 무료의 숙박시설이 있는 장소로 휴가여행을 떠날 것이다. 정상적인 가격을 지불하고 숙박시설을 이용하면서 휴가를 보낼 정도의 여유가 없기 때문이다. 이 가정의 경우 직장에서 제공하는 숙박시설은 여가를 통한 가족원의 재생산이라는 욕구를 충족할 수 있는 유일한 대안일 수도 있다. 그러나 다른 호텔이나 콘도미니엄 등을 선택할 수 있는 가정이라도 직장에서 제공하는 숙박시설을 선택할 수 있다. 이는 다른 대안이 없어서가 아니라, 특별한 선택의 이유가 있기 때문이다. 예를 들어 서비스가 더 좋다든지, 가족원의 욕구를 충족시키기에 더 적합하다든지 하는 이유에서이다.

이러한 경우를 생각해 볼 때, 공공가정은 최소한도의 욕구충족 이상의 기능을 수행함을 알 수 있다. 한 조직의 구성원으로서 그 조직이 구성원의 복지향상을 위해 제공하는 다양한 시설(동창회관, 후생관, 예식장, 휴가시설 등)을 이용한다는 것은, 단지 가격이 저렴하기 때문만이 아니라 조직의 일원이라는 정체감 또는 보다 나은 서비스 수준이라는 점에서 의미를 갖는다.

따라서 이러한 공공가정의 서비스는 최소한도의 욕구를 충족시키는 정도를 넘어 보다 나은 수준의 서비스를 제공함으로써 더욱 큰 만족을 이끌어 내고, 이를 통하여 삶의 질 향상에 기여하는 또다른 방향성을 가짐을 알 수 있다.

3) 서비스의 범주에 따른 유형

공공가정에서 제공하는 부양 서비스 기능의 전문화는 그 범주에 있어서 개별 가정의 부양기능을 부분적으로 지지 · 보충 · 대체하는 경우와 완전하게 지지 · 보충 · 대체하는 경우로 구별될 수 있다.

(1) 부분부양

개별 가정이 수행하는 부양기능의 일부만을 공공가정에게 위임하는 경우이다. 산후조리원은 출산 직후의 일정 기간 동안 산모의 신체적 회복, 신생아 돌보기 등을 중점적으로 취급하는 시설이다. 어린이집은 자녀의 양육과 교육이라는 기능을 위임하는 시설이며, 장애자 재활원은 장애자가 규칙적으로 정해진 시간에 방문하여 물리치료를 받고 필요한 처치를 받는 시설이다. 직장에 있는 구내식당은 식사라는 기능만을 중점적으로 취급한다.

이러한 부분부양 서비스를 이용하는 사람은 일반적으로 자신이 속한 개별 가정에서 생활하면서 필요한 경우에 공공가정의 서비스를 이용하게 된다.

(2) 완전부양

완전부양은 가정생활에서 제공하는 부양기능을 거의 전부 대행하는 경우를 의미한다. 기숙사에서는 의 · 식 · 주생활이 다 영위되며 양로원, 고아원도 마찬가지이다. 이러한 공공가정의 구성원은 통례적으로 개별 가정과 공공가정을 왔다갔다 하면서 필요한 때만 이용하는 것이 아니라, 지속성을 갖고 장기적으로 공공가정의 구성원이 되는 것이다. 그래서 이용자라는 말보다는 구성원이라는 말이 더 적절하다.

공공가정을 통하여 가정 부양기능 서비스가 전문화되는 또다른 양식으로 이윤추구기관을 통하여 위임되는 경우를 들 수 있다. 호텔이나 전문식당, 유료노인시설, 일반적인 가족휴양시설 등이 그것이다. 이러한 시설 중 이윤추구는 제한된 범위 내에서 지향하며, 구성원의 욕구충족을 우선시한다면 이는 공공가정의 한 형태로 볼 수 있다. 이에 반해 목

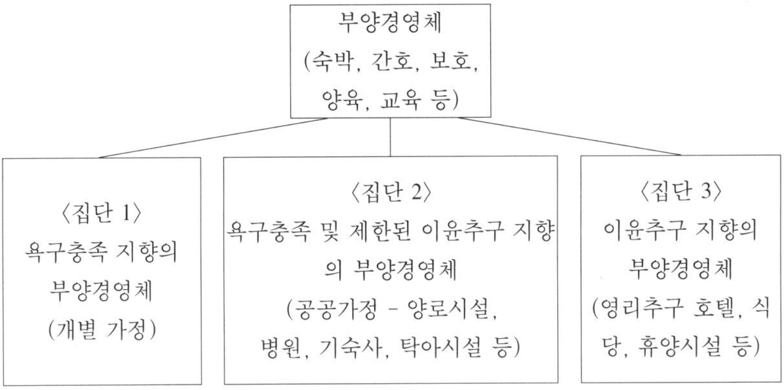

그림 15.1 부양경영체의 유형

표가 구성원 및 이용자의 욕구충족에 있다기보다 욕구충족을 수단으로 하여 이윤을 추구하는 데에 있는 경우에는 공공가정의 형태로 보기는 어렵다. 그러나 어떠한 경우이든 이러한 시설에서 제공하는 서비스의 내용에 있어서는 공공가정의 그것과 커다란 차이가 없기 때문에 공공가정이 확대된 하나의 응용범주라고 할 수 있을 것이다.

4. 전공자의 역할

가정 부양기능의 사회화는 가정에서 수행되는 부양기능을 가정 외부에서 지지·보충·대체하는 것으로서, 이는 개별 가정을 운영할 필요가 없을 만큼 완벽하게 가정생활의 기능을 위임해 버리는 것이 아니라, 가족구성원들이 향상된 삶의 질과 복지감을 누릴 수 있도록 가정생활을 지원해 주는 서비스가 되어야 할 것이다.

따라서 가정생활을 연구의 대상으로 하는 생활과학에 있어서는 가정생활의 부양기능이 사회화되는 과정을 다룸에 있어서, 가정생활을 우리 생활세계의 가장 핵심적인 기제로 보는 관점을 갖고 부양 서비스 기능의 전문화에 주체적인 역할을 해야 할 것이다.

여기에서는 생활과학 전공자의 역할을 공공가정 관리자로서의 역할과 상담자로서의 역할로 나누어 설명하고자 한다.

1) 공공가정 관리자/경영자로서의 역할

생활과학 전공자는 가정 부양 서비스 기능의 전문화를 수행하는 공공가정의 관리자/경영자로서의 역할을 담당할 수 있다. 상술한 바와 같이 공공가정은 구성원 및 이용자의 욕구충족을 목표로 가정의 부양기능을 지지 · 보충 · 대체하는 시설이기 때문에 개별 가정의 운영에 대한 기초적 지식과 이론 그리고 그 적용을 교육받은 생활과학 전공자가 활동할 수 있는 적절한 영역이다.

한편으로는 공공가정과 관련지어 공공가정의 이용자와 구성원이 요구하는 구체적인 서비스를 수행하는 전문가로서, 예를 들어 어린이집이나 탁아소에서 실제로 아동양육 및 교육을 담당하는 보육교사와 같은 전문가도 있으며, 공공가정 구성원들의 건강과 급식을 책임지는 급식경영자를 비롯하여 다른 한편으로는 개별 가정의 경영을 교육받은 생활과학 전공자로서 공공가정의 전반적인 관리 및 경영을 담당하는 역할도 수행할 수 있다.

공공가정의 관리자나 경영자의 경우 공공가정이라는 시설이 일반적으로 개별 가정보다 조직의 규모가 크고 가족관계로 구성되지 않은 인간집단을 대상으로 한다는 점에서 전문적인 경영의 원리를 습득하여야 할 것이다.

공공가정은 원래 사회구성원 중에서 일상적인 부양활동의 혜택을 충분히 제공받지 못하는 집단에 대하여 최소한도의 욕구를 충족시켜 줄 수 있는 서비스를 제공하고자 하는 목적으로 시도되었으나, 상술한 바와 같이 오늘날에는 삶의 질 향상에 기여하는 보다 높은 수준의 서비스를 제공하는 것을 지향한다. 이러한 차원에서의 공공가정의 기능을 생각한다면, 복지수준이 점차 상승되는 우리 사회에서도 공공가정에 대한 전망은 매우 긍정적이라고 볼 수 있다. 따라서 공공가정이 양적/질적으로 향상될 수 있기 위해서는 공공가정 관리사와 같은 공공가정 경영의 전문가가 확보되어야 할 것이며, 이는 곧 생활과학 전공자의 역할이기도 하다.

2) 상담자로서의 역할

가정 부양기능의 사회화의 한 형태로서 공공가정이 담당하는 또 하나의 기능은 상담기능이다. 즉, 전반적인 가정생활을 운영하는 데 요구되는 의사결정과정에서 주어진 상황에 대하여 분석하고 평가하며 계획하는 일을 가족 스스로 하기보다는 이를 전문으로 하는 사람이 개입 또는 조력하는 형태라고 볼 수 있다.

전문적 상담의 기능은 공공가정이 그 구성원에 대하여 제공하는 주요한 기능의 하나이다. 그러나 전문적 상담의 기능은 공공가정뿐 아니라 개별 가정에 있어서도 중요하다. 의사결정에 있어 많은 어려움에 봉착하고 있는 개별 가정에 대해서 독립적으로 전문적인 상담을 제공하는 경우가 보다 보편화되었다고 할 수 있다. 따라서 생활과학 전공자가 수행하는 상담자로서의 역할은 공공가정 내에서 그 구성원에게 제공하는 상담과, 개별적인 가정의 여러 문제에 대하여 독립적으로 제공하는 전문적인 상담을 다 포함한다고 할 수 있다.

공공가정과 개별 가정이 그 기반을 제공하는 전반적인 가정생활은 의생활, 식생활, 주생활과 이러한 생활세계의 중심이 되는 주체로서의 가족을 다 포함하는데, 이는 다른 관점에서 보면 가족관계, 즉 부부관계나 부모-자녀관계, 고부관계, 형제-자매관계 등을 유지하고 자녀를 교육 또는 양육하는 일, 가족이 밖에서 일한 대가로 소득을 취하고 이를 지출하는 것과 관련된 경제생활, 가족원의 욕구충족을 위하여 필요한 자원을 배분하는 것과 관련된 가정자원관리 등으로 구성된다고 볼 수 있다.

이러한 생활영역별 혹은 생활 전반을 영위하는 과정에서 개별 가정뿐만 아니라 공공가정도 문제에 직면할 수도 있으며, 혹은 보다 나은 삶의 질을 누리고자 하는 요구를 가질 수도 있고, 가정생활주기별로 혹은 사회의 변화에 따라 그때 그때마다 해결하고 넘어가야 하는 과제도 있을 것이다.

따라서 구체적인 문제상황, 예를 들면 부부간의 갈등이라든지 혹은 자녀양육문제나 자녀와의 갈등, 가정생활 전반적인 영역에서 발생하는 상황들, 예컨대 가정생활설계 혹은 가족원의 복지증진을 위한 방안모색 등에 이르기까지 전문가와의 상담을 통하여 요구를 표출하고 구체적인 해결방안을 모색하는 데 도움을 받을 필요가 있다.

상담기능의 전문가(상담가)는 우선 대상가정의 문제가 무엇인지, 무엇을 원하는지를 파악하며, 의사소통과정에서 가족원(공공가정 구성원)의 욕구를 파악하게 된다. 그렇게 되면 생활의 각 영역에서 발생하는 크고 작은 가족원(구성원)의 욕구를 합리적으로 조정하여 충족가능한 상태로 조합해야 할 것이다. 이렇게 조정된 가족원(구성원)의 욕구를 충족시킬 수 있으려면 어떤 조건이 되어야 하는가를 탐색하는 계획과정이 그 다음에 필요할 것이며, 이에 따라 필요한 해결방안을 모색하는 실행의 과정이 뒤따르게 되는 것이다. 즉 해당문제를 해결하기 위하여 다른 전문가가 필요할 것인지, 혹은 요구되는 바를 충족시키기 위하여 어떤 자원이 얼마만큼 필요할 것인지, 이를 어떻게 조달할 것인지, 또는 관련되는 법규정을 정확히 이해하여 법의 테두리 내에서 해당 가족이 보호받을 수 있는 방법은 무엇인지 등에 관한 모색이 이 과정에 포함된다.

생활과학 전공자는 가정생활과 관련된 다양한 영역에 대한 전문적인 지식을 갖고 개별 가정이 문제에 처했을 때 혹은 질적인 향상을 요구할 때, 필요한 정보와 자원을 모색하는 방법을 함께 논의하며 개별 가정의 목표달성을 도와 주는 상담자의 역할을 수행한다.

현재 이러한 역할을 담당하는 전문가로는 가족상담사, 가족생활 교육사, 아동발달사, 영양상담사, 소비자 상담사, 소비자 재무설계사, 가정생활설계 전문가, 가정복지사 등이 있다. 이러한 전문가는 구체적인 상황에 대하여 전문적인 도움을 주기도 하며, 때로는 가정생활의 전반에 대한 통찰력을 가지면서 대상가정에게 도움을 주기도 한다.

이러한 상담자의 구체적인 역할은 다음과 같다.

- 가정생활의 현상과 문제파악
- 질적인 향상이 요구되는 생활내용 분석
- 가족문제, 자녀양육문제, 경제문제, 자원관리문제 등 제반 가정문제의 해결
- 삶의 질 향상을 위한 생활설계 수립
- 필요한 자원의 탐색과 조달방법 모색
- 적절한 전문가의 소개/알선/중개
- 도움받을 수 있는 시설이나 기관 소개
- 상담자의 요구를 행정기관에 전달
- 다른 가족과의 유대관계 형성
- 구체적인 서비스 제공
- 목표달성에의 근접여부 및 적절한 서비스 수혜여부 점검
- 가정생활에 필요한 정보의 탐색과 제공
- 프로그램 연구/개발/실시

참고문헌

문숙재 외 7인(1999). 『공공가정경영: 이론과 실제』. 학지사.

송혜림(1994). 「가정관리학에서 공공가정론의 위치와 전개방향」, 『한국가정관리학회지』 12(1). pp. 181-188.

———(1995). 「공공가정의 기본개념과 공공가정론의 연구방향」, 『한국가정관리학회지』 13(1). pp. 189-198.

———(1997). 「공공가정의 대상범위에 대한 연구」, 『한국가정관리학회지』 15(2). pp. 173-184.

이기영, 문숙재, 송혜림 역(1996). 『공공가정경영론』. 학지사.

제 5 부

생활과학의 새로운 지평

제16장

복지사회와 생활과학

1. 복지사회의 도래

1) 복지사회의 특성

현대 산업사회가 지향하는 복지사회는 인간의 생존권을 보장하는 사회, 최저한의 인간다운 삶을 보장하는 사회, 개인의 자유의지로 삶의 방식을 선택할 수 있는 사회, 인간의 성장과 발달권을 보장하는 사회이다.

① 인간의 생존권을 보장하는 사회

영아나 유아를 포함한 아동이나 노인과 같은 발달시기에 있는 개인이나 자신의 신체나 심리통제가 어려운 장애인은 스스로의 삶을 유지하기 어렵다. 국가는 노약자를 비롯한 약자의 생존권을 보장해야 하며, 그러한 정책을 구성하고 제시해야 한다. 즉 스스로 적자생존의 경쟁사회에서 적자가 되기 어려운 주변인인 개인을 국가가 보호하고 그의 삶을 보장하는 것이다.

인간의 생존권을 보장하는 사회는 우선 신체적 생존의 보장, 정신 심리적 삶의 보장으로 구체화될 수 있다. 신체의 생존은 신체가 요구하는 영양섭취, 수면과 휴식을 보장하는 것으로 따뜻하고 평안한 주거의 보장과 식품의 제공으로 구체화될 수 있다.

② 최소한의 인간다운 삶을 보장하는 사회

최소한의 인간다운 삶을 보장하는 것은 일차적으로 편안한 주거환경과 식품의 제공으로 이루어진다. 개인의 최소한의 행동반경을 보장하는 주거환경, 난방이 가능한 환경, 오염되지 않은 식품의 제공 등이 보장되어야 한다.

③ 개인의 자유의지로 삶의 방식을 선택할 수 있는 사회

인간은 자신의 자율적 삶을 선택할 수 있는 자유가 있어야 한다. 직업생활은 물론이고 종교생활, 취미생활, 여가생활 등 개인의 삶의 방식을 스스로 선택할 수 있어야 한다.

④ 인간의 성장과 발달권을 보장하는 사회

복지사회는 인간의 성장과 발달권을 보장하는 사회로서 아동이나 청소년들의 성장과 발달권을 보호해야 한다. 아동을 성인들의 상업적 수단으로 제시해서는 안 되며, 어떠한 명분으로도 아동을 희생자로 삼아서는 안 된다. 아동복지법에서는 아동을 성인들의 상업적 수단, 특히 미성년자인 이들을 성(性)의 대상으로 삼거나 구경거리로 내세우거나 매매의 대상으로 만드는 것을 엄금하고 있다. 2000년 1월에 제정된 청소년성보장법에서는 미성년자를 성적 대상으로 삼는 것을 금지하고 원조교제 등으로 미성년 청소년을 성적 대상으로 산 성인의 명단을 공개하도록 하고 있다. 그 외에 아동복지법에서는 장애아를 대중에게 구경거리로 만드는 것을 금하는 것 등을 명문화하고 있다.

2) 복지사회와 삶의 질

복지사회는 개인의 삶의 질을 높이는 사회이다. 복지사회가 개인의 삶의 질을 향상시키고 보장하는가는 빈곤선의 설정근거와 기준, 의무교육의 최저선 그리고 삶의 질의 최저기준선과 같은 준거에 의해 측정될 수 있다.

① 빈곤선(貧困線)의 설정근거와 기준

빈곤의 상태를 가늠하고 사회가 보장하는 최저생활의 기준을 나타내

는 빈곤선은 한 사회의 복지제도의 수준을 보여주는 지표가 된다. 빈곤선은 절대빈곤과 상대빈곤, 두 가지 방법으로 설정이 가능하다. 절대빈곤은 국가가 설정한 최저생계비 이하의 소득을 가짐으로써 최저생계를 유지하기 위해 꼭 필요한 생필품의 구매가 어려운 상태를 의미한다. 상대빈곤은 한 사회의 평균 혹은 중위소득에 대한 일정비율보다 소득이 낮은 경우로써, 그 사회 내에서 차지하는 상대적 위치에 따라 결정되는 빈곤이다. 우리나라는 절대빈곤의 방법으로 빈곤을 정의하며, 전물량 시장바구니 방식으로 최저생계비를 계측한다. 2000년 국민기초생활보장법이 제정되면서 전 국민이 국가에서 정한 기초생활을 누릴 권리가 법적으로 명시되어 있다. 그러나 기초생활을 설정하는 데 기초 자료가 되는 전 국민의 실수입과 생활실태에 대한 기초통계가 정확하지 않고, 최저생계비가 낮게 설정되어 있어서 빈곤의 측정이 비현실적이라는 비판을 많이 받고 있다.

② 의무교육의 최저선

국가가 국민의 복지요구를 감당할 수 있는가, 즉 국가의 복지부담능력은 피상적으로 국민의 의무교육을 얼마나 어떻게 실시하는가에 달려 있다. 의무교육의 연한뿐 아니라 의무교육의 내용도 중시된다. 우리 사회는 가계가 공교육을 신뢰하지 못하여 많은 사교육비를 지출하는 경우로, 사교육비는 가계생활비의 27% 정도로 나타나고 있다(김시월, 1998). 이는 가계의 부담도 클 뿐 아니라 결국에는 교육의 불공평이 계층이동의 주요인으로 작용할 가능성이 있기 때문(이순형 · 류정순, 1998)에 교육의 질은 곧 국민의 복지를 측정하는 척도가 된다.

③ 삶의 질 최저기준선

한 사회의 복지를 논하려면 그 사회의 구성원들에게 주어지는 삶의 질이 어디가 최저선인가가 제시되어야 한다. 1950년대의 한국사회의 삶의 질의 최저선과 반세기가 지난 2000년대 한국사회의 삶의 복지의 최저선이 무척 다를 것이다. 삶의 질에는 빈곤선으로 표시되는 물질적인 욕구충족뿐 아니라, 기회, 성취, 자유, 권리 등에 있어서의 평등이 포함된다. 우리 사회의 삶의 질을 구성하는 요인들이 무엇인지, 그리고 각각의 요인들에 있어서 충족되어야할 최저선은 어디인지에 대한 사회적 합의와 그에 따라 구성된 사회지표(social indicator)가 중요하다.

2. 복지사회와 생활과학의 역할

미래사회에서 생활과학도는 복지자원으로서의 역할과 복지기능자의 역할을 수행할 것으로 기대된다. 구체적으로 복지자원의 역할과 복지기능자의 역할은 아래와 같다.

1) 복지자원의 역할

생활과학도는 생활정보원, 심리적 위안자, 상담 및 조언자, 기술제공자로 복지사회에 기여할 수 있다.

① 생활정보원: 생활과학도는 의·식·주에 대한 구체적 정보를 가지고 있으며 복지시설의 종류 및 운영실태에 대한 정보를 가지고 있어 소비자에게 이를 제공하는 역할을 수행한다.

② 심리적 위안자: 생활과학도는 개인이 심리적 갈등과 좌절을 겪을 때 그를 위로하고 위안을 주며 스스로 갈등을 극복하고 해결할 수 있도록 조언하고 심리적 위안을 주는 역할을 수행한다.

③ 기술제공자: 생활과학도는 식품조리와 보관, 의복구성과 관리, 주택관리 등의 기술을 제공하고 육아정보와 기술을 제공하는 기술제공자의 역할을 수행한다.

④ 문제해결자: 개인과 가정의 문제가 생겼을 때 그러한 개인과 가정의 문제를 진단하고 처방하여 문제를 해결하는 역할을 수행한다.

2) 복지기능자의 역할

생활과학도는 복지시설의 종사자로 근무하면서 복지기능자로서 기여할 수 있다.

① 생활과학도는 영 · 유아 보육시설의 교사 및 영양사, 시설장으로 근무하면서 복지사업을 운영할 수 있다. 보육시설의 교사로 근무하기 위한 자격요건을 아동가족학을 전공하고 영 · 유아 보육실습을 실시한 후에 자격을 인정받는다. 시설장은 보육교사로 근무한 경력이 3년 이상 있거나 아동학 전공 학위를 받거나 복지사업에 종사한 경력이 있는 사람에 국한하여 자격을 부여한다.

② 생활과학도는 아동 및 청소년 상담소의 상담원으로 근무하면서 모자 가정, 아동과 청소년의 학대 예방, 가출청소년과 '왕따' 청소년 등 청소년의 부적응을 상담하고 지도한다. 공장 등에 취업하여 교육을 받지 못하는 청소년들의 진로상담을 비롯한 성 상담에 임하여 근로청소년들의 복지에 공헌한다. 또한 이들은 가출한 여성을 위한 쉼터에서 미혼모와 가출여성, 학대받는 여성을 상담하고 이들의 진로를 지도하기도 한다. 미혼모의 경우에 출산을 돕고 그의 출산 후 진로를 상담하고 지도한다. 생활과학도는 노인복지시설에서 노인의 문제를 상담하고 그의 신체적 사회적 적응을 위한 중재자로서 기여할 수 있다.

③ 생활과학도는 복지시설과 산업시설의 영양사로서 집단급식을 지도하고 집단급식 프로그램을 운영할 수 있다. 식품영양학을 전공한 생활과학도는 영 · 유아 복지시설, 청소년시설, 회사와 공장 등의 집단급식을 운영할 수 있다.

특히 여행과 이동이 잦은 산업사회의 수요에 부응하기 위해서 비행기, 유람선, 기차 등 장기 이동시 단체급식을 실시할 수 있다. 단체급식을 제공하기 위해 식품과 영양에 대한 이론뿐 아니라 조리사로서의 기능을 습득할 필요가 있다.

④ 생활과학도는 복지시설뿐 아니라 백화점, 호텔 등의 집단시설에서 산업체와 소비자를 잇는 가교로서 기능할 수 있다. 소비자보호운동은 물론이고 가계계획을 수립하는 가계관리사로서 직무를 수행할 수 있고, 대규모의 빌딩이나 공공주택의 관리사로서 공헌할 수 있다.

⑤ 생활과학도는 대중이 선호하는 패션 디자인을 창안하는 업체에 들

어가거나 프리랜서로서 다양한 상품을 창안하고 그를 상품화하는 데 공헌할 수 있다. 즉 주택 인테리어, 의복 디자인, 패션상품, 패션정보업체를 운영하여 독자적인 디자인 세계를 구축하고 하나의 사업으로 운영할 수 있다. 또한 아동의 장난감, 교구, 용품, 아동의 가구, 청소년의 용품, 청소년의 의복 패션, 노인용품, 주방용품, 액세서리 등 다양한 생활용품의 디자인과 생산에 종사할 수 있다.

3) 복지전달체계로서의 역할

복지사업은 복지정책을 수행하는 부처와 개인 수혜자를 연계시키는 전달체계가 있을 때 세 가지 요소에 입각해 운영될 수 있다. 생활과학도는 복지전달체계로서의 역할을 수행할 수 있도록 기대되는데, 구체적으로 아래와 같은 복지사업에서 전달체계로 기능할 수 있다.

첫째, 영 · 유아 보육시설에 원아를 입소시키는 데 정확한 정보를 제공해 주는 사회복지사 역할을 할 수 있다. 지역마다 있는 동회사무소와 보건소가 복지사무소로 변경될 예정이므로 복지사무소에 근무하는 사회복지사는 영 · 유아 및 학동기 아동을 적절한 보육시설에 연계시켜 줄 수 있다.

둘째, 아동 및 청소년 상담소와 여성문제 상담소, 가족상담소, 진로상담소 등에서 생활과학도는 상담원으로 근무하며 부적응 아동과 청소년 및 학대받는 여성 등을 적절한 기관으로 이관시키고 적합한 중재 및 치료를 받도록 조처할 수 있다.

셋째, 주요 언론사 및 홍보사, 광고제작사에서 생활과학도는 개인과 가족의 문제를 진단하고 이러한 문제를 각 복지시설과 연계시켜 문제를 진단하고 중재하며 치료기관을 소개함으로써 개인과 가족문제를 해결할 수 있도록 전달체계로 기능한다.

3. 생활과학도의 복지에의 기여

1) 인간 물질생활의 질 향상

인간의 생활공간인 물리적 환경과 심리적 환경 속에서 생활의 질을 높이는 데 생활과학도들이 기여하는 것을 의미한다. 구체적으로 식생활, 의생활과 주생활의 질 향상을 위한 방안을 모색해 본다.

(1) 식생활의 질 향상

① 음식의 새로운 맛을 창출하고 환경친화적 식품의 수요에 부응하고 여가와 관련된 식생활 복지수요에 부응

② 음식의 조리방법을 조리에 드는 시간과 노력을 경감하고 여가를 확대하는 방향으로 개선

③ 식품의 오염과 유해물 섭취를 방지하기 위해 식품의 위생상태를 향상

④ 인간이 식생활을 경량화해서 시간을 다른 창조적 활동에 투여하도록 하는 방안 모색

⑤ 기내식, 자동차식, 도시락 등의 자동화 내지는 이동시에 질 높은 급식을 제공하는 방안 모색

(2) 의생활의 질 향상

① 신체 생리적 순환을 고려한 위생적 의복생활

② 심미적 디자인 요구를 저렴한 비용으로 충족시키기 위한 의복생활 개선

③ 활동성을 제고하는 특수복의 제조를 통한 의생활의 질 향상

④ 노인, 영아, 지체장애인 등 특수한 요구를 가진 사람을 위한 의생활 개선

(3) 주생활의 질 향상

① 난방과 냉방 등의 인간생활환경을 개선하기 위한 방법

② 주택관리의 새로운 방법의 모색

③ 노인, 영아, 지체장애인 등 특수한 요구를 가진 사람을 위한 주택의 개선방법 모색

④ 재택근무자를 위한 주택의 근무환경 구성방법

2) 인간 내적 심리문제의 해결

인간의 욕구와 내적 갈등과 부적응문제를 진단하고 처방하며 해결하는 데 생활과학도들이 기여할 수 있다.

(1) 인간발달단계별 발달이상과 상담자 역할

인간의 생애를 발달단계별로 나눌 때 신생아기, 영아기, 유아기, 아동기, 청소년기, 성인기와 중 · 노년기로 나눈다. 각 단계마다 인간의 발달특성이 있으며, 그 시기마다 성취해야 할 발달과업이 있기 마련이다. 특히 정상인의 발달특성을 고려해 볼 때 그 기준에서 벗어난 사람의 발달을 발달이상자, 특수한 문제가 있는 사람, 부적응자로 간주한다.

① 영 · 유아의 발달이상과 상담

영아기는 3세 미만을 의미하고 유아기는 3세부터 6세까지를 의미한다. 이 시기는 신체의 대근육과 소근육 운동기능을 원활하게 하고 언어를 획득하며 사회적 관계를 맺는 토대를 형성하여 점차 확장해 나가는 특성이 있다(서봉연 · 이순형, 1982). 신체기능의 이상이나 언어이상과 사회적 관계를 거부하는 등의 발달이상은 부적응의 문제가 되는데, 이러한 문제를 해결하기 위하여 생활과학도는 영 · 유아의 발달상태를 진단하고 발달문제를 상담하는 일을 수행한다.

② 아동의 발달이상과 상담

아동기는 7세부터 12세까지로 정의하는데[1] 이 시기는 신체적 활동이 민첩하고 정확하게 이루어지고, 인지적으로 더 발달하고 구체적 사물을 통해서 사고를 확장해 나가며, 의사소통의 정교화를 이루면서 성인 및 또래와의 관계를 확장시켜 나간다. 생활과학도는 아동의 발달상태를 진

1) 아동기에 대한 시기규정은 법마다 다르다.

단하고 발달문제를 상담하는 일을 수행한다. 사회적 관계나 정서적 문제를 진단하고 상담하며 가족 간의 갈등과 관련해 가족상담을 실시할 수 있다.

아동복지는 대한민국에서 성장하고 있는 모든 아동을 대상으로 해야 하나, 아직까지 정부는 아동의 신체 · 정신이 정상이고 정상적으로 기능하는 가정의 아동은 제외한 채 아동에게 신체 · 정신적 문제가 있거나 가정이 정상적으로 기능하지 못하는 아동만을 복지대상으로 설정해 왔다. 구체적으로 아동의 문제는 부모나 보호자가 없이 홀로 사는 아동, 보육시설에서 돌보아지는 취업모의 아동, 부모나 다른 사람으로부터 근로를 강요당하고 노임이 착취되는 아동, 신체적 정신적 학대를 받는 아동, 신체적 정신적 장애를 가진 아동의 문제로 열거될 수 있다. 이들을 대상으로 한 아동복지 서비스의 내용은 다음과 같다.

첫째, 보호자가 없는 아동이 있다. 소년소녀 가장이나 기타 사유로 인하여 생활비를 대는 사람이나 근원이 없을 경우에 이들을 위한 생활보조정책이 보건복지부에 의해 실시되고 있으나, 빈곤선 이하 생활보조대상을 어느 선에서 긋고 분류할 것인지에 따라서 생활보호대상자가 달라진다. 이들에 대한 재정적 지지의 지속성도 문제지만 이들의 일상생활 보호에 대한 지도와 감독이 필요하다.

둘째, 취업모나 기타 사유로 인하여 가정에서 부모의 보호와 양육을 받지 못하는 경우에 그들의 안전과 양육을 위한 서비스를 중앙정부 또는 지방지치단체에 의해서 제공되는 것이다.

셋째, 아동이 어떠한 종류의 신체적 성적 폭력과 학대로부터 벗어나 양육되도록 아동의 학대 방지와 예방을 위한 정책을 말한다. 미성년자의 고용과 착취 방지가 노동부의 노동법으로 보호되고 있으나, 성적 신체적 학대 예방과 학대 방지는 아직까지도 법적으로 보장되지 못하고 있다. 한국은 유엔의 아동헌장 준수 협약국에 가입했으나 아동권리의 조항 가운데 세 가지 사항, 즉 입양시 아동 자신의 권리를 보장하는 것을 포함한 입양문제가 유보되고 있다.

넷째, 장애아동이 포함된다. 신체적으로나 심리적으로 발달장애를 가진 아동의 치료 및 적응을 위한 정책으로서 그들의 가족복지에 대한 정책을 포함한다.

③ 청소년의 발달이상과 상담

청소년기는 13세부터 18세까지를 의미한다. 때로는 청년기를 세분하여 청년 후기를 22세까지로 분류하기도 하는데, 이 시기에는 추상적 사고를 발달시키므로 현 사회에 대한 비판을 제기하고 이상적 사회에 대한 지향을 가질 수 있다. 신체성숙으로 인해 성적 욕구를 가지게 되며, 성적 욕구의 좌절로 인하여 심리적 갈등을 가질 수 있다. 이러한 청소년기는 사회의 주변인으로서 기능하는데, 막연한 진로와 미래에 대한 불확실성 등으로 심리적 갈등이 다른 어떤 시기보다도 큰 경향이 있다.

생활과학도는 청소년의 발달이상에 대해 진단하고 그들의 문제를 상담하고 해결할 수 있다.

④ 성인기의 발달이상과 상담

성인기는 22세경부터 45세까지를 의미한다. 연구자에 따라서 60세까지로 시기를 구분짓기도 한다. 이 시기에는 발달의 절정에 도달했으므로 신체적 기능과 인지적 역량이 최고도에 달했다.

성인기 발달이상에 대해서 진단하고 상담하는 것은 일반상담원의 역할이 되는데, 개인상담은 가족문제, 개인의 심리문제가 되고 직장내 갈등문제 등이 많다. 이에 남녀의 애정갈등문제, 결혼상담, 실직상담, 이혼상담 등이 포함된다.

⑤ 중 · 노인기의 부적응 중재

45세 이후 60세까지를 중년기라고 하는데, 이 시기에 인간은 발달의 증가추세에서 하강추세를 경험하게 된다. 감각의 민감성이 점차 둔화되고 자극에 대한 신체의 반응속도가 늦어지며 신체기능이 감소되고 인지적 사고나 판단의 속도도 감소된다. 60세 이후가 되면 인간은 더욱더 신체기능이나 인지적 판단속도가 감소되는 등 신체 인지적 변화에 직면한다.

이 시기에는 청력과 시력이 떨어지므로 보청기나 안경을 써야 하는 일이 생긴다. 전화번호를 누르거나 컴퓨터 자판을 사용하는 속도가 떨어진다. 무릎의 관절이 약화되고 뼈의 구성성분이 변화하여 골절의 위험이 높아진다. 성인병이라고 하는 만성질병의 위험이 높아지고 생식력이 떨어진다.

신체나 심리적 유연성이 감소되므로 전반적인 적응력이 떨어지는 것은 자연스러운 노화현상이다. 문제는 정상적 변화임에도 불구하고 그러한 변화를 본인이 수용하고 잘 적응하는가이다. 우선 노화를 저항 없이 수용하는 것이 중요한 발달과업이고, 젊은이들과의 관계를 유연하게 맺는가, 즉 사회적 적응을 할 수 있는가가 중요한 발달과업이 된다. 사회적 관계에서 소외되어 상대할 사람이 없거나, 자신의 삶에 의미 있는 타자가 없을 때 심각한 심리적 부적응문제가 발생한다. 생활과학도는 노인들의 삶의 문제를 진단하고 그들의 문제를 상담하며 문제해결을 위해 노력하는 상담자, 중재자의 역할을 수행할 수 있다. 생활과학도는 신체가 부자유스러운 노인을 맡아 보호하는 수준 높은 탁로소나 양로원을 설립하고 노인을 수용하고 운영하는 일을 수행할 수 있다.

3) 가족의 복지증진

가족은 오랫동안 개인의 보호와 복지를 담당하는 일차적인 집단으로 기능해 왔다. 자녀를 낳아 성인이 될 때까지 양육하거나, 장애가 있는 가족구성원들을 돌보거나, 노인이 된 부모를 부양하는 것 등은 가족이 수행해 온 전형적인 기능이다. 동시에 아동, 장애인, 노인 등 사회적인 약자를 보호하고 부양하는 것은 사회적인 책임이기도 하다. 가족과 사회가 어떻게 역할 분담을 하는가는 그 사회가 어떤 이념과 어떤 복지시스템을 추구하느냐에 달려 있다. 우리나라처럼 사회복지의 역사가 짧고 사회의 역량이 잔여적인 서비스 제공에 집중되어 있는 경우에는 개인의 복지를 책임지는 집단으로서의 가족에 대한 사회적 기대가 매우 크다. 이러한 사회적 기대는 사회의 규범으로 강화되는데, 우리나라의 가족주의 가치가 그런 예가 된다.

우리나라의 가족주의 가치는 개인보다 가족이 우선되는 가족의 우선성, 부모봉양과 효의 강조, 가장이 중심이 되는 부계가문의 영속화, 형제자매 및 친족 간 사회경제적 유대의식 등을 특징으로 하는 가부장적 가족과 관련된 규범이다(옥선화, 1986). 가문을 이어나갈 자녀를 낳고 양육하는 일, 경제적으로 신체적으로 어려움이 있는 친족 간에 도움을 주고 돌보는 일, 노부모를 모시고 경제적으로나 심리적으로 부양하는 일 등은 가족주의 전통 하에서는 가족의 필수적인 기능이자 의무가 된다. 즉 가족주의 가치는 사회의 도움이나 개입 없이 가족에게 개인의 복지를 맡겨 수행하도록 유도하는 이념적 도구가 되어 왔다.

가족구조 역시 가족의 기능과 밀접하게 관련이 된다. 가족규모가 크고 여러 세대로 구성되어 있는 경우에는 가족 내에서 사용가능한 재정적, 시간적 자원이 상대적으로 커진다. 다시 말해 가족구성원을 돌보는 데 필요한 재정적 · 시간적 자원이 공유되며, 가족구성원을 돌보는 책임이 공유될 가능성이 크다.

그러나 지난 몇십 년 동안 우리 사회는 가치관의 변화와 가족구조의 변화를 동시에 경험해 왔다. 무엇이 이런 변화를 초래하였는가를 설명하는 데는 여러 가지 이론이 있을 수 있지만, 한 가지 분명한 사실은 이러한 변화가 개별 가족의 삶과 개인의 삶에 직접적으로 관련이 된다는 것이다. 가족구조의 측면에서 보면, 가족의 소규모화가 우선 눈에 띈다. 평균 가구원수가 1975년에서 2000년까지 30년이 채 안 되는 시기에 5.0명에서 3.1명으로 2명이 감소했다(통계청, 2002). 또한 3세대 이상으로 구성된 가족이 1970년부터 2000년까지 30년 사이에 19%에서 8%로 11% 감소했다. 이러한 변화는 우리 사회에서 이념형으로서의 직계가족이 그 주도성을 잃어가고 있는 것으로 해석되며, 부계직계가족에 대한 가족주의 가치관 역시 함께 약화되고 있는 것으로 해석된다. 즉 가족은 개별 가족구성원을 보호하고 부양할 실질적 역량이라는 측면에서도 변화를 겪고, 또 이런 가족을 강화하고 유지시켜온 규범적인 측면에서도 변화를 경험하고 있는 것이다.

이러한 가족의 변화를 겪으며 개별적인 가족들이 경험하는 문제와 어려움들은 다양하다. 사회문제로 등장하고 있는 결혼의 연기, 출산율의 저하, 가족폭력, 이혼율의 증가 등은 개별 가족들이 겪는 어려움과 문제들을 직간접적으로 반영하고 있다. 이러한 문제들은 사회의 적극적인 개입과 도움이 없다면 더욱 증가할 수밖에 없으며 따라서 가족복지에 대한 요구는 점차로 증대되고 있다.

가족의 복지에 대한 접근은 크게 미시적인 개입과 거시적인 개입으로 구분할 수 있다. 미시적인 개입이 개별가족을 대상으로 가족 치료 및 상담과 가족생활교육을 제공하는 것을 지칭한다면, 거시적인 개입은 전체 가족을 대상으로 한 가족복지정책을 수립하는 것을 지칭한다.

가족 치료와 상담은 개인보다는 가족전체에 초점을 둔다는 점에서 개인 치료 및 상담과 구별된다. 가족치료 및 상담 영역 내에도 다양한 접근법이 있지만, 이들 접근법들은 다음과 같은 공통점을 가진다(Kaslow, Kaslow, Farber, 1999). 우선 가족치료는 가족을 하나의 체계로 받아들이며, 이 체계는 다시 여러 개의 하위체계로 구성되어 있다고 본다. 둘째, 가족의 의사소통, 적응성 그리고 유대감은 가족의 기능의 핵심요소이다. 셋째, 가족치료 및 상담의 목표는 개인뿐 아니라 가족체계를 변화시키는 것이다. 즉 가족구성원 간의 권력관계, 가족구성원 개인과 가족의 영역구분, 역할설정, 의사소통 등의 측면에서 접근하여 가족의 상호작용 형태를 변화시켜 개인과 가족이 경험하는 어려움들을 해결하는 것이다.

가족치료와 상담이 이미 문제를 경험한 가족들을 대상으로 하는 사후적 개입이라면, 가족생활교육은 예방적 차원에서 가족을 준비시키고 잠재력을 향상시키기 위한 개입이다. 즉 가족의 생애주기 전반에 걸쳐 예측 가능한 발달적 사건들에 대해서 가족이 잘 대처하고 적응할 수 있도록 가족의 능력을 향상시키는 다양한 교육적 활동이 가족생활교육이다. 여기에는 결혼준비 교육, 부부관계 강화 교육, 부모교육, 한부모가족 교육 등이 포함되며, 다양한 교육프로그램들이 개발되어 실시되고 있다.

거시적인 차원에서의 가족복지정책은 가족단위에서 표출되는 욕구를 지원, 보충, 대체함으로써 가정의 안녕과 복지달성이라는 당위적 목표를 위해 국가가 의도적으로 개입하는 활동을 의미한다(김승권, 2004). 우리나라에서 실시되고 있는 가족복지정책에는 육아휴직제도를 통한 출산지원, 국민연금이나 기초생활보장제도를 통한 공적부조, 영구임대주택사업을 통한 주거보장, 영유아보육정책을 통한 자녀양육지원, 가정폭력예방 및 피해자 보호를 통한 가족보호 등이 있다. 그러나 이러한 정책들은 '가족'을 고려하는 내용을 담고 있지만 본격적인 가족정책이 되기에는 미흡한 점들이 많다. 즉 아동, 청소년, 노인, 여성, 장애인 등 개별가족원을 대상으로 한 정책 및 지원에 의하여 가족정책을 수행한다는 그릇된 인식으로 인하여 가족전체를 고려한 통합적 관점이 결여되어 한계와 비효율성을 드러내 보인 것이다(김승권, 2004). 2003년 말 제정된 건강가정기본법은 기존의 가족복지정책의 한계점을 극복하고자 하는 시도를 담고 있으며, 가족을 단위로 한 복지정책의 법적 근거를 마련하였다는 점에서 의의를 가진다.

생활과학은 인간발달과 가족의 발달, 그리고 가족의 역동적인 과정을 연구함으로써 개별가족이 경험하는 여러 가지 문제들에 대한 이해와 그 해결책을 탐색한다. 즉 인간과 가족에 대한 학문적 이해를 토대로 가족상담 및 치료를 실시하고, 가족생활교육 프로그램을 개발, 수행함으로써 개별가족이 겪는 어려움을 극복하는데 도움을 준다. 또한 다양한 가족복지정책들이 개별가족에게 미치는 영향을 평가, 연구함으로써 가족복지정책 수립하고 운영하는데 필요한 정보를 제공한다.

4) 인간발달시기와 복지투자

복지투자에는 현 사회상태를 유지하는 데 소요되는 복지투자가 있고, 미래사회를 준비하는 복지투자가 있다. 현재 투표권을 의식하면 전자의 투자가 될 수밖에 없으나 정작 중요한 것은 후자의 투자이다. 복지는 미래사회를 위해 인간발달 초기에 투자해야 한다.

인간의 신체는 발달과정에서 몇 차례 성장급등기가 있다. 출생 후 2, 3년과 사춘기 때 성장급등기가 온다. 지적 능력을 다루는 뇌의 성장급등기는 출생 후 7년 이내이다. 이 시기에 뇌에 영양결핍이나 산소부족 등 결손을 받으면 뇌의 결손은 그 후 회복되기 어려우며 그 영향은 생애 내내 지속될 수 있다(서봉연 · 이순형, 1982; 이순형, 1989).

심리적으로 인간에 대한 신뢰감과 애착을 형성하는 시기도 출생 후 5년의 초기이다. 이 시기에 학대받고 성장한 아동은 이후 사람에 대한 불신과 적대감을 형성하여 그에 대한 인식을 바꾸기가 어려워 공격적이고 반사회적 성격으로 형성되기 쉽다고 한다. 성인에게서 받은 인정과 지적 자극은 아동에게 심리적 안정감을 형성할 뿐 아니라 두뇌의 신경세포의 신경돌기를 자극해서 수포화를 촉진한다. 결과적으로 지적 자극을 일찍이 받은 아동과 그렇지 않은 아동의 두뇌세포에는 지식의 다양화와 사고능력을 증가시키는 수포화의 수준이 다르다는 것이다.

이처럼 출생 후 초기 환경의 영향은 그 어느 시기보다도 중요하다. 동일한 액수의 복지기금을 투자할 때 그 돈이 어느 시기로 투자되어야 하겠는가는 자명한 일이다. 그런데 정치적 압력집단이 되지 못한 어린이들이 늘 복지투자에서 밀려나고 있다. 아동복지에 투자하는 것은 장기사회보장 채권을 사두는 것과 같은 것이다. 북한사회의 식량부족문제는 현재 주민의 굶주림에 국한된 문제가 아니다. 영양실조가 어린이들에게 질병과 두뇌의 발달장애(최혜미 · 박영숙, 1999)를 가져다줄 것이며, 한민족 절반의 지력 약화가 수십여 년 이후 문제될 것이기 때문이다.

(1) 아동의 발달적 특성에 따른 복지

아동의 발달과 삶의 만족을 고려할 때에 먼저 그들의 발달에 최적 환경이 어떤 것인가를 생각해 보아야 한다. 첫째는 대도시의 과밀한 인구환경조건이다. 환경오염과 소음공해로 인한 물과 식품의 오염 등이 아동의 건강한 발달을 위협하는 상황이다. 둘째는 심리적 건강을 위협하는 생활환경이 문제이다. 여성 취업의 증가와 이혼의 증가 등으로 아동의 심리적 복지에 문제가 될 수 있으므로, 아동복지정책은 가족의 온전한 기능유지와 가족원 간의 관계 풍부화를 모색하는 기조에서 모색되어야 한다. 즉 가족이 유지되고 기능해야 아동이 정상적으로 발달하고 바람직하게 성장할 수 있도록 한다는 기조 아래에서 아동복지정책이 수립되어야 한다는 것이다. 정책의 목적과 달리 결과적으로 이혼이나 가족의 해체 등의 부작용을 조장할 수 있는 복지정책은 재고되어야 하고, 가족의 취약성이 보강될 수 있는 복지정책이 실시되어야 한다.

아동의 발달적 특성을 고려해서 아동의 복지정책이 모색되어야 한다. 아동기는 다른 시기와 달리 신체적 인지적으로 급변하는 시기이다. 인간 생애의 한 시기로 본다면 불과 몇 해가 되지 않지만 그 변화의 양은 엄청나기 때문에 각각의 세부시기별로 다른 복지정책과 처방을 내려야 할 필요가 있다. 생후 초기 3년에는 어머니와의 애착관계가 형성되어야 이후 다른 사람과의 신뢰를 형성할 수 있으며, 사회에 대한 믿음으로 낙관적 태도를 형성하는 것으로 생각된다. 그러나 그 시기에 애착이 제대로 형성되지 않으면 타인에 대해 냉담하고 불안한 성격이 형성될 가능성이 크다고 한다. 일반적으로 아동기에는 민감기가 지나서 별 문제가 없을 것으로 생각되지만, 실상 청소년기 비행은 초등학교 고학년 시기부터 시작되고 있음을 간과해서는 안 된다. 이 시기에 이미 비행청소년들과의 연계가 시작되기 때문에 이러한 연계고리를 맺기 이전에 아동이 비행청소년들과 접촉할 기회를 차단하기 위한 아동복지정책이 고려되어야 한다. 하나의 사례로 방과 후 교실의 운영을 들 수 있다.

(2) 청소년의 발달특성에 따른 복지

청소년의 발달과 삶의 만족을 고려할 때에 먼저 청소년의 성장과 발달에 최적 환경이 어떤 것인가를 생각해 보아야 한다. 첫째는 대도시의 과밀한 인구환경조건이다. 환경오염과 소음공해로 인한 물과 식품의 오염 등이 아동과 마찬가지로 청소년의 건강한 발달을 위협할 수 있다. 둘째는 심리적 건강을 위협하는 생활환경이 문제이다. 여성 취업의 증가와 이혼의 증가 등으로 아동의 심리적 복지에 문제가 될 수 있으므로 아동복지정책은 가족의 온전한 기능유지와 가족원간의 관계 풍부화를 모색하는 기조에서 모색되어야 한다. 즉 가족이 유지되고 기능해야 아동이 정상적으로 발달하고 바람직하게 성장할 수 있도록 한다는 기조 아래서 아동의 복지정책이 수립되어야 한다는 것이다. 정책의 목적과 달리 결과적으로 이혼이나 가족의 해체 등의 부작용을 조장할 수 있는 복지정책은 재고되어야 하고 가족의 취약성이 보강될 수 있는 복지정책이 실시되어야 한다.

청소년의 복지는 그들의 발달적 특성이 아동기와도 다르다는 점이 고려되어야 한다. 신체적 성숙으로 인한 성적 욕구와 그의 충족이 어려운 현실에서 발생될 수밖에 없는 갈등과 부적응의 문제, 명확한 진로를 찾지 못하여 불확실한 미래에 대한 심리적 갈등이 있다. 사회에 대한 비판의식은 절정에 달할 만큼 인지적으로는 성숙하였는데도 불구하고 현실참여가 어려운 데서 오는 갈등상태에서 가정환경의 문제나 사회적 상황의 요인이 촉발되면 문제행동 내지는 부적응으로 나타나기 때문에 이러한 문제를 고려한 복지정책이 실시되어야 한다. 청소년보호법은 1998년도에 아동기를 18세 미만으로 규정했던 법을 18세까지로 개정하여 고등학교 3학년을 포함시키고 이들을 대상으로 규정하여 약물, 술, 담배 등의 중독물질로부터 보호하는 법안을 통과시켰다. 국무총리실 산하 청소년보호위원회는 최근 법률상의 선언적 내용만으로는 아무런 개혁이 되지 못한다는 인식하에 18세 이하의 아동과 청소년에게 담배, 술, 약물을 파는 상인에 대해서는 엄벌을 하도록 시행령을 개정하도록 하고 실제적인 청소년 보호운동에 나섰다.

(3) 성년 · 노년기 발달특성과 복지

① 성 · 중년 복지

성 · 중년기의 발달과 삶의 만족을 위한 복지로는 실직자와 무의탁 노인문제가 크게 대두된다. 1998년 2월에 한국의 실업자는 9%인 200만 명을 넘어섰는데, 이러한 실업사태는 경제개발이 시작된 1970년대 이후 그 어느 때보다도 심각한 상황이다. 정부는 실직자의 복지뿐 아니라 그의 가족들의 복지도 감당해야 할 뿐 아니라 예비실업자, 즉 연령으로는 성인으로서 직업시장에 뛰어들어야 할 대졸자들의 실업사태에도 대비해야 하는 상황이 되었다. 예측하지 못한 실업사태는 스트레스를 주어 개인에게는 부적응과 신체 순환기의 문제를 유발하고, 그러한 장기적 스트레스는 만성 질병을 초래할 것으로 예측되므로 실직자 복지는 의료복지와도 연계되어야 한다.

특히 저소득층이거나 보호가 필요한 여성들의 생활안정을 위해서 재정적 지원을 확대할 필요가 있으며, 성폭력이나 가정폭력 피해자를 보호하는 시설을 확대할 필요가 있다. 그리고 출산 후 여성과 그들의 자녀의 건강과 안전을 위해서 보건사업을 확대하고 지원을 강화할 필요가 있다. 어머니와 영아의 사망률을 감소시키고 인공분만의 비율을 감소시키고 자연분만을 권하는 정책을 실시해야 하며, 선천성 발달장애아, 대사이상 아동을 선별하여 검사하고 치료하는 등의 지원을 실시해야 한다.

② 노년 복지

우리 사회는 고령화 사회로 진입하여 앞으로 의료산업의 발달로 인해 인간의 수명이 더 연장될 것인바, 노인복지문제는 미래사회에서 해결할 심각한 사회문제의 하나가 되었다. 노인은 젊은 시기 동안에 사회에 봉사했으므로 이제는 과거 봉사에 대한 대가로 그의 생활이 보장되어야 하는 사람들이다. 노인의 경우 빈곤층은 말할 것도 없고 중산층의 경우에도 국민연금제도가 확실히 자리 잡지 못한 우리 사회에서 노인들의 소득보장 및 경로연금의 보장은 노인들의 생계문제와 직결되는 문제이다. 가정에서 노인을 부양하지 않는 경우에 사회가 전적으로 부양책임을 맡아야 하는 경우 사회의 큰 재정부담은 사회경제 발전에 장애가 될 수 있다. 사회부담이란 노동하는 젊은이들이 노인들의 생계부담을 나누어지는 것을 의미하며, 정부나 제도가 그를 중재하는 것과 동일한 것이다. 따라서 국가는 가능하면 사회가 아니라 가정에서 노인부양문제를 해결하기를 바라지만 현실적으로 자녀의 노인부양도 쉽지 않다. 따라서 국가는 국가책임지원을 확대하고 자녀가 노인을 부양하는 경우에 세제

혜택을 주거나 우선상속제 등을 실시하여 가정의 부양을 지원하는 정책을 실시해야 한다.

예전과 달리 현대 노인들은 신체적으로 근로능력이 있는 사람들이다. 비록 노인기의 발달적 특성은 모든 신체기능이 쇠퇴해 가지만, 그렇다고 해서 아무런 일도 주어지지 않는 것은 노인들의 자기 가치감이 저하되고 삶의 의욕을 저하시킨다. 사회적으로도 노인인력을 낭비하는 것이다. 따라서 국가는 노인들에게 적합한 일자리를 창출하여 노인을 고용하는 정책을 실시해야 한다.

그 외에 노인들의 발달적 특성에 부합된 복지정책을 실시해야 한다. 노인들의 신체는 점차 쇠잔해지면서 정상노인들에게도 노화와 관련된 문제가 있다. 노인들에게 치아와 안구의 문제는 일반적으로 경험하는 신체문제이다. 미국의 경우 노인복지사업에 정상노인의 경우에는 몇 년에 한 번씩 치아치료비와 안경교체비가 포함되어 있다. 이처럼 치아와 안구의 노화는 자연스러운 일로서 사회복지사업의 대상이 된다.

노인들은 장기적인 성인질병을 가지고 있다. 고혈압, 당뇨병, 퇴행성 관절염 등은 노인들에게서 빈번히 발견되는 질병이다. 노년기의 만성질병은 노인들의 40%가 겪는 문제이다. 특히 노인의 치매는 1999년도 통계를 보면 전체 노인의 8.3%가 치매로 판명될 만큼 많은 노인들이 걸리는 심각한 질병으로, 치매노인들에 대한 보호 내지는 치료가 중요한 국가자원의 복지문제가 되고 있다. 표 16.1에서 보듯 한국의 치매요양병원은 3개에 불과하므로 이들에 대한 의료시설을 확장할 필요가 있다. 이러한 수요를 감안하여 자녀가 집을 비우는 낮 동안 돌볼 사람이 없는 노인을 맡아서 돌보는 탁로소(託老所)가 설립되고 있으나 마땅히 종사할 사람들이 없는 실정이다.

정상적인 노인들의 여가활동을 위한 공간도 마련되어야 하다. 1999년 현재 노인복지회관이 109개소가 있다. 노인시설의 건립과 확충도 문제이지만 그 프로그램의 내용이 빈약하다는 것도 심각한 문제이다. 앞으로 노인의 건강과 여가를 동시에 해결할 수 있는 노인종합복지타운 등

표 16.1 2000년 노인복지의 양상

노 인	지 표	2000년
생활안정	급여수당 확대	경로연금 소득공제
재취업추진	고령자 적합 직종 공동작업장 취업알선센터	60 510 70
건강	진료비 본인부담금 경감 치매상담신고센터 치매 전문요양시설 치매요양병원	70세에서 65세로 연령제한 낮출 예정 243 32 3
여가 및 기타 보호	노인복지회관 노인종합복지타운 주간보호시설 단기보호시설 가정봉사원 파견시설	110 5 37 19 74

자료: 보건복지부, 2000.

의 모형(보건복지부, 2000)을 개발하여 그 운영 프로그램의 개발에 힘써야 한다.

생활과학분야에서는 하루 빨리 이러한 사회적 변화를 직시하고 장애 노인들의 영양과 질병(최혜미 외, 1998)에 관심을 기울이고, 이와 동시에 노인기에 대한 재정적 대비문제를 지도해야 한다. 즉 가족의 형성기, 성장기, 축소기 등 가족주기별로 재정문제를 예측하고 대비하도록 프로그램을 구성하고 교육해야 한다(이기영 · 조영희 · 송혜림 · 이승미, 1998). 무엇보다도 노인들을 돌볼 요양시설을 설립하고 그러한 시설에서 종사할 사람을 육성하며 그 시설을 운영할 관리자를 육성해야 한다.

(4) 장애인의 생활개선

앞에서 논의되었듯이 정상인의 삶의 질이 보장되는 것도 중요한 일이지만 사회 주변인이라고 할 수 있는 집단, 즉 자기를 스스로 돌보지 못하는 사람들에 대한 복지와 그들의 삶의 질을 보장하는 일이 중요한 복지사업이다. 1999년 정부의 통계에 의하면, 장애인 수는 전체 인구의 2.35%에 해당되는 40만 명이다. 이들의 생활을 돕기 위해 생활환경을 개선해야 한다. 장애인을 위한 편의시설 확충은 1999년에 47.4%에 달했다(보건복지부, 2000). 휠체어를 타지 않으면 이동할 수 없는 중증장애인을 위해서는 특별운송계획을 수립하고 거주지 내 이용편리를 위한 주택개조비용을 보조하는 등 정부의 지원이 있어야 한다. 시청각 장애인의 의사소통을 위한 서비스의 확대도 필요하다. 청각장애인을 위한 TV 자막방송비율을 1999년 14%에서 더 확대시켜야 한다. 그리고 장애인의 고용을 다변화시키고, 장애인들이 직업을 통해 재활할 수 있도록 취업정책을 실시해야 한다.

4. 한국사회의 전망과 생활과학도의 역할

21세기에는 인류가 이제까지 경험하지 못했던 엄청난 변화가 광범위한 분야에서 전면적으로 이루어지는 대변혁의 시대가 될 것이다. 국가의 부와 성장의 원천이 되는 물질적 자원으로부터 지식, 정보, 과학기술 중심으로 자원이 이동되는 변화를 경험하는 정보화사회이며 지식기반사회가 될 것이다. 국가 간에는 국제교역의 자유화로 인해 정보, 문화의 교류가 가능해져 지구촌 경제사회가 구현되는 무한경쟁시대가 도래하고 있다. 보건의료기술의 발전으로 불치 · 난치병이 상당 부분 정복되고 인간의 수명이 현저하게 연장될 것이다. 우리 사회의 고령화가 진전될 것이므로 현재 7.1%에 달하는 노인인구가 2010년에는 10.0%가 될 것이다(표 16.2). 사회에는 개인중심의 가치관이 확산되면서 가족구조가 핵가족화되고 이혼율이 증가되며 가족해체의 비율이 높아질 것이다. 즉 가

표 16.2 우리 사회의 고령화 예측

	2000년	2005년	2010년
65세 이상 인구(A)	337만 명	425만 명	503만 명
총인구(B)	4,728만 명	4,912만 명	5,062만 명
A/B(%)	7.1	8.7	10.0

자료: 통계청, 장래인구 추계(1996. 12).

족해체가 보다 빈번히 이루어지면서 아동, 청소년, 노인 등을 부양하던 가정의 임무가 상당 부분 사회로 이전될 것이다. 이러한 사회적 변화 중에서 인간의 삶의 질 향상 욕구가 증대되어 우리 사회는 물질적 부에서 질적 가치를 추구하는 방향으로 나아가지 않을 수 없을 것이다(보건복지부, 2000).

기술의 혁신 등의 변화가 나타나면서 국가의 경제사정은 나아지겠지만 여러 가지 정보와 기술의 편중 등 부수적 결과가 나타나는데, 그 중에 가장 큰 문제는 사회적 자원의 불균등분배로 인한 불평등의 문제이다. 또 금융체계의 구조조정으로 자본의 편중이 더 심화될 것이다. 우리 사회에서도 1998년 IMF 지원을 받은 이래 부의 불평등구조가 심화된 것으로 나타나고 있다.

사회의 어느 조직이든 자신의 발전을 꾀한다는 목적으로 경쟁력을 앞세우고, 경쟁력 있는 조직이나 사람이 생존한다는 적자생존의 원칙이 적용될 것으로 본다. 강자의 성취에 약자는 밀리게 마련이다. 사회적 약자란 아동, 여성, 노인과 장애인 등이다. 이들 이외에 빈곤한 가정의 가족원들이 사회적 약자의 범주에 속한다. 사회가 경쟁력을 앞세울 때 타고난 능력이 부족하거나 처한 입장이 불리한 개인은 경쟁에서 밀려나게 되어 이들은 생존이 위협받고 소외를 경험할 수 있다. 국가는 소외된 이들과 상대적으로 박탈된 이들의 생존과 생활을 보장해야 한다. 따라서 어느 국가든 산업화가 진행되면서 복지사회를 이상적 사회로 꿈꾸며 이 사회를 지향하게 된다. 복지사회란 사회경쟁에서 밀려난 개인을 보호하고 그들의 생존과 최저한의 인간다운 삶을 보장하는 것을 의미한다. 말하자면 사회적 약자에 대한 복지를 말한다. 복지사회가 도래되기 위해서는 국가의 이념이나 가치의 우열에 국민들의 합의가 있어야 한다. 그러한 합의는 곧 다양한 국가정책의 우선순위를 정하는 의사결정의 기준이 될 수 있다(이순형 외, 2003).

국가의 이념에 따라서 국민이나 정부가 사회적 약자의 복지를 누구의 책임으로 간주할 것인지를 결정짓는다. 노동현장에서 장애인이 된 경우에 그 복지의 책임은 분명하지만, 노인이나 아동에 대한 복지의 책임은 관점에 따라 다를 수 있다. 예를 들어, 영국과 미국의 경우는 대부분 자녀를 두는 것은 개인의 선택이며 그 양육방식과 책임은 우선 부모에게 있다고 본다. 특히 영국의 우파 시장주의자들은 아이를 출산하는 것도 물건을 구매하는 것과 마찬가지로 선택의 문제임을 강조한다. 미국의 경우에도 국가가 양육비용을 세금 감면하는 정책으로 실시하지만, 이 또한 하류층보다는 중상류층에 더 도움이 되고 있는 실정이므로 국가의 보조에 평등성과 공평성의 원칙이 지켜졌는지의 문제가 제기되고 있다. 그러나 프랑스, 동독, 스웨덴 등의 국가에서는 아동의 보육이 국가적 책임으로 간주되고 있어서 그에 상응한 정책과 보조가 주어지고 있다. 이 세 국가에서는 보육지원의 목표를 중앙정부가 설정하고 그 실제 공적 서비스 제공은 지방행정부에게 맡겼다(신섭중 외, 1994).

요즈음 인구학적, 경제적 사회 등의 변화로 새로운 복지수요가 계속 창출됨에 따라 복지수요를 충족시켜나가는 방향으로 제도를 정비하고 있는 시점이다. 사회복지정책의 확대와 재정비 과정에서 비용의 한계로 인하여 하위 복지정책 간의 갈등이 야기되기도 한다. 이러한 시점에서 인간발달과 가족의 발달, 가족의 물질적 환경에 대해 연구해 온 생활과학도는 다양한 세대와 성으로 구성된 가족구성원들의 구체적인 욕구들의 우선순위와 상호관계를 이해하는 데 전문가로서 역할을 담당할 수 있다. 또한 다양한 복지욕구에 대한 해결책을 제시함으로써 새로운 시대의 복지사회에서 요구되는 역할을 담당할 것으로 기대된다.

참고문헌

김승권(2004). 한국가족정책의 동향과 발전방안. 보건복지포럼. 95, pp. 6-32.

김시월(1998).「사교육비가 가계의 경제적 복지감에 미치는 영향」, 건국대학교 한국문제연구원 편,『교육과 삶의 질』. 서울: 건국대학교출판부, pp. 151-206.

보건복지부(2000).『새천년복지비젼2010』.

서봉연 · 이순형(1982).『발달심리학』. 서울: 중앙적성연구소.

신섭중 외(1994).『세계의 사회보장』. 서울: 유풍출판사.

옥선화(1986).「가족주의가치 측정을 위한 기초연구: 가족주의척도 제작을 중심으로」.『대한가정학회지』, 24(3), 143-153.

이기영 · 조영희 · 송혜림 · 이승미(1998).『생활설계론』. 서울: 교문사.

이순형(1989).『특수아동의 발달과 지도』. 서울: 중앙적성연구소.

이순형 · 류정순(1998).「한국도시가계의 사교육비 지출」, 건국대학교 한국문제연구원 편,『교육과 삶의 질』. 서울: 건국대학교출판부, pp. 151-206.

이순형 · 최일섭 · 신영화 · 이옥경(1998).『보육시설의 환경운영관리 및 프로그램 평가』. 보건복지부, 보건사회연구원, 보육시설확충 3개년계획 평가에 관한 연구, pp. 405-546.

이순형 외(2003).『아동복지이론과 실천』. 서울: 학지사.

최혜미 외(1998).『21세기 영양학』. 서울: 교문사.

최혜미 · 박영숙(1999).『21세기 식생활 관리』. 서울: 교문사.

통계청(2002). 장래가구추계(2000-2020).

Kaslow, N.J., Kaslow, F.W., & Farber, E.W. (1999). "Theories and Techniques of Marital and Family Therapy." In M. B. Sussman, S. K. Steinmetz, & G.W. Peterson (Eds). *Handbook of Marriage and the Family*. 2nd Edition. Plenum Press.

제17장

정보화 · 세계화시대의 생활과학*

정보화와 세계화는 생활과학의 탐구대상이 되는 생활양식을 변모시켜 학문적 이념 · 연구의 대상 · 연구방법론에 대한 변화를 요구하고 있을 뿐만 아니라, 사회적 구조와 생산양식을 동시에 변화시킴에 따라 전공자의 경력개발과 사회적 신수요의 충족이라는 교육적 기능에 대해서도 새로운 적응을 요구하고 있다. 따라서 이 절에서는 정보화와 세계화가 제기하는 생활과학에 대한 이러한 도전과 가능성을 논의하기로 한다.

1. 정보화 · 세계화에 따른 생활양식의 변화

최근 세계를 휩쓸고 있는 거대한 변동의 추세는 정보화(informatization)와 세계화(globalization)이며, 정보화와 세계하는 우리의 일상생활과 학문공동체에서도 중요한 화두가 되고 있다. 정보화 · 세계화의 추세가 단지 "우리의 삶을 편리하게 해준다"는 기대를 넘어, 사회구조적인 거시적 측면과 인간의 생활양식이라는 미시적 측면에서 모두 근원적인 변

*본장은 서울대학교 생활과학대학의 3개학과 이기춘 · 박정희 · 권훈정 · 김난도 교수의 공동연구로서 『대한가정학회지』에 게재되었던 학술논문 「정보화 · 세계화를 중심으로 한 생활과학의 새로운 지평」에 기초하여 집필된 것이다.

화를 초래하여 생활과 사고의 패러다임(paradigm)을 바꾸어 가기 때문이다.

지난 세기 생활양식의 변화 중 가장 커다란 질적 변화를 이룬 의생활의 경우, 거의 모든 기능이 사회로 이양되어 이제 가정에서 수행하고 있는 의생활 관련 기능은 소비 및 관리에 국한되고 있다. 전통적으로 가정의 고유한 기능으로 인식되어 온 식생활기능도 최근 매우 급한 속도로 사회화가 진행중이다. 대단위 교육, 주거 및 생산지역을 중심으로 일상적 식생활이 사회화 · 집단화되는 경향을 보여주고 있으며, 이에 따라 단체급식시설이 매우 빠르게 보편화되고 있다. 종래 가정단위로 이루어지던 주거관리도 현저한 도시화에 따라 아파트를 비롯한 공동주거시설의 이용이 일반화됨에 따라 전문 업체에게 관리기능을 위임하는 등 의 · 식 · 주를 포괄하는 우리의 일상생활 전반에 가정기능의 분화와 사회화가 이루어지고 있을 뿐 아니라, 주부의 가사노동이라는 가족구성원의 고전적 역할분담의 변화, 가상가족의 등장 등 기본적인 가족의 개념이 변화하고 있다.

이러한 가정기능의 사회화를 가능하게 한 근본원인은 물론 기술의 진보이다. 기술의 진보는 일상적인 생활양식뿐 아니라 그것을 누리는 인간들의 가치관에도 많은 영향을 미치고 있다. 거슬러 올라가자면 신석기시대의 도구혁명 이래로 인류는 꾸준히 기술을 진보시켜 왔다. 그러나 가장 주목할 만한 기술의 발달은 지난 30년간 집중되어 왔으며 앞으로도 그 혁신이 계속되어갈, 운송과 정보통신 양대 분야의 기술진보이다.

운송과 정보통신분야의 기술발달이 특히 중요한 의미를 지니는 것은 그것이 정보화와 세계화라는, 지금까지의 삶과 사고의 방식을 근원적으로 전환하는 거대한 변화의 추세(megatrend)를 유발하는 기술적 전제가 되기 때문이다. 정보화와 세계화를 논의하면서 한 가지 유의해야 할 사실은 정보화와 세계화의 추세가 독립된 별개의 개념이 아니라 동전의 양면이나 바퀴의 두 축과 같이 불가분의 관계에 있다는 것이다. 정보화에 따라 국경 없이 넘나드는 정보의 흐름은 각 지역의 사고를 동질화시키고 있으며,[1] 이처럼 세계화되어 가는 각국의 기술적 · 문화적 · 법적 · 제도적 여건은 표준화된 기반조성을 통해 정보화를 가속화시킴으로써 정보화와 세계화가 서로 상승작용을 일으키며 변화를 주도하고 있는 것이다.

따라서 양자의 개념을 독립적으로 파악하기보다는 상호간의 관계를 포함하여 전체적인 맥락에서 파악하여야 한다. 그러나 여기에서는 설명의 편의를 위해 양자의 개념을 따로 논의하도록 한다.

1) 정보화의 개념과 특성

정보란 그리고 정보화란 무엇인가? 여기에서는 정보를 "불확실성을 감소시키는 의미의 체계적 집합"이라고 정의한다. 최동수(1998: 5-8)는 정보의 일반적 성격을 다음과 같이 8가지 특성으로 규정하였다.

① 시한성(시간이 경과함에 따라 그 가치가 감소하는 현상)
② 독점성(공개가 되고 나면 그 가치가 현저히 감소하는 현상)
③ 비소비성(소비되더라도 그 자체는 소모되지 않는 현상)
④ 비이전성(상대방에게 이전한 후에도 여전히 정보보유자에게 남아있는 현상)
⑤ 유한가치성(정보가 필요한 특정인에게만 가치가 있는 현상)
⑥ 결합 · 누적성(결합 · 누적되어 가공할 때 더 큰 부가가치를 창출하는 현상)
⑦ 매체의존성(전달되는 매체에 의존하는 현상)
⑧ 결과지향성(얻어진 결과로써 그 가치가 결정되는 현상)

이러한 정보들은 적절히 가공 · 전달 · 이용 · 축적될 때 엄청난 부가가치를 가지게 되며, 그러한 정보들이 물질이나 에너지와 같이 생산요

---

1) 이른바 세계표준 또는 글로버 스탠더드(global standard)의 경향이 이러한 추세를 잘 설명한다.

소로서 기능하고 공동체적 가치관에 영향을 미침으로써 경제와 사회발전에 기여하게 된다.

정보화란 "정보의 생산 및 유통량이 점차 늘어나면서 이를 효율적으로 처리하거나 분배할 수 있는 기술이 고도화되고, 경제적으로나 사회적으로 정보의 가치가 커지는 과정"을 뜻한다. 또한 정보화는 산업구조를 변화시키고 수많은 새로운 직업을 창출해 내며, 상호교류 및 일상생활의 범위와 형식을 크게 바꿈으로써 새로운 경제적 토대와 새로운 차원의 사회제도 및 문화를 형성하게 된다.

이와 같이 정보의 기여가 절대적인 역할을 수행하는 사회를 우리는 정보사회 또는 정보화 사회라고 부른다. 정보화 사회는 어떠한 측면을 강조하느냐에 따라 기술, 경제, 직업, 공간, 문화 등 여러 면에서 접근할 수 있으나, 여기에서는 다섯 가지 요소를 모두 포함하는 '생활양식'에서 정보화 사회의 특징을 찾고자 한다.

2) 세계화의 개념과 특성

전술한 바와 같은 정보통신과 운송기술에 힘입어 공간의 장벽이 극복되면서 나타난 가장 중요한 변화의 하나는 국제적 교류가 매우 활발해졌다는 것이다. 다국적 기업의 생산과 판매, 외국인 노동자들의 증가, 해외여행 · 근무 · 유학, 문화와 정보의 국제교류 확대 등 종래 국경 내에서 이루어지던 많은 활동이 이제는 세계를 무대로 이루어지고 있다. 이에 따라 소비자들의 욕망도, 경제활동도 그리고 식량 · 에너지 · 환경문제도 세계적인 맥락에서 이해하여야 할 시점이 되었다(김진현, 1998).

그러나 세계화(globalization)는 단순히 이처럼 인간 활동의 무대가 넓어졌다는 이상의 의미를 가진다는 점에서 국제화(internationalization)와 구별되어야 한다. 일반적으로 국제화는 나라들 간의 교류가 활발해져 그 관계가 매우 긴밀해졌다는 의미에서 사용되었다고 할 수 있다. 국제화의 시기에는 각국의 고유한 문화, 제도, 가치관의 고유성을 충분히 견지한 상태에서, 비교우위논리에 바탕을 둔 교류의 증대에 그 초점이 있었다. 따라서 각 지역과 국가의 생활양식도 그 영역 내의 인간과 환경의 상호작용문제에만 논의를 한정시킬 수 있었던 것이다.

반면 세계화는 최근 급작스럽게 발달한 위성기술과 컴퓨터화, 그리고 영상 · 음성을 포함하는 다매체적(multi-media) 의사소통의 발달에 기인하여 촉진되었다. 세계화가 국제화와 구별되는 가장 큰 차이는 그 동안 비교적 단단한 정체성을 가지고 있었던 개별 지역과 국가의 모습이 그러한 민족적 경계를 넘어서는 범세계적인 시민사회의 등장과 같은 동질화의 과정을 포괄한다는 점이다.

이처럼 세계화가 정보통신기술에 힘입어 '순간적 통신의 보편화'를 이룩하고 자본과 상품의 월경(越境)을 자유스럽게 하는 등 기술적 · 경제적 함의가 크지만 단순한 기술적, 경제적 현상으로 파악해서는 안 된다. 세계화는 정치 · 경제 · 사회 · 문화 · 커뮤니케이션을 포괄하는 생활의 양식 전반을 바꾸어 놓을 근본적인 변화의 동인인 것이다. 세계화가 생활과학의 탐구대상이 되는 인간의 생활양식을 이처럼 근원적으로 변화시키기 때문에, 생활과학에도 진지한 학문적 도전과 가능성을 제기하고 있다.

3) 변화의 구체적 양상

어떠한 사회적 변화를 파악하려 할 때 가장 기본적인 두 축은 '물적 토대'와 '사고의 틀'이다. 정보화와 세계화가 우리 사회에 미치는 영향도 산업 · 유통구조의 변화를 포함하는 사회구조적인 물적(物的) 변화에 기인하는 것과, 가족이나 소비에 대한 가치관의 변화를 포함하는 정신적 변화에 기인하는 것의 두 가지로 나누어 생각할 수 있다. 다시 말하면 정보화 · 세계화에 따른 생활양식 변화의 두 동인(動因)은 산업 · 유통구조의 변화와 가족과 소비에 대한 사고방식의 변화이다.

정보화 기술의 발달로 인하여 산업과 유통구조에 전례 없는 변화가 진행되고 있다. 가장 시선을 끄는 것이 인터넷을 중심으로 전개되는 전자상거래의 폭발적 증대이다. 전자상거래가 쇼핑의 편리성이나 무점포성과 같은 기존의 TV나 우편을 통한 통신판매와 본질적으로 다른 것은 그것이 쌍방향성(interactive)을 가지기 때문에 소비자의 수요에 보다 즉각적이고 직접적으로 대응할 수 있게 되었다는 데 있다.

정보화에 따른 또 하나의 주목할 만한 변화는 유통구조의 혁신적 효율화이다. 데이터베이스 시스템, 위성을 통한 위치인식기술(GPS), 통신기술 등에 힘입어 물류와 배송이 매우 효율적으로 관리됨에 따라 유통상품의 양과 질, 그리고 지역적 범위가 매우 늘어나게 되었다.

이러한 변화는 식품과 같이 변질되기 쉽고 신속한 유통이 중요한 산업영역에서 더욱 중요한 의미를 지닌다. 식품재료의 유통범위와 양이 늘어남에 따라 지금까지 지역적(local)으로 생산하고 소비하던 식품재료가 다변화됨으로써 원재료의 다양한, 첨가물의 다양화, 안전성 확보 등의 문제가 새로이 대두되는 것이다.

다음으로 고려할 것은 정보화와 세계화에 따른 가치관의 변화, 그리고 그에 따른 생활양식의 변화이다. 물질적 여건과 제도가 변화면, 사람의 생각도 변한다. 정보화하고 세계화된 현대사회에서의 그러한 사고의 변화는 가장 보수적이라고 할 수 있었던 가족과 개인에 관한 가치관의 변화에서 뚜렷하게 찾아볼 수 있다. 전통적인 대가족중심의 사고는 이미 핵가족중심의 그것으로 바뀐 지 오래지만, 최근 싱글, 단신부임, 주말가족, 딩크(DINK: Double Income No Kids), 듀스(Dewks: Dual employed with kids) 등의 신조어에서 보듯이 가족에 관한 사고는 무척 유연해졌으며(『섬유제품소비과학의 전망』, 44), 외국에서는 동성(同性)가족이나 계약가족과 같은 새로운 개념의 가족도 출현하고 있다.

이처럼 가속화되는 정보화와 세계화에 따른 산업구조의 변화에 따라 가족의 형태와 그에 대한 가치관이 다양해졌을 뿐만 아니라 그 사고의 축 또한 개인중심으로 변화하고 있다. 이제 이러한 산업 · 유통구조의 변화와 가족과 소비에 대한 사고방식의 변화라는 두 동인에 힘입어 우리들의 소비생활 전반을 비롯한 각 생활분야에서의 변화양상이 어떠한

지를 살펴보도록 한다(이기춘 외, 1999).

(1) 소비생활 전반

정보화와 세계화에 따른 소비생활 변화의 가장 큰 현상은 '소비자 개성'의 극대화이다. 산업사회에서의 소비자는 생산된 기성품의 선택을 통하여 자신의 개성을 실현하였던 반면, 정보화시대의 소비자는 자신의 개성과 요구를 생산과정에 보다 직접적으로 반영할 수 있게 되었다. 개성화된 소비의 대표적인 예는 고감성화와 탈 획일화된 소비이다. 개성을 중시하는 새로운 소비계층이 부상하여 자아실현을 추구하여 개인의 가치를 우선하며, 대중적인 유행보다는 창조성 · 개성을 중시하게 된다.

그들은 소비자 간의 의사소통과 정보교환을 효율적으로 진행함에 따라 각종 소비선택의 전문적인 지식이 풍부하고 생산과 머천다이징에 적극적인 의사를 반영하는 소위 전문소비자(professional consumers)의 역할을 담당하게 된다(Park, 1997). 그들은 재택근무, 홈쇼핑, 무점포 쇼핑, 홈뱅킹, 원격교육 등의 일반화로 시간과 재화를 절약하고 남는 여력을 여가와 정보수집에 재분배한다. 구체적으로는 인터넷, TV, 신문 또는 맞춤형 정보 서비스인 인포캐스트 서비스 등에서 정보를 제공받고 전화나 컴퓨터통신에 의해 주문하는 등 정보통신에 대한 의존도가 높다.

소비의 기호가 개성화됨에 따라 소비의 의사결정도 과거와는 다른 양상으로 변화하고 있다. 양보다는 질 위주의 선택이 일반화되었을 뿐 아니라 그 질의 기준도 세계화에 힘입어 세계적 품질기준을 지향하게 된 것이다. 또한 무조건적으로 고가의 상품을 선호하는 것이 아니라 저절한 소비지정보에 의하여 가격대비 품질의 비율을 생각하는 신합리주의적 의사결정방식이 새로운 소비의 의사결정방식으로 자리잡게 되었다. 그 외에도 여가생활과 복지의 중시, 소비자의 안전과 건강, 환경문제 등 사회적 고려에 입각한 소비의 증가 등과 같은 새로운 소비의 양태가 증가하고 있다.

이처럼 소비자 수요의 양적 팽창은 둔화되고, 질적 성숙이 더해짐에 따라 소비자의 기호는 더욱 뚜렷해졌다. 생산자측면에서는 제품을 다양화하고 질적 충실성을 갖출 것이 요구되는데, 이를 위하여 지금까지 이루어져왔던 시장 및 소비자유형의 세분화가 보다 다양한 기준에 의하여 이루어질 것임은 분명하다. 이러한 경향은 기존의 가계단위-가족중심의 소비에서 개인단위-개별소비자중심의 소비로 이행함에 따라 그 가속도를 더할 것으로 보인다.

(2) 의생활분야

의복은 다른 어떤 재화보다도 개인의 개성을 잘 표현하는 상품이기 때문에, 개성을 중시하는 경향이 증가하면 의생활분야가 가장 큰 변화를 겪게 될 영역의 하나이다. 특히 패션이란 새로운 것을 추구하는 현상이므로 앞으로도 지속적으로 존재할 것이며, 생활수준의 향상으로 패션상품의 수요는 더욱 증가할 것이다. 인간의 기호가 다양하고 고감성화됨에 따라 스타일의 다양성이 증가하고 유행의 주기는 짧아진다. 이처럼 패션이 획일성을 탈피하고 주체성을 실현하며 이른바 TPO(시간, 장소, 상황) 패션문화가 정착됨으로써 소위 패션 데모크라시(fashion democracy)가 도출되고(『섬유제품소비과학의 전망』, p. 47), 따라서 디자인분야는 용역을 통한 서비스 산업이라는 통념에서 벗어나 지식을 근간으로 하는 문화 소프트의 정보개발 주체로 발전하게 된다.

소득수준의 향상과 근로시간의 단축으로 여행, 레저 등 여가활동에 대한 수요가 급증하여 근로지향 사회에서 여가지향 사회로의 전환이 이루어진다. 이에 따라 스포츠, 레저 및 게임관련 소비재와 소프트웨어 디자인들이 대중화되는데, 의생활에서도 정장(formal wear)보다는 경쾌하고(casual) 여가활동에 어울리는 옷(leisure clothing)에 대한 수요가 늘어날 것으로 보인다.

특히 의학의 발달로 평균수명이 연장되고 사회의 고령인구가 증가하면서 노인의 신체특징과 기호에 맞는 제품 생산비중이 증대되거나 장애인을 위한 특수의복에서 보는 것과 같이 의복의 양을 줄이는 등 인체에 해가 적은 상품의 개발에 주력할 것이다.

(3) 식생활 분야

식생활분야에서도 차별화된 개성이 중요한 구실을 할 것으로 보인다. 그 첫 번째 현상은 다양성 추구에 기반을 둔 '새로운 맛'을 가진 식품의 수요가 증대될 것으로 보인다. 과거 단순한 '경양식'으로 대변되던 서양음식도 이탈리아, 프랑스, 스위스 등 각국의 전통적인 조리법에 입맛이 길들어 가고 있으며, 서민취향의 외식으로 각광받던 '중국음식'들도 이제 산뚱, 스촨 등 중국의 각 지역별 전문식당이 발달할 만큼 소비자들의 취향이 넓어지고 개성화되었다.

타 지역의 음식문화를 즐기는 국제화에서 한 걸음 나아가 세계 각지의 재료특성과 조리특성을 지역주민의 기호에 맞게 재조합하여 새로운 음식을 창조하는 '퓨전(fusion)음식'의 등장으로 식생활에 있어 진정한 세계화가 이루어지고 있다.

전술한 사회 및 산업구조 변화에 의한 여성 취업의 확대, 그리고 식생활 공동체에 관한 가치관의 변화로 외식산업과 편이식품산업이 놀라운 속도로 증가하고 있는데, 이러한 양적 증가에 못지않게 다양화된 질적 변화도 매우 주목할 만한 것이다.

이러한 개성화의 영향은 지금까지 전체를 대상으로 한 식품위주의 식생활에도 변화를 가져올 것으로 보인다. 현재 유아에 대해서만 일부 발달해 있는 소비계층 중심의 식품개발이 앞으로는 청소년, 중 · 장년, 노년: 남녀: 비만, 정상, 저체중 등 차별화된 개별 소비계층을 대상으로 기능에 중점을 둔 식품이 개발될 전망이다.

식품의 기능성과 관련하여 가장 주목을 끄는 것은 식품, 영양, 보건관련 정보가 대중화됨에 따라 각광받는 건강관련 식품산업이다. 현재에도 건강보조식품, 특수영양식품, 체중조절 보조식품 등이 활발한 광고활동을 벌이는 것을 볼 수 있다. 그러나 새로운 식품의 개발뿐 아니라 균형있는 영양공급을 위해 연령계층에 따른 다각적인 식생활 섭취형태조사와 이를 기초로 한 식생활 교육 프로그램 개발 및 국가정책 수립이 매우 중요하게 자리매김 되어야 한다. 또한 이러한 건강보조식품에의 수요증대에 발맞추어 식품 · 영양 관련 정보가 어느 때보다도 소비자들의 관심 대상으로 등장하고 있으며, 이는 소비자 안전문제가 그 어느 때보다도 중요해지고 있는 시기적 특징과 맥을 같이하는 것이다.

(4) 주생활분야

정보화와 세계화에 따른 주생활분야의 변화는 두 가지 측면에서 파악할 수 있다. 그 첫 번째는 전술한 바와 같이 단독가구 등의 새로운 모습의 가족형태가 등장하거나 새로운 생활양식이 도입됨에 따라 주거양식의 수요나 요구가 바뀌어서 발생하는 변화이고, 다른 하나는 정보기술의 발달을 주거생활에 응용하여 기존의 주거관련 기능들이 정보화 · 통합화하는 변화이다.

근대화와 도시화에 힘입어 전통적인 대가족제도가 핵가족제도로 전환함에 따라 주거생활에 많은 변화가 있었고, 그것이 대도시의 주택문제와 직결되었음은 주지하고 있다. 이에 더하여 기존의 핵가족 내에서도 그 구성원들의 가치관이 변화함에 따라 앞으로의 주생활에도 많은 변화가 예상되고 있다. 예를 들어, Y세대라고 일컬어졌던 13~20세는 컴퓨터를 사용하는 주용도 중 하나가 통신으로(56%) 이제는 이들이 N세대라 호칭되며 정보화의 첨병계층을 이루고 있는데, 21세기의 주된 인력층인 이들은 가족공동체보다는 가상공동체에서 생활한다고 하여도 과언이 아니다. 따라서 주거에 있어서 이들의 독립적인 공간의 마련, 전화선이나 광통신망을 비롯한 통신 인프라가 매우 중요한 주거 인프라로 대두하고 있다.

정보통신기술의 발달은 주거생활에도 많은 진전을 보여 줄 것으로 기대된다. 산업사회에는 한 장소에 모여 있던 공장과 사무실들이 주로 같은 장소에 모여 있었지만, 고도의 정보통신의 발달로 인해 직장들이 다시 이전의 장소인 가정으로 돌아옴으로써 '가내공업'으로의 복귀가 가능해지고, 가정이 사회중심으로 새로이 중시될 가능성이 커졌다(Toffler, 1995). 이러한 가능성은 사회적으로 매우 의미가 크다고 여겨진다. 다시 말해서 산업사회에서의 생산현장의 지리적 분산은 심각한 교통난과 환경오염문제를 야기했으나, 전자기기를 구비한 직장으로서의 주택, 즉 '전자주택'이 실현되면 자동차에 의한 대기오염, 에너지의 소비, 출퇴근에 따르는 시간적 소모 등이 경제적으로 해결할 수 있을 것이다. 이처럼 가정중심의 사회로 이행하면서 가정에서 일을 하는 근로자의 인구규모가 커지면 지역공동체의 역할과 안정성이 더욱 중요한 의미를 가질 것으로 예측된다.

또한 최첨단 정보기기의 가정화(domestication)에 힘입어 현재 많은 주거생활관련 가정기기가 원격 · 집중관리가 가능하도록 통합화하고 있어서 주거관리가 과거 어느 때보다도 편리해지고 있음을 지적할 수 있다. 특히 시간과 공간에 제약을 뛰어넘는 주거관리가 가능해짐으로써 그 효율성이 매우 증진되고 있다. 그러나 주거관리에 있어서 이러한 진보가 가사노동자의 절대적인 노고는 덜어줄 수 있겠지만, 가족간의 가사노동 역할분담과 같은 가치관의 변화까지 수반할 수 있을지에 관해서는 더 많은 논의가 필요하다고 할 것이다.[2)]

(5) 가족생활분야

주거관리의 자동화, 기기화 및 주택 내 가족구성원의 독립공간이 보장됨에 따라 휴대폰, TV, 음향기기 등 전통적으로 가족고유로 인식되던 생활기기들이 모두 개인소유화할 것으로 예측된다. 그리고 이러한 현상은 전통적인 가족생활에 많은 변화를 초래하게 될 것이다.

정보화가 가족생활에 미치는 영향에는 긍정적 측면과 부정적 측면이 동시에 존재한다. 우선 긍정적인 측면을 살펴보면, 가내근무가 가정생활의 중심으로 자리잡게 되면 같은 장소에서 오랜 시간 동안 가족들이 함께 근로하게 됨으로써 부부에게 공통의 체험이 많아지며 부부 사이에 대화가 증가할 수 있다.

또한 산업사회의 아이들이 부모 생활의 중요한 일면(직장생활)을 전

---

2) 가사노동 대체기기의 도입 등 가정기기의 발달이 가정 내의 노동분담보다는 성별 영역분리를 더욱 강화하였다는 주장도 있다(Cowan, 김성희 역 외, 1983).

혀 모른 채 자라난 데 반해, 가내 전자근무체제의 아이들은 양친이 일하는 것을 볼 뿐만 아니라 일정한 연령에 도달하면 그들 자신도 생산활동에 참여할 수 있게 됨으로써 가족생활의 유대가 증진될 것으로 기대할 수 있다.

그러나 이러한 긍정적인 효과뿐만 아니라 가족구성원 간의 역할, 윤리공감대 형성 등 전통적 가치관이 깨어짐으로써 가족대화 단절이나 간접적인(또는 비인간적인) 인간관계의 형성, 심지어는 주택 내의 소규모의 주택이 새로이 구성되는 등 가족 간의 심리적 분리와 단절을 부작용으로 예상할 수 있는 것이다.

2. 생활과학의 미래

지금까지 논의한 역동적인 사회변화에 적응하고, 나아가서 적극적으로 그러한 변화를 주도적으로 이끌기 위해서 생활과학이 가지는 학문적 도전과 가능성은 무한하다. 생활과학의 사명이 주어진 환경 속에서의 인간의 생활양식을 탐구함으로써 더 나은 삶의 질을 추구하는 데 있는 만큼, 정보화와 세계화가 제기하는 여건의 변화는 생활과학의 자기정체성 재정립의 필요성에 충분한 당위를 제공한다. 그러나 당위를 이루는 몇 가지 요소는 전술한 바와 같이 생활양식의 변화, 기술적 · 제도적 기반의 진전, 교육과 연구에 대한 사회적 수요의 다양화 등의 요구이다. 여기에서는 연구대상, 연구방법론, 교육과 인재양성의 세 분야를 중심으로 21세기 생활과학이 어떠한 지향점을 추구하여야 하는지 살펴보도록 한다.

1) 생활과학의 연구대상

지금까지 논의한 새로운 생활양식의 변화에 따라 기존의 생활과학이 논의하지 못했던 새로운 영역에 대하여 학문적 탐구의 범위를 넓혀 가야 할 것이라는 점은 누구나 공감하는 점일 것이다. 그러나 정보화와 세계화가 제기하는 진정한 학문적 도전은 이처럼 학문의 탐구분야의 양적 · 선형적 확장에 그쳐서는 아니 될 것이다.

학문 전반의 패러다임이 지금까지의 공급자 중심의 사고에서 '수요자 중심의 사고'로 바뀌고 있으며, 이러한 연구대상과 방법론에 대한 패러다임 전화(paradigm shift)는 생활과학의 중요성을 과거 어느 때보다도 강조하고 있다고 할 수 있다.

학문과 산업활동에서는 '개인'에 대한관심이 증가할 것이다. 지금까지의 생활과학이 하나의 집단으로서의 소비자 또는 가계를 상정하고 있었다면, 미래의 생활과학은 '개인으로서의 소비자'를 대상으로 하여야 할 것이다.

의류학에서는 각종 정보원을 통하여 전문적 지식을 풍부하게 갖추고 다양한 욕구와 개성을 충족시키고자 하는 개인소비자들에 대한 연구가 보다 중요시되고, 식품영양학에서도 집단이 아닌 개인을 대상으로 한 영양연구가 이루어져야 할 것이다. 예를 들어, 최근 많은 관심을 끌고 있는 식품 알레르기(allergy) 같은 경우는 매우 개인적인 독성작용이므로 개체 각각에 대한 연구가 필요하며, 이와 마찬가지로 대부분의 영양관련 질병 및 독성문제도 개인의 유전 및 환경차이에 의해 많은 영향을 받으므로 집단에 대한 연구에서 개체에 대한 연구로 전이되어야 하는 것이다.

분석대상의 개인화와 더불어 주목을 끄는 또 하나의 경향은 환경과 안전에 대한 고려의 증대이다. 환경과 안전의 문제는 다음 세기의 가장 뜨거운 화두의 하나이며, 세계화에 따른 범세계적 표준이 가장 우선적으로 고려되는 분야이기도 하다.

의 · 식 · 주를 포함하는 인간생활 전반이 환경에 미치는 영향에 대한 관심이 증대하고 있어서 제품의 생산-소비-폐기에 이르는 전 과정에 환경표시(eco-labeling)와 같은 환경개념이 적용되고 있다. 또한 안전의 문제도 중요한 소비자문제로서 식품과 주거의 영역에서 특히 중요시되는 이슈이다. 기능성 식품이 강조되고 새로운 식품의 종류와 가공방법이 식탁을 풍성하게 할수록, 첨단 주거편의시설들이 삶을 풍요롭게 할수록 역설적으로 가장 위협받는 것은 안전의 문제라고 할 수 있다. 따라서 다음 세기 생활과학의 가장 중요한 이슈의 하나는 안전의 문제이다.

세계화의 진전에 따라 가장 논란이 되는 것은 범세계화의 추세 속에서 한 문화의 전통성과 고유성을 어떻게 인식할 것인가 하는 문제이다. 사실상 세계화의 표준이 서구적인 기준에서 대부분 이루어지는 시점에서 전통적인 의복과 식품, 주거 및 가족생활의 한국적 고유성 등을 어떻게 담보하고 계승·발전시킬 것인가가 역설적이기는 하지만 매우 중요한 이슈가 된다. "가장 한국적인 것이 가장 세계적인 것"이라는 상투어도 있고, 유행과 취향이 세계화될수록 우리와 같은 현실에서 "가장 자신있게 내놓을 수 있는 것은 우리 것"이라는 현실인식도 고려한다면 전통에 관한 연구가 세계화의 시기에 새로이 조명될 것이다.

2) 생활과학의 방법론

생활과학의 패러다임 변화는 전술한 연구영역의 확장뿐만 아니라 방법론에서의 사고의 전환을 요구한다. 그 첫 번째가 통합연구의 활성화이다. 지금까지는 각 학문영역 위주로 소비자·식품·영양·의류·주거·가족 등의 연구가 각각 수행되었지만, 이제는 예를 들어 청소년이라는 연구대상을 탐구하려고 할 때에도 그의 가족관계, 의복, 영양, 주거공간, 여가, 소비문제, 자원관리 등을 종합적으로 파악할 것이 요구된다. 그렇게 함으로써 건전한 청소년의 생활양식을 연구하기 위한 통합적 방법론을 성립시켜 나갈 수 있는 것이다(이기춘 외, 1996: 54-57). 따라서 치밀한 기획에 의한 학제 간의 통합된 연구주제와 방법론의 개발이 미래의 생활과학 연구에 시급한 과제라고 할 것이다.

두 번째 고려되어야 할 방법론적 전환은 기존의 생활과학의 방법론적 전제처럼 인식되었던 실증주의적(positivistic) 방법론의 탈피이다. 지금까지 실증주의에 입각한 방법론은 생활과학을 비롯한 소위 과학적 탐구의 인식론적(epistemological) 토대를 이루어 왔다. 그러나 연구대상의 개체성이 강조됨에 따라 사례연구나 심층적 분석을 비롯한 질적(qualitative) 연구방법론의 도입이 시급하다. 통계분석을 비롯한 실증주의적 방법론은 개체의 특성보다는 일반화와 법칙성의 발견에 더 큰 강조가 놓여지기 때문에 전술한 바와 같이 소비자 중심의 삶의 개성을 탐구하는 데에는 한계가 있다. 따라서 통계와 경험에 입각한 지나치게 양적인 연구방법론에 부가하여 해석적이고 현상학적인 인식론에 토대를 둔, 설명보다는 이해를 가능하게 하는 질적 연구방법론의 수립이 필요하다고 하겠다.

3) 교육과 인재배출

지금까지 논의한 바와 같이 사회는 놀라운 속도로 변화하고 있고, 그러한 변화에 발맞추어 늘 새로운 지식과 능력을 갖춘 인력을 요구하고 있다. 그러한 사회적 요구에 적절하게 대처할 수 있는 학문만이 발전을 거듭할 수 있는 것이 현대적 학문의 추세이다. 따라서 사회가 현재 그리고 가까운 미래에 어떠한 인재를 필요로 하고 있으며, 그를 위하여 교육과정(curriculum)을 어떻게 유연화할 것인가는 매우 중요한 이슈가 된다.

정보화와 세계화의 진전에 따라 사회가 요구하고 있는 생활과학 전공자의 전문영역은 매우 다양하며, 영역별로 예를 들면 다음과 같다.

- 의류학분야

① 섬유, 직물제조업자, 의류 디자이너, 어패럴 제조업자에 이르기까지 각 분야에서 필요한 정보를 연계(networking)하고, 소비자를 위한 진문적인 정보제공 및 상담하는 인력

② 의복과 직물의 디자인으로 고부가가치화를 추구하는 인력

③ QR 프로그램의 전문가

④ 상품코드의 표준화를 위한 의복의 치수, 규격 등에 관한 DB 구축 사업가

⑤ 친환경제품의 개발, 재활용이나 환경친화성 평가에 관련된 직업

⑥ 노인과 장애자를 위한 특수의복 등 기능을 고려하는 디자이너
⑦ 세계적 경쟁력을 갖춘 한복의 개발 및 문화재 보존에 관련된 직업

• 식품영양학분야

① 기존의 식품산업계가 공정개발을 중심으로 발전해 온 것에 반해 소비자 기호에 맞는 식품생산을 위한 소비자 기호분석(관능검사)

② 영양학과 식품학 지식을 조화시킨 기능성 식품개발 전문가

③ 단체급식장에 한정되던 영양사의 개념이 개인에게 적용되며 다양화된 영양상담사 및 스포츠 영양사

④ 현재 병원을 중심으로 소수 활동하고 있는 아동, 노인 등 특수영양을 요하는 집단을 위한 임상영양사

⑤ 식품의 안전성관련 정보와 영양정보를 수집 · 분석하여 제공하는 식생활정보 사업자

⑥ 식품영양정보를 체계적으로 정리 · 관리하여 실제 식단에 응용을 할 수 있는 전문직종

현재의 영양사들이 이러한 부분을 일부 담당하고 있으나, 정보산업의 발달에 따라 현 영양사들의 정보산업에 대한 재교육이 요구되며, 단체급식분야에서만 활동하고 있는 영양사의 업무가 차츰 개인의 식생활관리영역으로 활동분야가 넓어지리라 예상된다. 미국의 경우 학교급식을 중심으로 체계화된 식생활정보를 이용한 식단개발을 시도하고 있으며, 이러한 시도에 의해 긍정적인 효과가 관찰되고 있다(White, 1986). 역시 미국을 중심으로 발전하고 있는 개인영양관리 영양의 경우, 현재에는 스포츠 영양상담이 주류를 이루고 있으나 앞으로는 발달하는 컴퓨터를 이용하여 모든 개인에게 적합한 식생활 프로그램을 제공함으로써 개인의 식생활을 바람직한 방향으로 유도할 수 있으리라 전망된다(Brug et al., 1996).

• 소비자학 및 아동 가족학 분야

① 인간의 생애주기별 미래변화에 적응을 돕는 각종 생활교육자

② 미래의 변화충격에 대비하는 소비자전문상담사, 가족상담사

③ 공적인 보호를 필요로 하는 불리한 조건의 가족 · 소비자 -예컨대 탈북자, 장애인, 장기 실직자 등

④ 각종 프로그램 구축자 및 웹 전문가

⑤ 환경변화에 따라 건강과 관련된 모든 분야의 서비스를 종합적으로 제공하는 헬스 케어(health care) 서비스 전문가

⑥ 소비자와 가계의 전 생애에 걸친 재무설계 및 자금의 조달과 운영에 관한 컨설팅을 전담하는 웰스 케어(wealth care) 전문가

⑦ 새로운 소비문화를 창출하는 전문가

⑧ 소비생활관련 소비자 요구를 조사하고 분석하는 소비자 조사분석사

⑨ 고령화 사회의 노인을 돕는 전문요원 및 실버산업 기획자

⑩ 가정의 위기 극복을 돕고 건강한 가정을 돕는 건강가정사

이처럼 세부학문의 전문지식을 배경으로 하는 전문가는 물론, 생활과학 각 분야의 전공자는 정보처리의 전문지식을 기초적으로 갖추어야 할 것이 요구된다. 미래에는 가족과 개인 소비자의 의 · 식 · 주를 비롯한 각종 소비생활에 있어 전문적인 정보를 제공하고 상담해 주는 생활정보 코디네이터와 같은 전문상담역(consultant, counselor)이나 대행자(professional consumer 또는 agent)의 역할이 매우 중요해질 것이기 때문이다.

특히 고령화 사회의 도래, 여가의 중시경향이 두드러지면서 여가생활의 상담(consulting), 고령자 생활관리 등을 전문적으로 담당할 수 있는 고령화 사회의 새로운 인재수요가 예상된다. 이처럼 생활정보를 수집 · 전달하는 정보처리사(information processor)로서의 기초교육을 생활과학이 담당해야 할 것으로 믿는다.

지금까지 정보화와 세계화로 요약되는 다음 세기의 변화가 제기하는 생활과학의 학문적 도전을 탐색하고 새로운 가능성을 모색하였다. 생활

과학은 꾸준히 전문성의 증대와 연구영역 및 방법론의 확장을 위해 노력해 왔다. 그러한 예는 전술한 바와 같은 기존의 생활과학영역에서의 학문적 외연확대뿐만 아니라, 지금까지 생활과학이 다루지 못했던 새로운 하위영역을 개척하려는 노력을 포함하는 것이다.

그러나 학문의 현실적용성이나 전문성을 강조하다 보면, 기존의 생활과학 하위영역을 각각의 모학문영역(mother discipline)에 따라 재편(再編)하는 것이 더 효율적이지 않은가 하는 의문이 생길 수 있다. 그러나 이러한 견해는 미래의 시대적 요구와 추세를 고려하지 못하는 오류를 범하고 있다. 즉, 정보화와 세계화에 힘입어 다시 가족과 개인소비자중심으로 사고의 중점이 옮아가고, 소비자 위주로 경제의 체제가 재편되는 과정에서 지금까지의 산업과 사회구조의 문제가 '인간생활'의 문제로 치환될 것이라는 점을 간과하고 있다.

다시 말해서 생활과학의 여러 하부영역들이 지금까지는 가정의 수행기능이라는 공통점을 가지고 학문적으로 편제(編制)되어 왔다면, 21세기의 생활과학의 하부영역은 개인화되고 가족화된 소비자로서의 인간의 욕구와 생활에의 탐구라는 변형된 학문적 이념 아래에 다시 자리매김하여야 할 것이다. 이러한 문제의식에 터잡아 소비자 · 가족아동 · 의류 · 식품영양 · 주거 등의 영역들은 새로운 의미의 생활과학의 분야로서 때로는 전문화되고 때로는 통합된 방법론과 연구대상을 발전시켜 나가야 할 것이다.

참고문헌

김진현(1998). 「인간생활과 환경: 지구촌적 환경변화와 삶의 새가치 새양식」. 『인간과 생활환경』(대한가정학회 창립 50주년기념 학술대회 논문집). 19-28.

성수광 · 권오경(1995). 『섬유제품소비과학』, 교문사.

이기춘 외(1996). 「21세기 가정학의 발전적 과제」, 『대한가정학회지』 34(6). pp. 47-63.

이기춘 · 박정희 · 권훈정 · 김난도(1999). 「정보화 · 세계화를 중심으로 한 생활과학의 새로운 지평」, 『대한가정학회지』 37(7). pp. 1-16.

최동수(1998). 『정보사회론』. 법문사.

Brug, J., Steenhuis, I., van Assema, P & de Vries, H.(1996). "Impact of a computer-taored nutrition intervention," *preventive Medicine* 25. pp. 236-242.

Park, J.O.(1997). "Information Society and Clothing Culture." *The 7th Korea-Japan Home Economics Joint Symposium.*

Toffler, A.(1980). 이돈행 역(1989), 『The Third Wave』. 서울: 한국경제신문사.

White, P.(1986). "Hope on the Information superhighway," *School Foodservice & Nutrition* 52. pp. 30-38.

찾아보기

ㄹ

ㅁ

ㅂ

ㅅ

ㅇ

ㅈ

서울대학교 생활과학총서 4

개정판

생활과학의 이해

초판 1쇄 발행 2001년 2월 15일
초판 2쇄 발행 2001년 3월 25일
개정판 1쇄 발행 2005년 3월 5일
개정판 7쇄 발행 2019년 2월 10일

편저자 서울대학교 생활과학대학 교재개발위원회
펴낸이 성낙인
펴낸곳 서울대학교출판문화원

출판등록 제15-3호

주소 08826 서울 관악구 관악로 1
대표전화 02-880-5252 | 팩스 02-888-4148
홍보마케팅팀(주문 상담) 02-889-4424, 02-880-7995
이메일 snubook@snu.ac.kr
홈페이지 www.snupress.com

ISBN 978-89-521-1108-1 93590

서울대학교 생활과학총서

1. 광복 후 가정생활의 변천
   이기영 외

2. 한국인의 식생활과 질병
   백희영 외

3. 한국인의 건강영양조사
   백희영 외

4. 생활과학의 이해(개정판)
   서울대학교 생활과학대학 교재개발위원회 편

5. 단백질 대사
   김해리 · 최정희

6. 통일에 앞서 보는 북한의 가정생활문화
   이기준 외

7. 한국과 일본의 생활시간 비교연구
   이기영 외 공편

8. 결혼이민여성과 다문화가족의 생활문화
   서울대학교 생활과학연구소 다문화생활교육센터